EL SUEÑO DE LA INTELIGENCIA ARTIFICIAL

El proyecto de construir máquinas pensantes:
una historia de la IA

GISELA BAÑOS

El sueño de la inteligencia artificial. El proyecto de construir máquinas pensantes: una historia de la IA
© Gisela Baños, 2024
© de esta edición, Shackleton Books, S. L., 2024

Primera reimpresión, 2025

(f) (y) (o) @Shackletonbooks
shackletonbooks.com

Realización editorial: Bonalletra Alcompas, S. L.
Diseño de cubierta: Pau Taverna
Diseño y maquetación: Reverté-Aguilar
Todas las imágenes son de dominio público, excepto las de p. 35, p. 36, p. 105 p. 170 y p. 195 (CC BY-SA 3.0);
p. 38, p. 65, p. 107 y p. 155 (CC BY-SA 2.0); p. 41, p. 83 y p. 146 (CC BY-SA 4.0).

ISBN: 978-84-1361-319-2
Depósito legal: B 6651-2024
Impreso por EGEDSA (España).

Para Dolors, que siempre supo leer entre líneas.

Agradecimientos

Aunque este no es mi primer libro, sí que es la primera vez que parto de una propuesta presentada por mí. Eso lo ha convertido en un trabajo más personal, y me ha dado la libertad de incluir, como yo siempre digo, mis nerdadas —aunque tampoco es que en otros trabajos se me haya coartado demasiado—.

Hay muchísima gente a la que le tengo que dar las gracias por estar hoy aquí, escribiendo estas líneas, porque, aunque mi nombre sea el que sale en la portada, los libros siempre son una colaboración en equipo, y mi equipo, en este caso, incluye a todas las personas que están detrás de Shackleton Books, con muchas de las cuales llevo años trabajando. Gracias, en primer lugar, a Dolors González, de Bonalletra Alcompas, por pensar que aquel comentario casual en un correo electrónico podía convertirse en este libro y por ser la mejor mentora que hubiera podido tener dentro del mundo editorial. A Cristina Pérez, mi editora, y a Eduardo Acín, por su confianza y su entusiasmo desde el primer minuto con este proyecto. Normalmente, los autores no sabemos quién corrige y maqueta nuestros libros, pero igualmente querría dar las gracias a quien haya trabajado con mi manuscrito, haya revisado las galeradas y le haya dado el magnífico aspecto que tendrá. Sé que cualquier decisión que hayáis tomado ha sido con la intención de que brille. También soy consciente de que Belén Jiménez y Mar Fernández harán un trabajo fantástico cuando, ya acabado, el libro llegue a sus manos y haya que darle visibilidad. Mil gracias. Tampoco puedo olvidarme de Carla Pascual ni de Clàudia Pintos, de Shackleton Kids, y de lo divertido que fue crear la colección de mitología nórdica para niños junto con Simone Frasca. Estos fueron mis primeros libros publicados. Y, por supuesto, también me acuerdo de ti, Carmela Vásquez, con quien empecé a escribir literatura infantil.

No creo que hubiera acabado en el mundo editorial de no haberme tropezado en Twitter —esa nefasta red social que a veces tiene cosas buenas y a la que me niego a llamar X— con Antonio Torrubia, el Librero del Mal de la librería Gigamesh de Barcelona —que también es mi casa, ¡besos para todos!—. Tampoco si Belén Urrutia, de Alianza Runas, no me hubiera dado mi primera oportunidad. Gracias a Concepción Perea y a Jordi Noguera por enseñarme, en su escuela de escritura Caja de Letras, a poner en orden todas las ideas que se aturullaban en mi mente y a darles forma. Y a Sara Segovia por resolver mis dudas lingüísticas cuando aún estaba empezando en el mundo de la corrección.

Para terminar, gracias a Sary, Paco y Laia por cada jueves —que no acaben nunca— y por todo lo que es importante en la vida. A Jose, siempre mi puerto en la tormenta —res non verba—. A Jorge, que me presta las alas de sus aves cuando las mías se rompen. No creo que sea necesario decir mucho más. Y a Khaleesi, a Drogon y a Tyrion, por el amor más puro que existe.

Por supuesto, gracias también, siempre, a George Westinghouse, porque su forma de vivir siempre supuso una fuente inagotable de inspiración para mí y por regalarnos todo lo bueno del mundo en el que vivimos, aunque ya casi nadie lo recuerde.

No, no me olvido de vosotros, westinghousers: *gracias por estar siempre ahí.*

CONTENIDO

Cuando el futuro llega antes de que nos dé tiempo a soñarlo

Escribo estas líneas en el 2023, un año vertiginoso en cuanto a transformaciones y desarrollos de la historia de la inteligencia artificial, por lo que quizás la vorágine en la que estamos inmersos ahora mismo no nos permita adoptar una perspectiva que nos ayude a asimilarlo. Transmitir este hecho ha sido uno de los grandes retos de este libro. Como bien apuntaba el sociólogo y «futurista» Alvin Toffler durante la segunda mitad del siglo XX en su ensayo *Future shock,* el ritmo del progreso científico y tecnológico se ha incrementado hasta tal punto que, en las últimas décadas, apenas hemos tenido tiempo para adaptarnos a los cambios sociales, culturales e incluso económicos que se derivan de él. Y este fenómeno, lejos de ralentizarse, no solo se ha ido acelerando, sino que parece que lo hará aún más con los nuevos avances que, en los últimos años, se están produciendo en el ámbito de la inteligencia artificial. Es lo que ha sucedido siempre con cualquier tipo de tecnología que ha supuesto un cambio disruptivo en la forma de vivir de los seres humanos. Pero ¿qué es exactamente la inteligencia artificial? ¿Qué es capaz de realizar? ¿Cuáles son sus posibilidades actuales y futuras? ¿En qué se diferencia de otras tecnologías como para acaparar tantos titulares en los medios y tanto contenido en las redes sociales?

Son demasiadas preguntas, así que empecemos por la primera: ¿Qué es la inteligencia artificial? Esto es lo que nos dice ChatGPT-4, una de las aplicaciones más populares en este momento:[1]

La inteligencia artificial (IA) es un campo de la informática que se enfoca en crear sistemas capaces de realizar tareas que, de requerir inteligencia humana, implicarían habilidades como el entendimiento del lenguaje, el reconocimiento de patrones, la toma de decisiones y la solución de problemas. Estos sistemas se diseñan para emular aspectos de la cognición humana y pueden aprender y adaptarse a medida que reciben nuevos datos o experiencias. La IA puede variar desde aplicaciones específicas, como los asistentes personales virtuales y los sistemas de reconocimiento de voz, hasta sistemas más complejos que intentan imitar la toma de decisiones humanas a un nivel más avanzado.

Antes de entrar a debatir sobre esta respuesta, creo que es fundamental recalcar que me ha llevado apenas unos pocos segundos obtenerla. Que un ordenador haya podido responder a esta consulta, tan simple en apariencia, formulada en lenguaje natural —en español, en este caso—, ha necesitado de casi un siglo de investigaciones y desarrollos pluridisciplinares en ámbitos como las matemáticas, la física, la ingeniería, la informática o incluso la psicología, la lingüística y la filosofía. Debido a su naturaleza, es posible que la inteligencia artificial sea la disciplina que

---

[1] El *prompt* utilizado ha sido, simplemente: «Dame una definición de inteligencia artificial». Se ha copiado su respuesta literalmente, sin ningún tipo de edición.

más esfuerzo conjunto ha requerido hasta la fecha entre las diferentes ramas del conocimiento. Lo que acaba de lograr ChatGPT era impensable siquiera a comienzos de este siglo... y no porque no se hubiera intentado.

El texto que he reproducido antes no es, en ningún caso, una aproximación incorrecta al concepto de inteligencia artificial. Por su parte, la inteligencia «natural» se podría definir, de manera general, como la capacidad adaptativa de los seres vivos para resolver problemas, y lo que intenta conseguir la inteligencia artificial es imitarla. Las mayores dificultades surgen, principalmente, por culpa del adjetivo «adaptativa», ya que los ordenadores, de momento, suelen mostrarse bastante rígidos en ese aspecto; y porque, en realidad, estamos tratando de reproducir una cualidad que no tenemos muy claro cómo se produce a nivel biológico ni cómo se define de forma precisa.

La complejidad de la inteligencia humana y su polifacetismo casi infinito conllevan que resulte extremadamente compleja de abordar, tanto a nivel neurológico como, muchísimo más, tecnológico. Todo lo que realizamos con total naturalidad, como dar los buenos días por la mañana, no chocarnos con las puertas de camino a la cocina para preparar el desayuno o adaptarnos a los diferentes tipos de contextos e interacciones sociales básicas, se considera un auténtico reto para un programa informático o un robot. Esa dificultad, en cualquier caso, no ha evitado que se hayan cosechado grandes éxitos a la hora de reproducir algunas de las habilidades cognitivas que comportan que los seres humanos seamos lo que somos.

Las inteligencias artificiales son muy eficientes en muchas materias, normalmente en aquellas que se pueden expresar en el lenguaje de las matemáticas, por muy complejas que estas sean.

De hecho, ya realizan muchas tareas mejor que nosotros: cálculos, jugar al ajedrez y a otros juegos de estrategia, analizar y clasificar grandes cantidades de datos... y, además, desde hace décadas. ¿Por qué se arma tanto revuelo ahora, entonces? Porque antes solo lograban todo eso si nosotros se lo enseñábamos, con la limitación que suponía en cuanto a la disponibilidad de datos y expertos capaces de transmitir ciertos conocimientos. En cambio, ahora son capaces de aprender ellas por sí solas.

Este libro es un recorrido por todos los acontecimientos que nos han traído hasta aquí. Es, sobre todo, una historia de la inteligencia artificial, aunque no exclusivamente. Para mí, resultan tan importantes los avances científicos y tecnológicos que la hicieron posible como las ideas que sembraron la intención de recorrer determinado camino y no otro. Y, en este último aspecto, la cultura, los mitos, la literatura... en definitiva, la visión y el relato acerca de cómo entendemos el mundo tienen mucho que ver.

Ni la ciencia ni el progreso nunca han surgido de la nada. Todo gran adelanto ha empezado siempre con un sueño, con una idea. Por este motivo, este relato empieza en la Antigüedad y no en el siglo XX —aunque pudiera parecer lo más lógico—, porque la idea de crear seres artificiales y, por ende, inteligencias artificiales, en el mundo occidental se remonta, al menos, hasta Homero (*c.* siglo VIII a. C.). Por supuesto, estamos de acuerdo en que lo que aparecía en las obras homéricas eran elementos mitológicos, y en que el objetivo de los antiguos griegos no era crear a tales seres ni plantearlos como una posibilidad real. Eso se alcanzaría mucho más tarde, pero la cuestión es que se lograría, y a lo mejor nunca se hubiera hecho sin que las sirvientas mecánicas de Hefesto o el gigante de bronce Talos hubieran dejado su semilla en nuestra imaginación. Y lo más maravilloso de todo es que, como veremos más adelante, existen historias similares en otras culturas —como la china—, lo que significa que nos encontramos, probablemente, ante uno de los grandes anhelos del ser humano. Desde luego, lograr una inteligencia artificial parecida a la nuestra, en lo que se refiere a procesos cognitivos y emocionales, o una inteligencia artificial general, podría resolver un día el misterio acerca de quiénes somos. ¿Acaso puede existir algo más extraordinario que eso?

Aquellos mitos, que hoy nos resultan tan lejanos, tan fantásticos... en realidad, nunca han desaparecido. Solo se han transformado, porque continuamos albergándolos en nuestro interior. Viven camuflados bajo distintos disfraces; el más conocido de ellos es el de la ciencia ficción. A medida que nuestro conocimiento de los fenómenos naturales y el mundo que nos rodea fue arrinconando aquella magia, las narrativas cambiaron —no así los sueños, que, además, se volvieron cada vez más vívidos—, hasta transformarse en ciencia. Siempre he pensado que es imposible contar o explicar la ciencia y su historia, por más que se intente, sin tener en cuenta la dimensión humana de los hechos. Podemos elaborar una lista de descubrimientos y avances, tal y como se hace en una carrera de ciencias —o al menos en Física, que es la que yo estudié—, pero las ecuaciones no surgen por generación espontánea, también son hijas de su época, aunque esa parte no suelan contárnosla. Las ciencias y las humanidades llevan «peleadas» demasiado tiempo y parece que se perdieron el respeto la una a la otra hace mucho, salvo en un campo que ambas tienen en común: la ciencia ficción. En mi afán por tratar de contar no solo la historia de la inteligencia artificial, sino algunas de las historias que nos han llevado hasta ella, no he podido evitar entretejer cierto número de notas y referencias que relacionan la historia de la inteligencia artificial con ese género narrativo, o, dicho de otra manera, con esos mitos que creemos superados, solo porque nuestros dioses se presentan bajo una apariencia completamente distinta a los del Olimpo.

La ciencia ficción es el género que cambió el elemento sobrenatural de las leyendas antiguas por uno racional. Lo que no cambió son los motivos que seguramente llevaron a sus autores a contar todas esas historias, las de ayer y las de hoy. De alguna manera, situada en el páramo que separa los mitos y la ciencia, la ciencia ficción da lugar a que los sueños de aquellos mitos sean posibles para la segunda. Esta es, para mí, la mejor, más completa y más potente herramienta de innovación que tenemos, tanto a nivel científico y tecnológico como antropológico o sociológico. Y ya no solo en lo referente a la parte narrativa, sino en cuanto a las personas que formaron, o forman, parte de ese ecosistema. Veremos, por ejemplo, que Alan Turing llegó a escribir ciencia ficción —al menos, un relato titulado «Pryce's Buoy»—, y también que Marvin Minsky e Isaac Asimov eran amigos, o que la Roomba es un magnífico *crossover* entre las invenciones del neurobiólogo William Grey Walter, la visión del escritor Robert A. Heinlein y la ingeniería y el espíritu emprendedor de Rodney Brooks. El término *crossover* es un anglicismo que utilizo a menudo en mi labor de divulgación en las redes sociales, porque esas relaciones «casuales» me parecen la parte más divertida de la historia de la humanidad. Si bien es cierto que, por motivos de espacio, era inviable contar todas las anécdotas que pululan por ahí, he intentado incluir el mayor número posible para, por lo menos, despertar la curiosidad de aquellos lectores que deseen averiguar algo más. Cuando la ciencia ficción entra en escena, es importante tener en cuenta que por mucho que en los mitos modernos el robot sea positrónico y no un gigante de bronce, no cambia lo esencial: ambos tratan de explicar la parte del mundo que no comprendemos, así como cuestionarnos e inspirarnos.

Considero que no hace falta aclarar, tras haber expuesto todo lo anterior, que este no es un libro técnico ni un ensayo académico, aunque sí bebe de las fuentes originales. Solo trata de ser una puerta de entrada al mundo de la inteligencia artificial, una manera de ordenar —en el sentido de estructura y organización— todo lo que estamos viviendo durante esta segunda década del siglo XXI; por qué y cómo hemos llegado hasta aquí, de dónde emergen nuestros temores, qué esperanzas albergamos... sobre todo con la irrupción en nuestras vidas de los sistemas generativos, que tanto revuelo están causando, durante el último año y pico.

Aunque es posible que cometa alguna imprecisión al tratar de explicar de la forma más sencilla posible algún concepto, algoritmo o sistema, los artículos de quienes los plantearon, descubrieron o desarrollaron están recogidos en la bibliografía para quien desee consultarlos. Además, querría puntualizar otra cuestión: la mayor parte de las fuentes de este libro las he consultado en inglés. Me he remitido a las traducciones cuando he tenido acceso a ellas. Si bien es posible que se me haya pasado alguna por alto. Por esta razón, la traducción de la mayoría de las citas es mía, y así lo indico en las notas al pie, junto con la referencia al original. Por cuestiones de espacio —y por no convertir este libro en una enciclopedia—, he descartado bastante información que espero que, en el conjunto de la obra, no se eche en falta. Por ejemplo, en lo referente al ámbito de la robótica o la conducción autónoma.

Me doy por satisfecha si todo este arduo trabajo sirve para ayudar a entender, reflexionar y plantear ciertos debates, que creo muy necesarios, sobre la inteligencia artificial. Mi voluntad es la de iluminar el camino que hemos empezado a recorrer, aunque tal vez aún no sepamos hacia dónde nos lleva. También me contentaré si consigo que cambiemos el discurso catastrofista de nuestro tiempo —sin ignorar, no obstante, que toda tecnología tiene una faceta constructiva y otra destructiva—, por otra perspectiva que abra una ventana a ese futuro que últimamente nos empeñamos en eliminar de la ecuación del progreso humano.

A diferencia de ocasiones anteriores, en las que la inteligencia artificial ha invadido los medios y ha ocupado portadas —pienso, por ejemplo, en la victoria de Deep Blue sobre Garri Kaspárov al ajedrez, que es un acontecimiento que viví y recuerdo—, estoy bastante convencida de que esta vez sí que ha llegado para quedarse. Aunque tal vez no de la manera en la que se espera. Bajo mi punto de vista, se producirá una transformación social y cultural, que obviamente resultará difícil para algunos sectores, pero no la hecatombe que anuncian muchos de los profetas del apocalipsis que invaden las redes sociales y los medios. Creo que estamos transitando un cambio de paradigma, que no será cómodo para todo el mundo, pero que tampoco vamos a poder evitar, por lo que solo nos queda decidir cómo vamos a afrontarlo para minimizar los perjuicios. Seguramente, a medio plazo, se calmará un poco todo este *hype* y las aguas volverán —relativamente— a su cauce, aunque no sin que la sociedad que emerja de ello sea distinta a la anterior. Distinta, pero no necesariamente peor. De nosotros depende, porque aún, y tal vez no por mucho tiempo, podemos tomar decisiones al respecto.

He de admitir, por otro lado, que a una parte de mí le resulta bastante excitante el momento por el que estamos transitando, incluso con toda la incertidumbre que lo rodea, porque creo que nos encontramos, literalmente, en una situación que ya planteó la ciencia ficción: un punto Jonbar. Se trata de un concepto que el escritor Jack Williamson presentó en 1938 en *The legion of time*. La idea es muy sencilla: en la novela, la decisión del niño John Barr

—jugar con un imán o con una piedra— será la que determine el futuro de la humanidad. Si elige el imán, llegará a ser un gran científico y el futuro se convertirá en una utopía llamada Jonbar; si opta por la piedra, tendrá una vida insulsa y gris, sus descubrimientos los harán otros con menos escrúpulos y el mundo derivará en una distopía llamada Gyronchi. En ese momento, el pequeño John Barr no es consciente de lo que su elección implica, por lo que dos organizaciones capaces de viajar a través del tiempo, la Legión del Tiempo y los agentes de Gyronchi, intentarán influirle en su decisión.

En cierto modo, ahora todos nosotros estamos en el lugar de John Barr, con la diferencia de que sí somos relativamente conscientes de que nuestras decisiones de hoy determinarán las consecuencias del mañana. Personalmente, no me cabe duda de que este momento de desarrollo de la inteligencia artificial es uno de los puntos Jonbar de la historia de la humanidad.

¿Cuál será nuestra elección ahora que todavía estamos a tiempo?

El sueño de la inteligencia artificial

Cualquier tecnología lo suficientemente avanzada
es indistinguible de la magia.
ARTHUR C. CLARKE

Se podría decir que la historia de la ciencia y la tecnología es también la historia de cómo la imaginación humana ha ido enriqueciéndose y materializándose a medida que avanzábamos y descubríamos nuevos aspectos de una realidad que no ha dejado de sorprendernos a lo largo de los siglos. Todo empieza siempre con una idea, aunque las ideas no suelen germinar hasta el momento en que cuentan, en primer lugar, con un sustrato creativo que las nutra y, luego, con la capacidad tecnológica de realizarlas. A veces pasan años, siglos o incluso milenios hasta que se desarrolla el conocimiento científico necesario, se obtienen los recursos apropiados y se perfeccionan las técnicas requeridas para convertir esa idea en realidad. Mientras tanto, las sociedades evolucionan, los fundamentos intelectuales se vuelven más sólidos, las perspectivas y la superación de dificultades, así como el debate, se benefician del diálogo entre las diferentes ramas del saber. La mentalidad humana se abre a nuevas posibilidades y el sistema económico apuntala el conjunto para que se asiente sobre unas bases firmes que permitan el progreso.

Algo así explicaba Norbert Wiener, conocido por su popular teoría de la cibernética, en *Invention. The Care and Feeding of Ideas*. En este ensayo —escrito en la década de 1950 e inédito hasta 1993—, efectúa un fantástico análisis acerca de cómo el contexto histórico, social y económico de cada época influye —para bien y para mal— en el proceso creativo y la innovación tecnológica. Su visión tiene todo el sentido del mundo: si observamos el pasado —ni siquiera hace falta que sea en profundidad—, nos daremos cuenta de que el origen de cualquier tipo de innovación científica o tecnológica, también el de la inteligencia artificial, suele transcurrir siempre del mismo modo, si bien en un contexto y con unos personajes diferentes. Sin embargo, en numerosas ocasiones ignoramos los primeros pasos, que tal vez son los más importantes. Se trata de aquellos momentos previos a que la imaginación se convierta en ciencia, cuando el conocimiento todavía es magia; o, para los grandes visionarios, un sueño lúcido cuya realización solo es cuestión de tiempo.

Y los seres humanos hemos soñado muchísimo desde siempre, o, al menos, desde que nos definimos a nosotros mismos como tales. De hecho, el sueño de la inteligencia artificial es uno de los más antiguos, según los registros históricos con los que contamos —Adrienne Mayor, de quien enseguida hablaremos, lo sitúa en la Grecia helenística, pero hay leyendas que lo datan en el Antiguo Egipto—. Paradójicamente, es también uno de los que más se nos está resistiendo, a pesar de que en los últimos tiempos parece que hemos empezado a acariciarlo.

En realidad, entender la inteligencia artificial es un intento de entendernos a nosotros mismos. Con todo, llegar a saber quiénes somos y la razón de nuestra existencia —¿de dónde venimos?, ¿adónde vamos?— pertenece, por el momento, más al ámbito de la filosofía que al de la ciencia, aunque esta última no ceje en su empeño de buscar una respuesta. Uno de los mayores escollos es que tenemos bastante claro qué significa «artificial», pero ¿sabemos definir la inteligencia? El concepto ha ido evolucionando a lo largo de la historia. Es cierto que, en las últimas décadas, las neurociencias y la psicología nos han permitido acercarnos más a la respuesta, pero con la inteligencia ocurre un poco lo mismo que con el concepto del tiempo. Al respecto, san Agustín dijo una vez: «¿Qué es, pues, el tiempo? Si nadie me lo pregunta, lo sé; pero si quiero explicárselo al que me lo pregunta, no lo sé». Podríamos cambiar «tiempo» por «inteligencia», pues la reflexión es muy similar. Tomemos la perspectiva de un profesional de la psicología, por ejemplo, el profesor Roberto Colom que, en *Inteligencia*, escribe:[2]

¿Y cuál es la definición que ofrecen, en la que concuerdan, los psicólogos que se dedican al estudio científico de la inteligencia?

«Una capacidad mental muy general para razonar, planificar, resolver problemas, pensar de modo abstracto, comprender ideas complejas y aprender con rapidez a partir de la experiencia».

He subrayado el término «general» porque es clave [...]. Los científicos han demostrado lo que acertadamente suponen los legos, es decir, que inteligente no es el que usa mejor el lenguaje para comunicarse verbalmente o por escrito, no es quien es capaz de memorizar grandes cantidades de información para utilizarla de manera adecuada cuando sea necesario, no es aquel que capta

[2]   Colom Marañón, Roberto, *Inteligencia*, Barcelona, Shackleton Books, 2024.

las señales relevantes presentes en una escena ignorando las irrelevantes, ni quien es capaz de resolver un complejo problema matemático, ni quien encuentra eficientemente su destino en una ciudad desconocida.

Inteligente es el individuo capaz de coordinar todas esas cosas.

Tal vez esta última frase sea uno de los mayores obstáculos que presenta la inteligencia a la hora de recrearla de forma artificial. En cualquier caso, los intentos por descifrar el funcionamiento del cerebro humano desde el punto de vista biológico y descubrir cómo emerge esa capacidad a partir de «un puñado de células» todavía presentan más incógnitas que certezas. ¿Cómo reproducir o simular algo que ni siquiera entendemos con precisión?

Esta dificultad pone de manifiesto una peculiaridad que caracteriza el ámbito de la inteligencia artificial y que no suele suponer un problema tan agudo en otros campos del conocimiento: la naturaleza de la relación entre el creador y su creación.

El desarrollo de la inteligencia artificial es, de alguna manera, una carrera por concebir algo humano sin que sea humano; o, maticémoslo para que no resulte tan grandilocuente, por transferir capacidades humanas a una creación no humana, si es que algo así fuera posible. Por eso nos fascina y nos inquieta, a partes iguales. Se trata de una vuelta de tuerca más al mito de Prometeo, que les robó el fuego a los dioses para entregárselo a los humanos y sufrió por ello la ira de Zeus. Sea realista o no, la idea de crear seres artificiales indistinguibles, o prácticamente indistinguibles, de sus pares biológicos ha formado parte de nuestro imaginario desde hace miles de años, con todas las cuestiones que ello suscita acerca de cuál es nuestro lugar en el mundo y cuál el de esos seres creados por nosotros.

Por todo ello, esta historia de la inteligencia artificial no comienza, como la gran mayoría de estudios al respecto, con la figura y los trabajos de Alan Turing. Nuestro enfoque implica que la historia empiece mucho antes. Precisamente, con la primera chispa del fuego que Prometeo le robó a Hefesto, que sería uno de los candidatos a «creador» de los primeros seres artificiales de la historia.

Creado, no nacido[3]

Hay temas tan recurrentes dentro de la historia del pensamiento humano que podrían considerarse universales. Solo cambia el contexto social, cultural, político, religioso, científico, tecnológico... En definitiva, el decorado en el que interpretamos la obra de teatro de la historia. En ocasiones, ese cambio de decorado puede ser lo que nos confunda y nos impida llegar al corazón de una idea; pero una vez allí, la vigencia de la mitología antigua es absolutamente pasmosa, y aquello que fueron tan solo leyendas o fantasías adquiere nuevos significados una vez se inventan las palabras para describirlo de otra manera.

Es lo que propone Adrienne Mayor, historiadora clásica de la Universidad de Stanford, en *Dioses y robots. Mitos, máquinas y sueños tecnológicos en la Antigüedad* (2019) cuando repasa las aproximaciones a la vida artificial que se hicieron en la mitología antigua:[4]

---

[3] Tomo prestado este título de la introducción de Mayor, Adrienne, *Dioses y robots. Mitos, máquinas y sueños tecnológicos en la Antigüedad*, Madrid, Desperta Ferro Ediciones, 2019.

[4] *Ibidem.*

Con pocas excepciones, en los mitos tal como se han conservado desde la Antigüedad, no se describe el funcionamiento interno y las fuentes de energía de los autómatas, sino que se deja a nuestra imaginación. En efecto, esa opacidad convierte a los artilugios de fabricación divina en algo análogo a lo que llamamos «caja negra», máquinas cuyo funcionamiento interno resulta misterioso.[5]

Esto es, ¿hablaban todos esos mitos clásicos realmente de magia? ¿O hablaban de magia solo porque la ciencia no existía, o al menos no como la entendemos hoy? ¿Y qué entendían aquellas gentes por «vida artificial»?

Más adelante, aclara, y creo que es necesario añadirlo para no echar las campanas al vuelo antes de tiempo:[6]

Evitemos proyectar en la Antigüedad nociones modernas sobre mecánica y tecnología [...]. De vez en cuando, señalo la presencia de temas similares en las mitologías modernas de la ficción, el cine y la cultura popular, y establezco paralelos con la historia científica *para ayudar a ilustrar la existencia de conocimiento y presciencia naturales integrados en el material mítico.*

Pero volvamos al tema de la vida artificial. De todas las características que definen a un ser vivo, la primera que nos suelen enseñar en la escuela es que «nace» —y luego crece, se reproduce y muere—. Pero entonces ¿podrían llegar a existir seres «vivos» que no hayan nacido, y que no crezcan, se reproduzcan ni mueran? ¿Seres que sean capaces de emular nuestras funciones vitales

---

[5] Me permito aquí un inciso, adelantándonos algunos capítulos a algo que se desarrollará posteriormente: ¿no es este, acaso, uno de los problemas que presentan las redes de *deep learning*?

[6] *Ibidem.* [Las cursivas son mías, en este caso].

básicas, pero que hayan sido creados? Porque, puedan existir o no, aparecen por todas partes en nuestra tradición histórica. Ya Apolonio, entre otros, habla en sus *Argonáuticas* del gigante de bronce Talos, guardián de la isla de Creta. Homero, en la *Odisea*, de los perros de plata y oro que custodiaban el palacio de Alcínoo en Corfú. El encargado de fabricar esta especie de autómatas, así como muchos otros artilugios, solía ser Hefesto. Como es obvio, seguramente los antiguos griegos no hablaron en sus mitos de esta suerte de «pseudotecnología» pensando en que podría llegar a desarrollarse en el futuro, ni había un ánimo especulativo en sus relatos —como sí lo hubo luego en la ciencia ficción—. Pero su aparición conforma, desde el punto de vista humanista, el origen de muchas de las reflexiones e incógnitas que aún hoy plantea la inteligencia artificial.

En cualquier caso, si miramos estos «cacharros» de Hefesto con los ojos del presente, serían, en realidad, poco más que juguetes de cuerda: nos imitan de forma mecánica, pero en todo momento queda claro que ni son lo mismo que un ser vivo ni pretenden serlo. Tampoco nadie se los tomaría en serio como ejemplos de inteligencia artificial —de hecho, la mayoría de los académicos no lo hacen—. No obstante, aunque de modo muy básico, los viejos mitos dejan traslucir que sí tenían cierta voluntad y capacidad de decisión en función del cometido para el que los habían fabricado. Sirva como ejemplo este pasaje de la *Ilíada* de Homero (Canto XVIII, 417-420) en el que se describe a las criadas del dios: «Marchaban ayudando al soberano unas sirvientas de oro, semejantes a vivientes doncellas. En sus mientes hay juicio, voz y capacidad de movimiento, y hay habilidades que conocen gracias a los inmortales dioses».[7] La manera en la

---

[7]   Homero, *Ilíada*, Madrid, Editorial Gredos, 1991.

que los inmortales dioses les enseñan tales habilidades a esas doncellas excede el objetivo de esta obra —se lo dejamos a los historiadores y a los filólogos clásicos—. Y tal vez esto no sea tan relevante si atendemos a la cita de Arthur C. Clarke que da inicio a este capítulo: «Cualquier tecnología lo suficientemente avanzada es indistinguible de la magia». No obstante, si algo ha hecho la ciencia moderna durante sus cuatrocientos años de existencia es romper un hechizo tras otro.

El concepto de «creado, no nacido» que plantea Adrienne Mayor es tan amplio, y a la vez tan concreto, que ayuda notablemente a delimitar el rango de acción de este libro: «la diferencia entre el nacimiento biológico y el origen fabricado marca el límite entre lo humano y lo no humano, lo natural y lo antinatural».[8] Es lo que se ha dicho antes: estamos tratando de crear algo con rasgos y capacidades humanos sin que sea humano. La paradoja radica en que no estaremos satisfechos hasta que lo creado y lo nacido sean indistinguibles entre sí, al tiempo que la sola posibilidad de conseguirlo genera en nosotros un rechazo casi instintivo.

La idea de la existencia de unos seres creados y no nacidos no se limita a la antigua Grecia, lo cual hace pensar que conecta directamente con una parte muy íntima de nuestra naturaleza humana. Esta noción aparece también en Oriente, donde presenta sus propios matices. Es interesante observar cómo cambia la perspectiva acerca de una misma cuestión en uno y otro lado del mundo. En el *Lie Zi* (*c.* siglo V a. C.), una de las tres principales obras taoístas —junto al *Tao Te Ching*, de Lao-Tse, y el *Zhuangzi* del autor homónimo—, aparece un curioso autómata: un artista. El pasaje en el que se lo menciona pertenece al capítulo «Las preguntas de Tang» y ocupa apenas unos párrafos. Se trata de la historia del

---

[8] Mayor, Adrienne, *op. cit.*

autómata que el artesano Ning shi le muestra al rey Mu. Este hombre artificial es capaz de cantar, bailar y realizar diferentes trucos, hasta el punto de que el monarca no consigue diferenciarlo de una persona real y el artesano se ve obligado a desmontarlo para demostrarle que sí lo es.

Es una historia curiosa porque, por lo general, la idea que tenemos asociada a un ser artificial —o un robot— en Occidente es la de un criado o esclavo, por un lado,[9] y, por otro, la de un ser de lógica implacable, pero carente de emociones. Históricamente, la gran brecha entre el ser humano y las máquinas la han conformado las emociones y la creatividad del primero. En definitiva, su capacidad de «hacer arte». Por eso el autómata de Ning shi resulta diferente y algo alejado de otras tradiciones.

Aunque imaginarias, todas estas ideas de vida artificial encerradas en mitos, con el tiempo, dieron algún fruto, porque lo cierto es que comenzaron a tomar forma tan pronto como empezaron a ser posibles, con mejor o peor resultado.

Es necesario hacer una pequeña digresión aquí para trasladarnos a la antigua Grecia y, en menor medida, a Roma, por la enorme influencia que tendrían en el futuro. Para la mayoría, estas civilizaciones han pasado a la posteridad como culturas con cierto desarrollo científico y tecnológico, sobre todo aplicado a la arquitectura; pero esta es una visión sesgada que no hace justicia a los avances que, en realidad, impulsaron en otros campos como la ingeniería y la mecánica.

En el siglo III a. C., Ctesibio, director de la biblioteca de Alejandría y discípulo de Arquímedes, fabricó bombas neumáticas y de agua, así como relojes (clepsidras). También se dice que creó

---

[9]   De esto tienen gran culpa, en parte, las visiones modernistas posteriores, de las que también hablaremos.

una estatua de cuatro metros y medio que era capaz de sentarse y levantarse, construida para la Gran Procesión de Ptolomeo II en el año 285 a. C. Más o menos en la misma época vivió Filón de Bizancio, a quien se atribuye la invención de un precursor del giroscopio, un dispositivo mecánico giratorio basado en la conservación del momento angular —una especie de peonza—, que se usa hoy en día para mantener o cambiar la orientación de un vehículo o dispositivo. Hoy incluso nuestros teléfonos móviles llevan giroscopios. Más tarde, en el siglo I d. C., a Herón de Alejandría se lo conoció, entre otros inventos, por sus máquinas expendedoras, por haber instalado puertas automáticas en la propia biblioteca y en los templos; e incluso por idear un artefacto que funcionaba a vapor, llamado eolípila, aunque, por algún motivo, nunca se llegó a explotar su potencial para mover maquinaria. Así pues, hacia el final de la Antigüedad y antes de entrar en la Edad Media, la tecnología había empezado a abrirse paso y a preparar el terreno para lo que estaba por venir, aunque las circunstancias históricas, sociales y económicas impidieron que floreciera y nos proyectara desde ese momento a mayor velocidad hacia el futuro. No obstante, este legado sería fundamental algunos siglos después para el desarrollo de la ciencia árabe.

Cabe aclarar que, aunque este es un libro sobre inteligencia artificial y pueda parecer que, *a priori*, este tipo de tecnología antigua no es relevante, en realidad desempeña un papel más importante de lo que parece. Llegar hasta la inteligencia artificial tal y como la entendemos actualmente no ha supuesto un camino en línea recta, sino que ha necesitado de conocimientos de física, diversas ingenierías, biología, informática... e incluso lingüística. Más que ante una trayectoria en línea recta, nos hallamos ante un grafo donde todas esas diferentes ramas del conocimiento acaban confluyendo en un único nodo. La mecánica y la automática antiguas serían tan solo una de esas ramas.

Por otro lado, sobre todo en sus inicios, la inteligencia artificial estaba asociada a un soporte más mecánico o físico que electrónico. A lo largo de las diferentes épocas, ha habido periodos en los que incluso ha coincidido con la historia de la robótica. Tiene lógica: si lo que se pretendía era imitar la inteligencia humana, podía empezarse por reproducir funciones vitales básicas, como, por ejemplo, la del movimiento.

Los mil y un autómatas

Para moverse no hace falta, en realidad, ser muy listo, y las primeras máquinas «inteligentes» no lo fueron, ya que se trataba de meros sucedáneos mecánicos de los seres vivos. No eran más que marionetas con cierta autonomía. Pero lo importante es que las viejas narraciones y leyendas habían empezado a dejar de serlo y los mecanismos o juguetes que se estaban creando no diferían tanto de lo que Homero y otros vieron un día en su imaginación. Miremos con los ojos del pasado a aquellos autómatas, algunos de los cuales incluso tocaban instrumentos o servían el vino. Era muy poco lo que se sabía acerca de quiénes éramos y, mucho menos, de nuestra biología, así que el abismo entre esos artilugios y un ser humano no era tan inmenso, al menos en apariencia. Así que, cuando esa suerte de ingeniería moderna comenzó a asomar, fue inevitable que empezáramos a refinarla para intentar reproducir capacidades cada vez más complejas.

La imagen popular que ha trascendido de la Edad Media, heredada de testimonios como el del poeta Francesco Petrarca, es la de diez siglos de ignorancia, oscuridad y barbarie. Mil años tragados por un abismo situado justo entre la grandeza del Imperio romano y el glorioso Renacimiento, destinado a devolvernos el esplendor perdido. Nada más lejos de la realidad. Afortunadamente, desde principios del siglo XX se ha renovado el interés académico por la ciencia de aquella época, o, más bien, por lo que se entendía como ciencia en ese momento, a través de una definición mucho más laxa que la actual. Forzosamente, aquellas personas debían de contar con algún tipo de tecnología, aunque fuera rudimentaria, para sobrevivir —pensemos, sin ir más lejos, en la empleada en la arquitectura—, y, en efecto, la tenían.

El paradigma de esto lo hallamos en el mundo islámico, que no dejó caer en saco roto todo el saber de la Antigüedad y llevó a cabo la traducción de numerosos documentos helenísticos sobre filosofía natural, matemáticas o medicina. En el ámbito científico y tecnológico, la Edad Media fue, para ese mundo, más bien una edad de oro.

Los hermanos Banū Mūsā, Muḥammad, Aḥmad y al-Ḥasan (siglo IX), participaron en numerosas traducciones durante su paso por la Casa de la Sabiduría de Bagdad. También encontraron un lugar en la posteridad gracias a su *Libro de mecanismos ingeniosos*, en el que se describen todo tipo de artilugios inspirados en los trabajos de Herón o en las ingenierías china e india, como válvulas y manivelas automáticas o relojes. Los tres hermanos utilizaron este conocimiento para diseñar uno de los primeros dispositivos automáticos programables: una flauta automática. Al Jazarí (siglo XII), por su parte, siguió un camino similar y escribió un libro de título muy parecido al de sus predecesores: *El libro del conocimiento de dispositivos mecánicos ingeniosos*. Este fue incluso más allá y creó, además de mecanismos y dispositivos varios, autómatas antropomórficos como músicos, sirvientes o relojes con formas animales y humanas que hacían las delicias de las fiestas de la corte.

Tal vez lo más reseñable es que, ya entonces, existiera la posibilidad de programar una máquina, aunque fuera para llevar a cabo tareas sencillas. ¿No es esa la base de la informática moderna y, por extensión, de la inteligencia artificial? Estos autómatas primitivos no se encontraban tan alejados conceptualmente de uno de los hitos más reseñables de la historia de la computación: la máquina analítica del matemático británico Charles Babbage. Creada a finales del siglo XVIII, esta invención es considerada el primer computador en sentido moderno. En cambio, los artilugios de los hermanos Banū Mūsā o Al Jazarí se utilizaban para otros propósitos diferentes al cálculo, más estéticos que prácticos.

Al margen del mundo islámico, existen también referencias, mejor o peor documentadas, sobre la construcción de autómatas o seres artificiales en la cultura cristiana de la Edad Media. Una de ellas es el hombre de hierro de san Alberto Magno, que, según cuentan fuentes de la época, su discípulo santo Tomás de Aquino destruyó horrorizado por considerarlo una creación del demonio. Se percibió, esta vez desde el corazón de la religión, la amenaza que suponía que una máquina pudiera suplantar a un ser humano a través de ese valle inquietante que cuestiona lo que somos, la vida artificial.

Occidente tendría que esperar algo más que Oriente para recuperar y dar valor a todas aquellas obras del mundo Antiguo que, si bien no se perdieron, estuvieron bastante tiempo acumulando polvo en las bibliotecas de los monasterios. Con el Renacimiento, emergieron las primeras grandes figuras de la ingeniería y la automática en Europa. Una de ellas, la del florentino Leonardo da

Vinci, cuyo *automa cavaliere*, un autómata antropomórfico que posiblemente construyó en torno a 1495, y que presentó durante una fiesta en casa del aristócrata y entonces duque de Milán Ludovico Sforza, podía sentarse, levantarse, subir la visera de su casco y mover las manos.

Otra figura destacada de esta época fue la de Juanelo Turriano, nacido en Cremona, Italia, y nombrado en 1556 relojero de la corte de Carlos I, circunstancia que lo llevó a trasladarse a Toledo. Allí construyó una máquina hidráulica capaz de transportar agua desde el río Tajo hasta el Alcázar, salvando un desnivel de cien metros. Las ruinas de esta construcción aparecen en algún grabado antiguo, e incluso El Greco lo menciona en uno de los planos que dibujó de la ciudad. Pero, aparte de los relojes que fabricó y de esta obra de ingeniería, se cree que Turriano también construyó autómatas antropomórficos. Uno de ellos pudo ser el conocido como «hombre de palo», creado con el propósito de pedir limosna en las calles de Toledo después de que el Ayuntamiento de la ciudad se negara a pagarle por su trabajo en la máquina hidráulica. Aunque este autómata permanece en un limbo entre la historia y la leyenda, en la ciudad existe una calle con dicho nombre: Hombre de Palo. Más allá, el Smithsonian le atribuye la construcción de una de las piezas que conserva en sus depósitos: un monje mecánico que elaboró para rezar por la recuperación de Felipe II, hijo de Carlos I, tras un accidente. El príncipe, que entonces tenía diecisiete años, se recuperó.

Todos estos autómatas y demás mecanismos de la Edad Media y el Renacimiento, que no se pueden considerar todavía inteligencia artificial, se concebían principalmente con ánimo lúdico o decorativo. Solían repetir una misma función de manera mecánica, una y otra vez, en bucle. A partir del siglo XVII, eso empezó a cambiar, porque las posibilidades de la mecánica se trasladaron del ámbito físico al ámbito intelectual. Si éramos capaces de construir máquinas que podían imitar algunas funciones de nuestro cuerpo, ¿sería posible capacitarlas para que imitaran alguna función de nuestra mente?

Una cuestión matemática

Desde las primeras civilizaciones, y a medida que la sociedad humana fue evolucionando, se hizo preciso inventar nuevos sistemas de cálculo y archivo que ampliaran tanto nuestra memoria como el límite de los diez dedos que tenemos para contar. Era necesario llevar un registro del censo, de las cosechas, del comercio, de la recaudación de impuestos... Asimismo, la construcción de infraestructuras cada vez más complejas requería operaciones matemáticas que estuvieran a la altura. De ahí surgieron los ábacos sumerios, la numeración con varillas china, la tablilla de Salamina griega o los quipus incas. Más tarde, cuando llegó la ciencia moderna y avanzó lo suficiente como para que las tablas matemáticas calculadas a mano no siempre bastaran para solucionar cualquier problema de forma precisa, junto con el desarrollo de dispositivos mecánicos cada vez más sofisticados, aparecieron las primeras máquinas calculadoras. Aquí es importante recalcar lo de «máquina calculadora», porque hasta bien entrado el siglo XX, las «calculadoras» o «computadoras» eran simplemente personas que se dedicaban a hacer cálculos. Sin embargo, las personas son falibles, y el nivel de precisión y rigor matemático necesario era cada vez más alto. A día de hoy, existen multitud de ecuaciones que ni siquiera se pueden resolver de forma analítica, sino que hay que hacerlo por aproximación, algo inabordable para un ser humano, al menos en un tiempo razonable.

La necesidad, como se suele decir, agudiza el ingenio, y el matemático Blaise Pascal utilizó el suyo para crear, en 1642, una de las primeras calculadoras mecánicas o, dicho de otra forma, una de las máquinas primigenias capaces de realizar una tarea que, hasta el momento, era dominio de nuestro cerebro y no de nuestros músculos: la pascalina. Su padre era recaudador de impuestos y el joven Pascal, de apenas diecinueve años, se dispuso a crear un ingenio que le facilitara la labor. La pascalina era capaz de realizar sumas y, en una versión posterior mejorada, también restas. La rueda de Leibniz, que Gottfried Leibniz inventó algo después, en 1671 —aunque no la terminó hasta 1694—, superó cualitativamente a la pascalina; podía, además de sumar y restar, multiplicar y dividir, realizar la operación por excelencia que todos olvidamos una vez dejamos la escuela primaria: el cálculo de raíces cuadradas.

Aunque en su época Pascal apenas consiguió vender más de una veintena de pascalinas, los principios en los que se basaba su invento, así como los de la rueda de Leibniz —que sí tuvo más acogida—, fueron fundamentales en el desarrollo de las calculadoras mecánicas usadas hasta mediados del siglo XX, que no fueron sustituidas hasta la llegada del transistor y las calculadoras electrónicas de los años sesenta.

La Revolución científica y todo lo que aconteció después fue lo que, inevitablemente, acabó arrinconando la magia, si bien no los mitos. Solo los transformó en algo distinto. Y Talos, llevado en su momento a la vida a través de los poderes de un dios, cobró la apariencia del monstruo del doctor Frankenstein, un ser creado a partir de retales de cadáveres y resucitado gracias al conocimiento racional de un científico. Mary Shelley, en 1818, le dio un

Blaise Pascal creó la primera máquina calculadora capaz de efectuar sumas y restas, la pascalina, cuando apenas tenía diecinueve años.

nuevo barniz narrativo a la novela gótica del romanticismo, fruto del cambio de visión respecto al mundo, de lo sobrenatural a lo racional, que la sociedad estaba experimentando con el desarrollo de la ciencia.

Para cuando Mary Shelley escribió *Frankenstein*, el mundo ya había iniciado hacía tiempo un cambio irreversible, cuyo punto de partida había sido un invento que no solo transformaría la sociedad desde sus cimientos, sino que sería crucial para la historia de la inteligencia artificial: el telar automático moderno. Tras los telares de Basile Bouchon y Jean-Baptiste Falcon —que ya utilizaban tarjetas perforadas—, llegó, en 1741, sin demasiada acogida por su elevado precio y sus limitaciones, el del francés Jacques Vaucanson. El inventor era muy popular en la época por el realismo de sus autómatas, entre ellos, un pato mecánico que comía y defecaba —o, al menos, lo simulaba— que lo catapultó a la fama. Aunque el telar de Vaucanson ya era automático, a diferencia de los anteriores, y

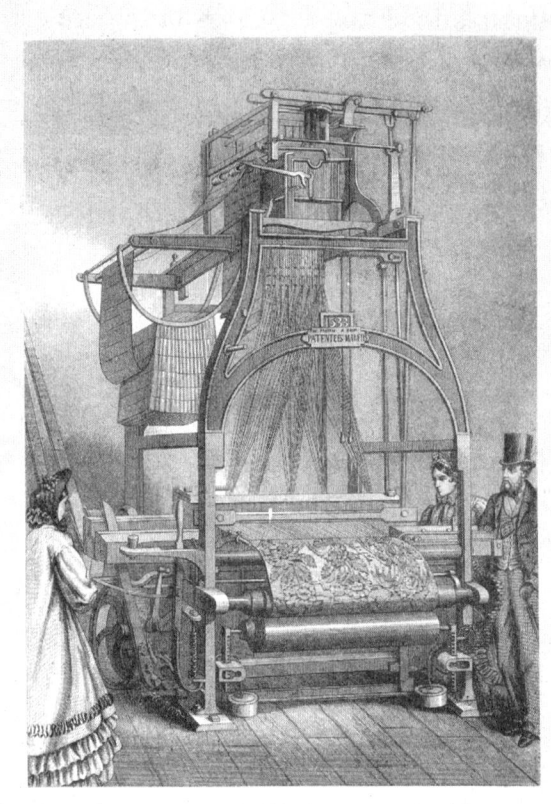

El telar de Jacquard fue una de las primeras máquinas programables. Su sistema de tarjetas perforadas posibilitaba tejer brocados y otros tipos de patrones.

SMITH BROTHERS PATENT JACQUARD LOOM

«programable», tenía un coste demasiado elevado y su uso resultaba muy engorroso. Fue, finalmente, Joseph Marie Jacquard, en 1801, quien reuniría todos los avances anteriores y utilizaría el sistema de tarjetas perforadas para crear telares capaces de tejer diferentes patrones complejos en la tela. Esto es, había nacido la posibilidad de utilizar una misma máquina para realizar tareas distintas. Ahora, como hacían los propios telares, solo quedaba entretejer los hilos de todos los logros alcanzados hasta este momento para concebir un nuevo tipo de máquina, con la versatilidad de un telar y el potencial de una calculadora. Un matemático tuvo la idea, pero hizo falta también una poeta para entender el mundo de posibilidades que algo así abría ante nosotros.

Matemáticas y poesía

Puede que el cambio de paradigma en la cosmovisión humana durante el siglo XIX no haya tenido parangón a lo largo de nuestra historia. Seguramente fue el momento de nuestra civilización en el que más se miró hacia el futuro. Y se vio prácticamente todo. Nuestra dependencia de la tecnología se volvió irreversible, la mente humana no era ya capaz de abarcar unos avances científicos que, a principios del siglo XX, nos desbordarían por completo.

Las primeras calculadoras habían ayudado a la hora de realizar algunas operaciones matemáticas, pero no todas. Y eso lo comprobó perfectamente el matemático Charles Babbage alrededor de los años 1812-1813, al enfrentarse a las imprecisiones de las tablas de logaritmos que se utilizaban en los cálculos astronómicos. En una ocasión, cuando estaba con el astrónomo John Herschel —el hijo de William Herschel—, se le ocurrió comentar que ojalá existiera una máquina de vapor que pudiera hacer esos cálculos tan tediosos. Y aunque conocía las calculadoras de Pascal y Leibniz, él buscaba algo mucho más general y complejo, que pudiera calcular logaritmos y funciones trigonométricas a través de aproximaciones polinómicas. Empezó por un dispositivo pequeño en 1819 —cuya construcción concluyó en 1822—, capaz de realizar cálculos polinómicos hasta de ocho decimales, y en 1823 consiguió financiación

En el Museo de Ciencias de Londres se puede contemplar una copia de la máquina analítica concebida por Charles Babbage.

del Gobierno para construir uno mucho más grande, de una capacidad de hasta veinte decimales, al que llamó máquina diferencial. Nunca llegó a terminarla, ya que el coste excedía por mucho el que había estimado inicialmente y el Gobierno le retiró los fondos, así que el proyecto acabó abandonado.[10]

---

[10] Aunque Babbage no lo llegó a construir, principalmente por motivos técnicos —la tecnología de la época no permitía fabricar las piezas con la precisión que se necesitaba—, existen dos réplicas modernas: una se encuentra en el Museo de la Ciencia de Londres y otra —tras exponerse en el Museo de Historia de la Computación de California—, en la sede de los laboratorios de la empresa de propiedad intelectual Intellectual Ventures, en Washington.

Para entonces, en cualquier caso, la mente de Babbage ya estaba centrada en otra máquina mucho más avanzada, una de propósito general, esto es, que se pudiera programar para realizar cualquier tipo de cálculo: la máquina analítica. Empezó a trabajar en la idea en 1833 y la describió por primera vez en 1837. Esta máquina, alimentada por vapor, se podía programar a través de tarjetas perforadas, como los telares que atestaban ya las fábricas, y mostraría los resultados mediante un sistema de impresión. Lo que había hecho Babbage, en un alarde de sencilla genialidad, era recopilar los avances que se habían producido hasta entonces —mecanismos de cálculo, telares...— y usarlos para crear un dispositivo mayor y más complejo.

Aunque no consiguió financiación para construir su máquina analítica —y, en todo caso, hubiera estado fuera de su alcance por las limitaciones técnicas de la época—, sí logró captar la atención de una joven que supo ver como nadie las posibilidades de aquello; la hija de una amante de las matemáticas y de un poeta: Augusta Ada King, condesa de Lovelace.

Como dice Freeman Dyson, en aquella época «los científicos y los poetas pertenecían a una única cultura».[11] Es posible que fuera de las últimas veces en la historia en las que sucedió algo así. Ada era hija de Anabella Milbanke y Lord Byron. El fracaso de aquel matrimonio fugaz hizo que su madre se la llevara cuando apenas tenía cinco semanas de vida y la pequeña nunca volvió a ver a su padre. Anabella, tratando de evitar que su hija viviera todo el día con la cabeza en las nubes como Lord Byron, se ocupó, casi obsesivamente, de que tuviera una gran formación matemática. Dado que la niña también mostró interés por las máquinas y los inventos, la llevó a

[11]   Dyson, Freeman, «Cuando ciencia y poesía eran amigas», en *Sueños de tierra y cielo*, Barcelona, Debate, 2017.

visitar de pequeña las fábricas del país, donde quedó fascinada, en particular, con los telares automáticos y las tarjetas perforadas en las que se codificaban los bellos diseños de las telas.

Entonces era habitual que la aristocracia celebrara grandes fiestas a las que no solo se iba a socializar y a pasar una buena tarde. En ellas se bailaba, se leían historias, se jugaba a diferentes juegos, se daban conferencias... Uno de los mayores anfitriones de esas fiestas era Charles Babbage.[12]

Los astrónomos instalaban telescopios, los investigadores mostraban sus aparatos eléctricos y magnéticos y Babbage permitía a los invitados jugar con sus muñecos mecánicos. El centro de las veladas, y uno de los muchos motivos que tenía Babbage para organizarlas, era la demostración de una parte de su máquina diferencial, un gigantesco artilugio de cálculo mecánico que estaba construyendo en una estructura antiincendios adyacente a su casa.

Allí fue donde la joven y el matemático se conocieron. Lady Lovelace estaba fascinada con aquella máquina de cálculo y entabló una relación muy estrecha con Babbage pese a la diferencia de edad entre ambos, de veinticuatro años. Cuando tuvo conocimiento del proyecto de la máquina analítica, quiso implicarse con gran entusiasmo. Ada vio en aquel artilugio lo que al parecer nadie había visto ni quería, o sabía, ver: que aquella calculadora de propósito general no tenía por qué estar limitada a operar solo con números, sino que podría hacerlo, en realidad, con cualquier tipo de información que pudiera representarse de forma simbólica, como la música o el lenguaje.

---

[12]   Isaacson, Walter, *The innovators. How a group of hackers, geniuses and geeks created the digital revolution*, Londres, Simon & Schuster, 2015. [Traducción de la autora].

Ada Lovelace fue la primera persona en percatarse del potencial de las máquinas para representar el pensamiento simbólico y desarrolló el primer algoritmo computacional.

Las notas, acordes, ritmos y tempo que conforman una canción; las letras, palabras y oraciones que hacen posible transmitir mensajes e ideas... no son más que colecciones de símbolos que adquieren significado a través de las relaciones que existen entre ellos, igual que sucede con las matemáticas. Así que, si podíamos usar una máquina para calcular, ¿por qué no también para componer o escribir?

Charles Babbage intentó por todos los medios conseguir financiación para materializar su máquina analítica, lo que lo llevó a Turín. Allí, un ingeniero, inventor y capitán del Ejército, Luigi Federico Menabrea, que, a la postre, acabaría siendo primer ministro de Italia, publicó una detallada descripción de la máquina en italiano, que Ada Lovelace tradujo al inglés. No obstante, lo importante no fue la traducción, sino las notas personales que ella misma le añadió, en la nota A, en concreto, se podía leer el párrafo:[13]

Sin embargo, los límites de la aritmética se traspasaron en el momento en que surgió la idea de utilizar las tarjetas [perforadas], con lo que la máquina analítica no se encuentra en el terreno de las meras «máquinas calculadoras». Ocupa su propio lugar, y las consideraciones que sugiere son muy interesantes, dada su naturaleza. Si permitimos que el mecanismo combine símbolos generales en sucesiones de variedad y extensión ilimitadas, se establece un vínculo que conecta las operaciones de la materia y los procesos mentales abstractos de la rama más abstracta de la ciencia matemática. Se desarrolla un lenguaje nuevo, vasto y poderoso para un futuro análisis, en el cual se puedan esgrimir sus verdades de modo que puedan encontrar una aplicación práctica más rápida y precisa para los propósitos de la humanidad de lo que los medios que hasta ahora se encuentran en nuestro poder han hecho posible. De este modo, no solo lo mental y lo material, sino también lo teórico y lo práctico en el mundo matemático entran en la conexión más íntima y efectiva entre sí. No tenemos conocimiento de que exista o se haya propuesto hasta ahora algo que participe de la naturaleza de lo que tan bien se denomina máquina analítica, o que se haya pensado tampoco, siquiera como una posibilidad práctica, la idea de una máquina que piense o razone.

Alrededor de un siglo más tarde, otro matemático inglés haría realidad aquella máquina.

---

[13] Menabrea, Luigi Federico, «Sketch of the analytical engine invented by Charles Babbage», *Bibliothèque Universelle de Genève*, n.º 82, 1842. [Traducción de la autora].

Una máquina universal

*«Si imaginamos la totalidad del sistema de las matemáticas como
una gran máquina dedicada a la demostración
de teoremas, debemos decir que tal sistema, gracias al modus, está
vivo, y podría probar su propia condición
y desarrollar la capacidad de mirarse a sí mismo».*
WILLIAM GIBSON y BRUCE STERLING, *La máquina diferencial* (1990).

Se dice que cuando Max Planck fue a matricularse en ciencias en
la Universidad de Múnich en 1875, el físico Philipp von Jolly intentó quitarle esa idea de la cabeza. En aquel momento, dominaba
una sensación generalizada de que a la física ya no le quedaba recorrido y de que lo único que se podía esperar, por tanto, era pulir
los últimos detalles puramente cuantitativos. Para Von Jolly, la de
científico era una profesión ya sin demasiado futuro. Menos mal
que el joven Planck no le hizo caso.

Esta complacencia científica de finales del siglo XIX se asemeja un poco al retroceso del mar previo al tsunami. Así se podría
describir el fenómeno que arrasó el conocimiento aceptado a

principios del siglo XX y cambió el mundo para siempre. No solo se dio en el ámbito de la física —con la aparición en escena de la mecánica cuántica y la teoría de la relatividad—, pero lo cierto es que ambas contribuyeron a la nueva visión de la realidad que adoptó una generación de científicos, especialmente jóvenes, al romper con la tradición clásica, determinista y absoluta que hasta entonces había conformado nuestra percepción.

Philipp von Jolly, y tantos otros, tenían motivos para pensar como lo hacían, porque la física hasta ese momento había descrito los fenómenos naturales tal y como los percibíamos a través de nuestros sentidos. Y lo había hecho muy bien. No era demasiado sensato pensar que los pequeños inconvenientes que estaban surgiendo con algunos experimentos fueran a provocar un cataclismo conceptual como el que se produjo. Uno de esos problemas era el de la medición del espectro de la radiación térmica que emitía un cuerpo negro —un objeto que absorbe toda la radiación que incide sobre él, independientemente de su longitud de onda, de ahí lo de «negro»—,[14] que no se correspondía con el que predecían las teorías clásicas. Según estas, un cuerpo negro debería emitir una mayor cantidad de energía a medida que la frecuencia de la radiación incidente sobre él fuera más alta, pero no ocurría tal cosa. Lo que se observaba, en cambio, era que, para diferentes temperaturas, el espectro alcanzaba un máximo y luego tendía a cero. Max Planck solucionó esta incongruencia entre teoría y práctica con un pequeño truco matemático: supuso que las ondas de radiación, en lugar de ser continuas, eran discretas y estaban formadas por pequeños paquetes de energía a los que llamó cuantos.

---

[14] En el laboratorio, un cuerpo negro suele ser un horno cerrado con un agujero muy pequeño por el que se realizan las mediciones.

Este simple paso de un mundo continuo, el clásico, a un mundo discreto, el cuántico, tuvo consecuencias inesperadas tanto en lo científico como en lo filosófico. Una de ellas era que en el mundo cuántico de las partículas no existían las certezas, sino las probabilidades. También se descubrió que a escala atómica y subatómica el principio de indeterminación establecía la existencia de cantidades que no podían medirse a la vez, como la posición y el momento. Además, se comprobó que de las propias ecuaciones emergían fenómenos insólitos como el efecto túnel, gracias al cual las partículas podían atravesar barreras de potencial, algo que, en nuestro mundo cotidiano podría compararse con pasar a través de puertas o paredes. Este tipo de fenómenos fue lo que llevó a Albert Einstein a pronunciar la célebre frase de «Dios no juega a los dados», refiriéndose, de forma despectiva, a esta especie de física del azar. Se equivocaba: Dios no solo jugaba a los dados, sino que muchos científicos se habían unido a la partida.

Otra de las contradicciones que desencadenó la revolución de la física vino de la mano de las ecuaciones de Maxwell, que describían muy bien casi todos los fenómenos del electromagnetismo... casi. Una de las consecuencias que se derivaban de ellas era que las ondas electromagnéticas en el vacío —campos electromagnéticos dependientes del tiempo— no podían superar determinada velocidad: la de la luz. Como es lógico, lo primero que se pensó es que el planteamiento de Maxwell debía de contener algún error; no había ningún motivo en la teoría clásica que indicara la existencia de una velocidad límite en el universo. La clave de este asunto estaba en el tipo de transformaciones de coordenadas —cómo expresamos, por ejemplo, la posición de un cuerpo respecto a diferentes sistemas de referencia— que utilizaban estas ecuaciones, que no eran las de Galileo habituales, sino las de

Lorentz, algo más complejas.[15] Cuando Albert Einstein introdujo este último tipo de transformaciones en la dinámica de Newton y propuso su teoría de la relatividad especial, el problema se resolvió. Efectivamente, la velocidad de la luz en el vacío era el límite al que podía viajar cualquier tipo de campo o partícula en el universo. La teoría de la relatividad general llegaría diez años después. Si la primera había sido una generalización de las leyes de la dinámica de Newton, la segunda fue una generalización de la ley de la gravitación universal, a través de la introducción de la aceleración y las fuerzas en forma de una nueva geometría: un espacio-tiempo curvo.

La relación de todo esto, sin ninguna conexión aparente con la historia de la inteligencia artificial o, más bien, con la historia de la computación, no se encuentra en estas teorías en sí, sino en los desarrollos matemáticos, tanto desde el punto de vista abstracto como aplicado, que hicieron posible formularlas. Las predicciones estrambóticas de la física cuántica, unidas a la relatividad, su espacio-tiempo dependiente del sistema de referencia y las nuevas geometrías no euclídeas[16] necesarias para que tuviera sentido, llevaron a los científicos a cuestionarse hasta qué punto las matemáticas conformaban una representación veraz de la realidad y dónde se encontraban sus límites. Qué podíamos calcular —y, en definitiva, saber— y qué no.

---

[15] Una transformación galileana, básicamente, suma o resta las coordenadas de un sistema, ya sean posiciones, velocidades, etc., para expresarlo en función de otro marco de referencia. Las transformaciones de Lorentz no son tan intuitivas, lo que hacen es desplazar, girar y «estirar» las coordenadas. La consecuencia de esto es que la velocidad de cualquier sistema en movimiento cambia —por consiguiente, cambian también las distancias y los intervalos temporales—, pero la de la luz permanece constante.

[16] Las geometrías no euclídeas o curvas no satisfacen necesariamente todos los postulados de Euclides. Por ejemplo, en una geometría hiperbólica puede darse el caso de que varias rectas paralelas pasen por un punto, algo que contradice el quinto postulado.

Lo que sucedió entonces con todos estos nuevos planteamientos prueba que pocos sucesos históricos no están conectados entre sí. Esta revolución de la física se propagó como
una onda expansiva hasta afectar no solo a campos afines
como las matemáticas, sino también a la filosofía o a la ingeniería, cuando Alan Turing conectó aquellas ideas abstractas
con una más práctica: una máquina capaz de trabajar con ellas.

Charles Babbage y Ada Lovelace no disponían de los medios
ni la tecnología para hacer realidad su máquina analítica, pero a
principios del siglo XX esas circunstancias empezaron a cambiar.
Alan Turing recuperó y actualizó la visión que ellos tuvieron, pero
la planteó en sentido inverso. Lovelace partió de la máquina de
cálculo para llegar a la conclusión de que podía utilizarse para
propósitos más generales; Turing partió de esos propósitos generales —las matemáticas que describían la realidad— para llegar a
la conclusión de que podían representarse con una máquina. Era
el momento de ponerse manos a la obra.

La llegada de las máquinas

Si el mundo académico sentó las bases teóricas que permitirían el
desarrollo de la computación, la industrialización de la sociedad
permitiría sentar las bases prácticas necesarias para concretar
esas ideas. La omnipresencia de las máquinas y la llegada de la
automatización a las fábricas ya habían permeado prácticamente todas las capas del pensamiento humano a principios del siglo XX: la económica, reflejada en un aumento de la productividad
sin precedentes; la social, por cuanto permitió que bienes antes
solo accesibles para unos pocos ahora estuvieran al alcance de

mucha más gente; e incluso la narrativa, en forma de historias, a veces optimistas —sobre todo en las revistas populares de ciencia ficción— y a veces pesimistas —como en algunas corrientes literarias modernistas—, acerca del impacto que esta transformación tendría en nuestras vidas. Una de las consecuencias de la automatización fue cierta mejora en la calidad de vida de las clases menos favorecidas, ya no solo en el acceso a nuevos bienes y servicios, como hemos mencionado, sino también en la eliminación —o transformación— de algunos trabajos demasiado laboriosos, repetitivos o de alta siniestralidad, como los de las fábricas textiles o el de guardafrenos ferroviario. No obstante, y como ocurre con toda novedad tecnológica potencialmente disruptiva, la industrialización se manifestó también en forma de advertencia: ¿dónde estaba el límite de lo que podían hacer aquellas máquinas? ¿Hasta dónde podrían sustituirnos? O, más aún, ¿podríamos acabar nosotros convertidos en una de ellas si empezábamos a medir al ser humano en términos de velocidad, precisión, productividad o beneficio? No es raro, por tanto, que nacieran en esta época vocablos como «robot» usado como sinónimo de «esclavo»,[17] ni que *Metropolis* (1927), de Fritz Lang, se rodara en ese momento. Al mismo tiempo, emergían desde la literatura popular las primeras visiones de un futuro optimista, que prometía acabar con las desigualdades sociales gracias al desarrollo tecnológico.

Desde el primer momento, se reconoció que las máquinas tenían mucho más potencial del que se pensaba. Se parecían demasiado a nosotros, cada vez más. Primero nos superaron en muchas capacidades físicas: no se cansaban, no se ponían enfermas,

---

[17] La palabra «robot» —de *robota,* 'esclavo' o 'trabajo' en checo— aparece por primera vez en la obra de teatro *R. U. R.* (*Robots universales Rossum*), de Karel Čapek, como es sabido. No obstante, y como curiosidad, el propio Karel comenta en una entrevista de 1933 que no se le ocurrió a él, sino a su hermano Josef.

y eran mucho más rápidas y eficaces en determinados tipos de tareas. ¿Podrían un día llegar a superarnos, por tanto, en nuestras capacidades mentales más allá de hacer unas pocas sumas o restas? ¿Lograríamos imitar no solo las funciones complejas del cuerpo, sino las funciones complejas de la mente? ¿Qué necesitábamos para hacerlo?

Las primeras calculadoras, como hemos visto, apenas eran capaces de realizar unas pocas operaciones sencillas, pero, como todo, se fueron refinando. Existió, entre finales del siglo XIX y principios del XX, un punto intermedio entre aquellos sencillos artefactos mecánicos y la computación moderna. Un momento en el que la técnica ya permitió fabricar máquinas capaces de resolver problemas mucho más difíciles que una suma o una multiplicación. Y ese momento se produjo cuando la vieja mecánica y la nueva electricidad se dieron la mano y empezaron a recorrer nuevos caminos juntas.

En Irlanda, Percy Ludgate, un contable e inventor aficionado en su tiempo libre, ya construyó en 1909 una computadora de propósito general similar a la máquina analítica de Charles Babbage, sin conocer, en esos momentos —según él mismo atestiguaría después—, los trabajos de este. Su computador primitivo funcionaba tanto proporcionándole instrucciones a través de una cinta perforada como a través de un teclado; y, al igual que la invención de Babbage, contaba con almacenamiento, una unidad aritmética y un mecanismo de secuenciación —la parte del computador que leía las instrucciones y especificaba la operación que se debía realizar—. Era, además, capaz de multiplicar dos números con veinte cifras decimales en «apenas» seis segundos.

Otro pionero de lo que él mismo denominaría «máquinas algébricas» fue el ingeniero civil español Leonardo Torres

Quevedo, que las definió como: «Todo aparato que permita reproducir a voluntad un fenómeno físico, cuyas leyes estén formuladas matemáticamente».[18] Su aritmómetro electromecánico, que presentó en el Musée National des Techniques de París en 1920, ya utilizaba relés, tenía tecnología digital y podía, por tanto, implementar circuitos lógicos. Los datos se introducían en él a través de una máquina de escribir, que se los transmitía al propio aritmómetro mediante impulsos eléctricos; tras realizar las operaciones empleando una serie de circuitos y obtener el resultado, este se transmitía de vuelta a la máquina de escribir, que lo imprimía en un papel.

Y sí, estaremos de acuerdo en que, a día de hoy, cualquiera podría argumentar que las calculadoras, incluso una moderna y mucho menos limitada que aquellas, están muy lejos de representar lo que hoy entendemos por «inteligencia artificial», pero, en ese sentido, vale la pena recordar cómo las concebía el propio Torres Quevedo. Y no solo las calculadoras, sino cualquier tipo de máquina que realizara un trabajo en nuestro lugar, del tipo de fuera. Con muy pocos indicios todavía acerca de aquello en lo que podrían llegar a convertirse, se atrevió a vaticinar las posibilidades que esos aparatos ofrecerían algún día. Hasta tal punto fue un visionario que quizá sea él, y no Norbert Wiener, quien merece el título de «padre de la cibernética». El único error que cometió el ingeniero español fue el de adelantarse varias décadas a su época y plantear sus reflexiones en un momento en el que el mundo no estaba preparado siquiera para entenderlas. Aun sin el soporte teórico que llegaría más tarde con los trabajos de Kurt Gödel, Alan Turing o

---

[18] Torres Quevedo, Leonardo, «Las máquinas algébricas», en *Mis inventos y otras páginas de vulgarización*, Madrid, Hesperia, 1917. Accesible en http://bdh.bne.es/bnesearch/detalle/bdh0000202970.

Claude Shannon, fue capaz de vislumbrar la puerta al futuro que apenas abríamos; y sorprende que, ya en 1914, escribiera en su obra «Ensayos sobre automática»:[19]

> Además, se necesita —y este es el principal objeto de la automática— que los autómatas tengan *discernimiento*, que puedan en cada momento, *teniendo en cuenta las impresiones que reciben, y también, a veces, las que han recibido anteriormente*, ordenar la operación deseada. *Es necesario que los autómatas imiten a los seres vivos, ejecutando sus actos con arreglo a las impresiones que reciban y adaptando su conducta a las circunstancias.*

Lo que plantea Torres Quevedo abre un debate que no se popularizaría prácticamente hasta treinta años después. Estas reflexiones, además, no se limitaban a una idea o una visión, sino que el ingeniero intentó llevarlas a cabo. En 1911 construyó un juego de ajedrez completamente automático, de solo tres piezas —un rey negro, que tenía que evitar el jaque mate, controlado por una persona, y una torre y un rey blancos, con los que jugaba la máquina—. Esta era capaz de decidir por sí misma la jugada más apropiada para ganar a un contrincante humano, objetivo que solía conseguir. Era capaz incluso de detectar un movimiento erróneo por parte de su adversario y «protestar». La máquina podía identificar el movimiento de las piezas y calcular cuál debía ser su próximo movimiento, aplicando las reglas de ajedrez, para evitar la derrota. A modo de inciso, no deja de ser curioso cómo el ajedrez, ya en los inicios de la automática y hasta finales del siglo XX, constituyó, de alguna manera, el ejemplo más representativo de

---

[19]   Torres Quevedo, Leonardo, «Ensayos sobre automática», *Limbo*, n.º 17, 2003 [1941]. [Cursivas en el original].

Con su ajedrecista, Leonardo Torres Quevedo quiso dar un paso más allá y tratar de trasladar nuestras capacidades intelectuales a una máquina.

inteligencia en el ámbito de la computación; volveremos a ello detenidamente más adelante.

De este ajedrecista automático diría el ingeniero español en 1917: «He querido construir una máquina que juegue *sabiendo lo que se hace, observando* las jugadas de su contrincante tal cual procede con entera libertad».[20] Leonardo Torres Quevedo tenía muy claro que en el futuro habría dos tipos de máquinas: las que se limitarían a realizar tareas repetitivas sin interactuar con

[20] Torres Quevedo, Leonardo, «Máquinas y autómatas», en *Mis inventos y otras páginas de vulgarización*, Madrid, Hesperia, 1917. [Cursivas en el original].

humanos ni con el entorno, como las que se estaban creando entonces, y aquellas capaces de tener en cuenta este último, obtener datos de él a través de sensores y adaptarse a la hora de decidir qué acción ejecutar. Con su ajedrecista, él aspiró a construir una de estas últimas a pesar de la limitación de sus medios; pero, de nuevo, el sueño había precedido a la capacidad de materializarlo, como si se tratara de un mito moderno. Tal era así, que en este caso parece incluso que se saltó el paso intermedio del desarrollo de los ordenadores para llegar directamente a la inteligencia artificial, o, al menos, a algo que se le parecía.

En el año 1900 los matemáticos ya estaban logrando los últimos avances necesarios para unir ideas y máquinas, y, probablemente, no eran conscientes de todo lo que implicaría. Por desgracia, Leonardo Torres Quevedo falleció en 1936, al inicio de la Guerra Civil española —a diez días de cumplir ochenta y cuatro años, en su casa de Madrid—, pero el futuro que él había imaginado estaba a punto de nacer.

Solo faltaba el constructor del puente que conectara ese cambio de paradigma del conocimiento con la omnipresencia de las máquinas. Ese alguien fue Alan Turing.

«Debemos saber. Sabremos»[21]

Tal vez el de Alan Turing sea el nombre más reconocido de la incipiente historia de la computación y la inteligencia artificial, aunque no siempre fue así. Su labor durante la primera mitad de

---

[21]   «Wir müssen wissen, wir werden wissen» fue una frase que pronunció en su intervención en el Congreso Internacional de Matemáticos de 1900 y que hoy está grabada en su lápida. Su tumba se encuentra en la ciudad de Göttingen, en cuya universidad, la mejor de su época en el campo de las matemáticas, trabajó desde 1895 hasta el final de su vida.

siglo consistió en mucho más que resolver un par de problemas o concebir un tipo de máquina que se acabó materializando en el ordenador moderno. Por no mencionar su papel como criptógrafo durante la Segunda Guerra Mundial. Sus trabajos impactaron de lleno no solo en la historia de la ciencia y la tecnología, sino en la historia de la humanidad. Su máquina universal se convirtió en la puerta que conectó el mundo abstracto con el mundo material, de una forma parecida a lo que planteaba Platón en su mito de la caverna.

Como hemos mencionado al principio de este capítulo, la revolución cuántica y relativista que tuvo lugar a principios de siglo cambió nuestra forma de entender el mundo. No obstante, aunque hemos ofrecido alguna pincelada, todavía no hemos explicado en qué se tradujo exactamente ese cambio de enfoque y cómo se plasmó en el desarrollo de la computación. ¿Por qué era tan importante saber si las matemáticas constituían una representación de la realidad o solo una construcción abstracta de nuestra mente?

Alrededor del año 1899, David Hilbert, uno de los matemáticos más reconocidos de la época, cuyos trabajos fueron esenciales para el desarrollo de esa física moderna que estaba tomando forma, defendía que las matemáticas tenían que ser capaces de establecer una relación con el mundo real que describían. En sus propias palabras: «Uno siempre debe poder decir "mesas, sillas, jarras de cerveza", en lugar de "puntos, líneas, planos"».[22] Esto es, las matemáticas, aunque eran un sistema abstracto, debían tener una correspondencia con los fenómenos del mundo real.

---

[22]   Hodges, Andrew, *Alan Turing: the enigma*, Vintage Books, 1992 [1983]. [Traducción de la autora].

Sus investigaciones lo llevaron a presentar, en el Congreso Internacional de Matemáticos de París celebrado en 1900, una breve lista de los problemas matemáticos que, desde su punto de vista, definirían el rumbo de la disciplina durante el siglo que comenzaba. Su lista contenía veintitrés problemas. De todos ellos, el segundo es el que mayor «conmoción» causaría durante los años subsiguientes y el que, a la postre, haría posible el inicio de la computación.

Lo que planteaba el segundo problema de Hilbert se puede resumir en tres puntos: 1) ¿Es la aritmética completa? 2) ¿Es la aritmética consistente? 3) ¿Existe algún procedimiento con el que se pueda determinar si un teorema es demostrable?

El primer punto, que aludía a la completitud de la aritmética, se refería a si existe una manera de que los teoremas matemáticos —o sus fórmulas—, se puedan demostrar lógicamente a través de una serie de pasos. El segundo punto, o la necesidad de «consistencia», se refería a que la aritmética debe estar libre de contradicciones internas; esto es, que no se pueda demostrar una cosa y la contraria. El planteamiento se articula así: si las matemáticas son una abstracción, ¿podemos estar seguros de que las conclusiones a las que llegamos utilizando sus reglas son correctas? Existen teoremas cuya demostración puede requerir cierto número de pasos, que pueden llegar a ser bastante altos e implicar una gran complejidad. Si no existe nada en el mundo material que nos permita comprobar que esa demostración —o refutación— es correcta, si las matemáticas son solo un sistema formal compuesto por cierto lenguaje, axiomas y reglas, ¿es posible probar que no existe otra secuencia de pasos similar que pueda llegar a una conclusión contraria sobre su veracidad? Pero la cuestión más abierta se encuentra en el tercer punto: ¿se puede demostrar, sin lugar a dudas, que un teorema, o afirmación, es verdadero o falso, o habrá algunos respecto a los cuales siempre permaneceremos en la ignorancia? La respuesta de David Hilbert a estas preguntas fue optimista: la aritmética era completa, consistente, y debía existir alguna manera inequívoca de determinar si un enunciado era verdadero o falso. Él lo expresó mejor: «Debemos saber. Sabremos».

No obstante, aquella aseveración no permanecería vigente durante demasiado tiempo, porque, en 1931, Kurt Gödel demostró que la intuición de Hilbert le había fallado en esta ocasión; y, efectivamente, existían afirmaciones que no se podían ni probar ni refutar dentro del propio sistema de reglas de la aritmética en el que estaban definidas. Se podría decir que Gödel demostró que, en ocasiones, ni podemos saber ni sabremos, por mucho que la necesidad o la curiosidad nos impulse a intentarlo. La lógica da, pero la propia lógica también quita.

Fue en medio de esta efervescencia intelectual, en la primavera de 1935, cuando Alan Turing se graduó en Matemáticas con honores en la Universidad de Cambridge y se dispuso a afrontar el último tramo de sus estudios. Una de las asignaturas que cursó, y que sería determinante para su carrera, fue Fundamentos de las Matemáticas, que impartía el matemático Maxwell Newman.

Este profesor del Saint John's College estaba familiarizado con los planteamientos de Hilbert y conocía los trabajos de Gödel, que explicó a sus alumnos durante las últimas clases del semestre, y dejó en el aire la siguiente pregunta: ¿existe algún tipo de proceso mecánico que se pueda aplicar a cualquier afirmación matemática y nos diga si esta es demostrable o no? Parece que con las dos palabras con las que Alan Turing se quedó tras aquella clase fueron «proceso mecánico». Esta elección lingüística, casual en apariencia, fue la que prendió la chispa en su mente.

La historia de la inteligencia artificial moderna suele comenzar con los trabajos de Alan Turing y su concepción de una máquina capaz de realizar las funciones de cualquier otra máquina, o máquina universal.

Según cuenta B. Jack Copeland, en una de esas últimas clases que Newman impartió, lo que estaba explicando era que los cálculos matemáticos sistemáticos, en el sentido en que Hilbert los había formulado —premisas, deducciones, conclusiones—, seguramente los podría realizar sin problemas una máquina creada para ello. Esto llevó a Turing a pensar en las matemáticas en términos de símbolos y relaciones, y a preguntarse si podría existir algún tipo de aparato o dispositivo que permitiera representar todo ese sistema formal. Si existiera, muchos de los problemas que se estaban planteando quedarían zanjados, ya que tendríamos un dispositivo que nos permitiría reproducirlos más allá de la mera abstracción teórica y nos ayudaría a llegar a las respuestas de forma tangible. Lo que no queda claro, no obstante, es el papel que jugaron los trabajos de Gödel, porque, si se basó en ellos, nunca lo mencionó.

La idea que tuvo Turing, en cualquier caso, al menos en sus fundamentos, no era nueva porque, como hemos visto, el concepto de una máquina capaz de representar símbolos y operar con ellos con base en una serie de reglas preestablecidas se remonta a los trabajos de Ada Lovelace. No obstante, el matemático inglés fue el primero en encontrar los medios intelectuales para formalizarla a través de una teoría sólida y, años después, los recursos materiales para fabricarla.

En el siglo XX, por supuesto, ya existían máquinas que operaban con símbolos; ¿qué son, si no, las calculadoras mecánicas que ya hemos mencionado o las máquinas de escribir? Pero Alan Turing buscaba algo más, una máquina que pudiera lidiar con cualquier tipo de símbolo, así como con la relación entre ellos, y pudiera adquirir diferentes configuraciones —más allá de «mayúsculas» o «minúsculas»—; esto es, una máquina de propósito general. Partiendo de la máquina de escribir, Turing fue añadiéndole funciones. Pero su artefacto no tenía que ser solo capaz de escribir y borrar información, sino que debía disponer de un espacio ilimitado para hacerlo. También era necesario que pudiera leer datos. En el caso en que él la estaba aplicando, esos datos serían el teorema o proposición cuya demostrabilidad se quisiera estudiar. Este aparato debía saber leer un *input,* o entrada, decodificarlo e interpretarlo sin intervención humana para luego ofrecer un *output,* o resultado.

La máquina universal de Turing se compone, básicamente, de una cinta infinita, dividida en celdas, donde está codificada la información en forma de un símbolo —0 y 1, por ejemplo—, un cabezal capaz de desplazarse de derecha a izquierda,[23] leer y editar los símbolos de la cinta y uno o varios programas o algoritmos —que podemos imaginar en forma de tarjetas numeradas—, que serían las instrucciones que le dicen al cabezal lo que tiene que hacer. En términos de informática moderna, la cinta sería equivalente a la memoria y el cabezal al procesador. Veámoslo con un ejemplo.

Un programa sencillo, o las instrucciones de una de las tarjetas de las que hablábamos antes, para el cabezal de una máquina de Turing podría expresarse en lenguaje cotidiano como: «Si lees un 0, cámbialo por un 1 y luego muévete hacia la derecha en la cinta; cuando acabes, ejecuta las instrucciones de la tarjeta 2» o «Si lees un 1, déjalo como está y luego muévete hacia la izquierda en la cinta; cuando acabes, ejecuta las instrucciones de la tarjeta 7». A continuación, los programas 2 o 7 le darían otra secuencia de instrucciones similares.

En una idea así de simple se basa la computación moderna. A través de secuencias lógicas, una máquina como esta permite codificar y resolver casi cualquier tipo de problema o ejecutar múltiples tareas.

Alan Turing, con su máquina universal, había inventado —conceptualmente— un dispositivo que en realidad no pretendía nada más que sustituir el trabajo que, hasta ese momento, hacían las computadoras humanas: cálculos matemáticos. No obstante,

---

[23] La configuración es equivalente tanto si se mueve la cinta como si se mueve el cabezal, el caso es que haya un desplazamiento que permita la lectura. Mover el cabezal hace más intuitiva la comprensión del programa.

con ella consiguió demostrar que existen problemas matemáticos, incluso bien definidos, que ni una máquina es capaz de resolver.

El resultado de este trabajo, que realizó prácticamente en solitario, dio sus frutos en 1936, con el título de «On computable numbers, with an application to the *Entscheidungsproblem*». Con él hizo algo más que una demostración matemática: estableció un cambio de paradigma en la forma de pensar la realidad. Años después, ofrecería una descripción mucho más detallada de esa máquina en «Intelligent machinery», que publicaría en 1948. Lo que había logrado con su manera de afrontar el problema de la computabilidad numérica fue tender un puente entre el mundo abstracto de la lógica matemática —y, generalizando, de cualquier tipo de idea que se pudiera expresar en esos términos— y el mundo físico. Con todo lo que eso conllevaría.

Sin embargo, prácticamente al mismo tiempo que le enseñaba el borrador de su artículo al profesor Max Newman, el lógico y matemático de Princeton Alonzo Church —quien, además, había pasado seis meses en Göttingen, en 1929, donde se encontraba Hilbert— publicaba «An unsolvable problem of elementary number theory», en el que para resolver la misma cuestión había desarrollado un formalismo matemático bastante más abstracto que la aproximación de Alan Turing. El jarro de agua fría que le supuso a este último que alguien se le adelantara por muy poco, no fue, pese a todo, impedimento para publicar su trabajo. Ambos habían llegado a las mismas conclusiones, pero por caminos muy distintos; el que había recorrido el estudiante de Cambridge se acabaría reconociendo como el más elegante y el menos escabroso.

Justo en el momento en el que estaba en marcha la publicación del artículo de Turing, otra de las piedras angulares de la informática, el matemático John von Neumann, visitaba Cambridge con el objetivo de impartir una serie de conferencias sobre el mismo problema. Aunque es posible que llegaran a conocerse entonces, su relación se estrechó mucho más al año siguiente, cuando el inglés puso rumbo a Princeton y cruzó el Atlántico a bordo del buque Berengaria.

En Estados Unidos, Alan Turing coincidió, como él mismo escribe, con «muchos de los matemáticos más distinguidos: John von Neumann, [Hermann] Weyl, [Richard] Courant, [Godfrey Harold] Hardy, [Albert] Einstein, [Solomon] Lefschetz, así como muchos otros de menor pelaje».[24] También se encontraba allí Alonzo Church, quien dirigió sus investigaciones y con el que mantuvo una relación cordial, aunque esta no terminó de consolidarse, en parte, por el problema congénito de Church, ciego de un ojo, que le causaba una gran aprensión a Turing.

La tesis de doctorado que desarrolló en Princeton extendió el concepto de máquina universal al de «máquinas oráculo»: dispositivos capaces de resolver problemas no accesibles para las primeras, es decir, no algorítmicos —o cuyas soluciones no se pudieran obtener a través de una serie de reglas definidas y ordenadas—.[25] Si bien es cierto que no obtuvo la repercusión de otros de sus trabajos, sí marcó una dirección que el estallido de la Segunda Guerra Mundial le obligó a seguir a gran velocidad.

Alan Turing permaneció en Estados Unidos entre 1936 y 1938, pero para cuando John von Neumann —impresionado por las capacidades del joven—, le ofreció una beca posdoctoral que le hubiera

---

[24] Como curiosidad, tal vez sorprenda ver ahí el nombre de Albert Einstein, pero, en su época, a Einstein se lo consideraba más matemático que físico. Copeland, B. Jack, *Alan Turing. El pionero de la era de la información*, Madrid, Turner, 2012.

[25] Un problema no algorítmico podría ser: ¿Cuál de estas flores es más bonita? Tiene una solución, pero «bonita» es algo que no está bien definido y, por tanto, no se puede expresar en una serie de reglas formales.

permitido quedarse allí, el sentido del deber le hizo volver a Inglaterra. La mayoría conoce su trabajo como criptógrafo durante el conflicto, pero menos gente sabe que llegó a alistarse en la Guardia Nacional en 1940, donde se convirtió en muy buen tirador.[26] Eran tiempos convulsos para Europa y la guerra parecía inminente.

¿Futuro o muerte?

Una de las grandes contradicciones de nuestra sociedad es que a las dos mayores guerras a las que se ha enfrentado la humanidad le siguieran tiempos tan prósperos. Es paradójico que la misma tecnología que se concibe con el objetivo de segar millones de vidas sea la misma que, en otras circunstancias, las salva. No obstante, casi nunca se invierte con entusiasmo en ella cuando salvar vidas es su objetivo principal. Esto es lo que sucedió durante la Segunda Guerra Mundial. A pesar de su importancia en cualquier ámbito a día de hoy, lo que realmente impulsó la creación de las primeras computadoras modernas tuvo más que ver con cálculos de balística y tablas de artillería, el desarrollo de armas nucleares y la ventaja táctica sobre el enemigo durante la guerra, que con un ánimo de progreso y beneficio para la humanidad.

No se puede contar la historia de la inteligencia artificial sin remontarse a los inicios de la computación. Los avances que se

---

[26] Cuenta B. Jack Copeland (*ibidem*) que, tras aprender a disparar un arma, Turing perdió el interés en la Guardia Nacional y dejó de asistir a los desfiles. Debido a esta deserción, le formaron un consejo de guerra de cuyas consecuencias se acabó librando porque, cuando se alistó, había contestado a la pregunta: «¿Entiende usted que al enrolarse en los voluntarios de defensa local de su Majestad se halla usted sujeto a la jurisdicción militar?» con «No puedo imaginar ningún cúmulo de circunstancias en las cuales pudiera ser de mi provecho responder afirmativamente a esta pregunta», tal como relata el matemático Peter Hilton, que trabajó con él en Bletchley Park. Ni siquiera habían revisado las solicitudes con atención, así que lo eximieron del servicio.

El analizador diferencial de Vannevar Bush fue uno de los primeros ordenadores —eso sí, analógico— en utilizarse de una manera práctica, entre otras cosas, para calcular tablas de artillería durante la Segunda Guerra Mundial.

estaban dando en matemáticas a principios del siglo XX fueron fundamentales para el progreso de esta en el campo teórico. Sin embargo, todavía tenía que producirse el encuentro entre estos avances y las calculadoras electromecánicas de propósito general, que habían ido integrando sucesivas mejoras desde los tiempos de Leibniz. La máquina de Turing, al fin y al cabo, era todavía una idea teórica cuando la planteó.

Algún tiempo después de que Leonardo Torres Quevedo empezara a trabajar en sus máquinas aritméticas, entre los años veinte y treinta del siglo XX, los trabajos de Charles Babbage también llegaron hasta Vannevar Bush, un ingeniero del MIT (Instituto de Tecnología de Massachusetts) que creó una calculadora electromecánica analógica para resolver ecuaciones diferenciales de hasta dieciocho variables: el analizador diferencial. No era, en realidad, la primera de este tipo, pues ya se habían construido dispositivos de cálculo similares y los principios teóricos de esta clase de máquinas se remontaban a 1836, al trabajo de Gaspard-Gustave Coriolis. Sin embargo, el analizador diferencial de Vannevar Bush fue, tal vez, el más popular de todos o, al menos, al que más uso práctico se le dio, sobre todo durante la Segunda Guerra Mundial, cuando se utilizó en los cálculos de tablas de artillería.[27] El analizador diferencial sería determinante en el desarrollo de la informática digital cuando un estudiante de máster de la universidad de Michigan recaló, para trabajar con él, en el MIT.

Calcular, frente a pensar

En 1936, Claude Shannon era un estudiante recién graduado en Ingeniería eléctrica y Matemáticas de la Universidad de Michigan, que llegó al MIT para continuar sus estudios bajo la tutela de Vannevar Bush. Aunque el analizador diferencial ya estaba completamente desarrollado para entonces, aún seguía teniendo grandes limitaciones, como la necesidad de reconfigurarlo —tornillo a

---

[27] No pensemos que este tipo de máquinas eran relativamente manejables, como una calculadora moderna. El analizador diferencial de Vannevar Bush, en concreto, ocupaba una habitación entera y se podría decir que se programaba «a golpe de destornillador», había que «reconstruirlo» para cada cálculo. No obstante, se consideraba una máquina tan moderna y avanzada que llegó incluso a aparecer en el cine de ciencia ficción, en concreto en la película *Destination Moon* (1950), basada en la novela de Robert A. Heinlein *Rocket Ship Galileo*, de 1947; *When worlds collide* (1951) y *Earth vs the flying saucers* (1956).

tornillo, ni siquiera cable a cable— para cada tipo de ecuación que se pretendía resolver. Por entonces, el nuevo objetivo de Bush y su equipo era diseñar una máquina que pudiera realizar esa tediosa tarea sola y que, además, fuera capaz de efectuar varios cálculos de forma simultánea, utilizando en esta ocasión no solo ruedas y engranajes, sino interruptores y relés.

Tal vez fue el hecho de trabajar entre cientos de interruptores lo que encendió una de las grandes ideas de la historia en la mente de Shannon. Este, durante sus años en Michigan, había asistido a clases de filosofía, estaba familiarizado con la lógica formal y sabía que cualquier enunciado se podía formular con una serie de símbolos y relaciones sencillas, incluso sin necesidad de entender su significado. En un momento dado, llegó a la conclusión de que esos símbolos y relaciones sencillas se podían codificar en circuitos eléctricos. Un interruptor abierto se podía interpretar como «verdadero», uno cerrado como «falso», y, de la misma manera, un operador AND se podía codificar como una conexión de dos interruptores en serie y uno OR, como una conexión en paralelo. Había encontrado una manera de representar y manejar información general a través de una máquina. Todo ello se concretó en su trabajo de fin de máster: «A symbolic analysis of relay and switching circuits». Era 1937 y Shannon tenía veintiún años. El rompecabezas empezaba a estar completo.

A menudo se conoce 1937 como el *annus mirabilis* que marcó un antes y un después en la historia de la informática, porque fue el momento de confluencia de todo el conocimiento, tanto teórico como aplicado, que la hizo posible. Los avances en matemáticas y en ingeniería empezaron a hibridarse para dar lugar a un todo mayor que la suma de sus partes. Tras los nuevos resultados matemáticos, el desarrollo de la electrónica abrió la puerta al uso de circuitos digitales, en lugar de analógicos, para realizar ciertos tipos de operaciones lógicas basadas en un sistema binario y el álgebra que George Boole había empezado a idear en 1847. Pero también hizo aparición, en segundo plano, un invento fundamental: la válvula de vacío,[28] que podía realizar funciones de amplificador, conmutador o rectificador en circuitos eléctricos, y que comenzó a sustituir a los interruptores y los relés.

Tras la defensa de su trabajo de fin de máster en el MIT, como tantos otros grandes cerebros de su época, Claude Shannon acabó en Princeton, donde tendría la oportunidad de empaparse de aquel clima. Lo haría en 1940, dos años después de que Alan Turing también hubiera pasado por allí. El verano de ese mismo año, además, haría una estancia en los Laboratorios Bell de Nueva York —el equivalente a un departamento de I+D de la empresa de telecomunicaciones AT&T (American Telephone & Telegraph Company), cuyos orígenes se remontan al Laboratorio Volta fundado por el propio Alexander Graham Bell— que, a la postre, se convertirían en su hogar científico durante quince años.

Cuando, el 7 de diciembre de 1941, la Armada Imperial Japonesa atacó Pearl Harbor, quedó marcado el destino de toda aquella generación de matemáticos e ingenieros. Siempre se ha dicho que había dos frentes en la Segunda Guerra Mundial: uno era el militar, el otro, el científico. Claude Shannon, al igual que tantos otros de sus colegas, luchó en este último desde los Laboratorios Bell, uno de los centros neurálgicos del conflicto junto con el Proyecto Manhattan. La guerra planteó numerosos desafíos tecnológicos en el corazón de los cuales se encontraban las matemáticas: uno de ellos

---

[28]   Una válvula de vacío o termoiónica es un dispositivo electrónico formado por dos electrodos en una campana de vacío —como una bombilla— entre los cuales, al aplicar un voltaje, fluye una corriente que se puede controlar.

fue, como ya se ha mencionado, el cálculo de tablas de artillería, esto es, el ángulo con que se debían disparar las armas en diferentes condiciones, especialmente para acertar blancos en movimiento, algo cada vez más complejo en virtud del desarrollo armamentístico que se había producido desde la Primera Guerra Mundial. En ese sentido, el encargo que recibió el grupo de matemáticas de los laboratorios fue el de construir máquinas que agilizaran este proceso, algo que un equipo de ciento setenta personas, incluso con ayuda del analizador diferencial, tardaba más de un mes en realizar. Otro de los desafíos matemáticos fue el de la criptografía: la codificación y descifrado de las comunicaciones, tanto propias como del bando contrario. Claude Shannon trabajó en ambos retos.[29]

Los Laboratorios Bell se habían visto involucrados en la Segunda Guerra Mundial incluso antes de que Estados Unidos participara en ella. En el periodo previo al ataque a Pearl Harbor ya habían dado apoyo desde allí a los aliados a través de diferentes colaboraciones; pero tras la ofensiva japonesa, el número de proyectos militares que se empezó a llevar a cabo en aquel lugar ya se aproximaba al millar. Entre ellos, se incluían instalaciones de radio para tanques, sistemas de comunicación adaptados al uso de máscaras de oxígeno de los pilotos, etc. Los laboratorios también jugaron un papel fundamental en la mejora del radar, el sónar y el desarrollo de la bomba atómica. Para hacerse una idea, si antes

---

[29] Claude Shannon siempre diría que su relato favorito era «El escarabajo de oro», de Edgar Alan Poe, publicado por primera vez en 1843. Poe era aficionado a la criptografía y, en este relato, lanza un criptograma como desafío a sus lectores, así como el método para descifrarlo. Pero la afición de Shannon por la ciencia ficción no se limitaba a esta historia puntual, pues era lector habitual de la revista *Astounding Science-Fiction* y se carteaba con su editor, John W. Campbell. Llegó incluso a poner en contacto a científicos e ingenieros con escritores de ciencia ficción y, en concreto, a Ron L. Hubbard —que estaba desarrollando, en aquel momento, la pseudociencia de la dianética— con Warren McCulloch, que plantearía, junto con Walter Pitts, el primer modelo de neurona artificial en 1943, del que enseguida hablaremos.

de la guerra los Laboratorios Bell contaban con alrededor de 4600 trabajadores, durante el transcurso de la contienda superaron los 9000. Por otro lado, y debido a que muchos de esos empleados tuvieron que incorporarse al ejército, contrataron a cientos de mujeres para sustituirlos. Lo interesante es que su labor de innovación continuó después, configurando, en muchos aspectos, el mundo tecnológico y de comunicaciones globales en el que vivimos hoy.

Claude Shannon se incorporó al grupo de matemáticas de los Laboratorios Bell a finales de 1940, bajo las órdenes de Thornton C. Fry. Y allí se produciría el que podría considerarse, sin duda, uno de los encuentros más interesantes de la historia de la computación y también de la historia de la inteligencia artificial.

Es habitual que a la par que comienza el desarrollo de una tecnología completamente nueva, surjan las reflexiones sobre sus posibles aplicaciones futuras y las consecuencias de su adopción —cuando una idea se concreta, genera otras nuevas susceptibles de desarrollarse en el futuro—. En este caso sorprende como, incluso en medio del clima bélico y de crisis de la Segunda Guerra Mundial, quedaba espacio para que algunas mentes entendieran lo disruptivo y positivo que podía llegar a ser el progreso de las máquinas computadoras, incluso con todas las limitaciones que tenían entonces. Claude Shannon y Alan Turing, que no habían llegado a coincidir en Princeton, lo harían, finalmente, en Nueva York en 1942. Para entonces ya eran dos profesionales consolidados en sus respectivos campos, que habían publicado dos de los artículos fundacionales de la informática.

Hay quien piensa que los mayores avances de la ciencia se originan en pizarras y laboratorios, cuando es posible que las mejores ideas surjan a la hora del café. Los Laboratorios Bell estaban construidos precisamente para favorecer eso: los encuentros entre científicos de diferentes disciplinas y, con ello, el intercambio de ideas. En medio de la guerra, Alan Turing, quien llevaba ya varios años trabajando en Bletchley Park y tenía una amplia experiencia en análisis criptográfico, viajó a Estados Unidos para colaborar con criptoanalistas de la Marina y trasladarles los adelantos que estaban haciendo los matemáticos en Inglaterra. Fue entonces cuando conoció a Claude Shannon.

Ambos quedaban cada día a la hora del té en la cafetería de los Laboratorios Bell y, aunque no hablaban de sus respectivos trabajos —que eran confidenciales—, parece que durante sus encuentros se dieron cuenta del abanico de posibilidades que la computación abría ante ellos. Como Claude Shannon recordaría de aquellas conversaciones:

Turing y yo teníamos muchísimo en común y hablábamos de ese tipo de cosas. Él ya había escrito su famoso artículo sobre las llamadas máquinas de Turing, o así es como las llaman ahora. No las llamaban así en aquel momento. Y pasábamos mucho tiempo discutiendo los conceptos de lo que hay en el cerebro humano. Cómo está hecho, cómo funciona, qué se podría hacer con una máquina y si se puede reproducir con máquinas algo de lo que hacía el cerebro... todo eso.[30]

También diría, en 1977:

Teníamos sueños, Turing y yo solíamos hablar de las posibilidades de simular por completo el cerebro humano. ¿Podríamos llegar algún día a tener una computadora que fuera equivalente a nuestro

---

[30] Sonni, Jimmy, y Goodman, Rob, *A mind at play. The brilliant life of Claude Shannon, inventor of the information age*, Gloucestershire, Amberley Publishing, 2018. [Traducción de la autora].

cerebro o incluso mucho mejor? Y quizá parecía entonces más fácil que ahora.[31]

La última frase es curiosa. Cuando la ciencia de determinado campo no ha avanzado aún lo suficiente, casi siempre da la impresión de que existen más posibilidades de las que realmente hay. El tiempo ha demostrado que una de las empresas más complejas en el ámbito de la inteligencia artificial es la de conseguir una inteligencia artificial general. El optimismo de ambos también tiene otra explicación: el concepto de inteligencia que ellos manejaban era algo más limitado o, mejor dicho, estaba más acotado que el que tenemos hoy.

Si en la Antigüedad la inteligencia había estado relacionada con la capacidad de entender y ejecutar, en aquel momento lo estaba con el razonamiento puramente lógico. Las «máquinas inteligentes» eran las calculadoras. Los computadores habían nacido con el objetivo de resolver problemas algorítmicos, así que la mayoría de las investigaciones iban en esa dirección. No es de extrañar que tantos popes de la inteligencia artificial, desde Leonardo Torres Quevedo hasta Alan Turing o Claude Shannon, acabaran viendo en el ajedrez una de sus formas de expresión principales. También había sido así, en cierta medida, en el pasado. Esta visión se mantendría prácticamente hasta finales del siglo XX, y la capacidad de jugar al ajedrez —y vencer a un campeón del mundo— sería una de las primeras conquistas de la inteligencia artificial. Turing y Shannon empezaron a plantearse un concepto de máquinas pensantes que iba en la dirección de conseguir imitar un día el cerebro humano, y eso se convirtió en el enfoque predominante

---

[31] *Ibidem.*

en aquella época. Así que matemáticos, ingenieros, neurólogos e incluso filósofos empezaron a ponerse a ello.

Warren McCulloch y Walter Pitts, un neurólogo y un lógico matemático, fueron dos de esos pioneros. En 1943 dieron un paso adelante y crearon el primer modelo matemático de neurona artificial en su artículo «A logical calculus of the immanent in nervous activity». En él plantearon por primera vez la posibilidad de cambiar un computador electromecánico por una red neuronal artificial que pudiera imitar la forma de aprender de nuestro propio cerebro.

El modelo de McCulloch y Pitts consiste en una unidad de cálculo con varias entradas binarias —cuyo valor es 0 o 1—; una función umbral —o función de activación— que marca un valor que determina si la neurona se activa o no, y una salida, también binaria. El funcionamiento es relativamente simple: cuando la suma de las entradas que penetran en la neurona supera el valor que determina la función umbral, se activa y envía una señal de salida, por ejemplo, 1; si no es así, la salida sería 0.

Aunque se trata de una configuración muy sencilla en comparación con los modelos actuales —de los que también hablaremos—, y eso limita su capacidad de adaptación y aprendizaje, esta primera neurona artificial ya permitía la implementación de puertas lógicas. También podían conectarse varias entre sí para formar redes neuronales simples. Su importancia radica en que, con este trabajo pionero, las matemáticas hicieron una interesante incursión en el intento de describir un modelo biológico.

Por lo que se empezaba a ver, la carrera por la inteligencia artificial iba a ser más complicada de lo que se creía en un principio. La posibilidad de llevar algo tan abstracto como la inteligencia humana a algo tan concreto como una máquina empezó a plantear incógnitas que no eran fáciles de resolver. Al fin y al cabo, nosotros no somos lógicos como las computadoras, o no parece que seamos solo eso. Entonces, ¿qué es el conocimiento?, ¿cómo se puede cuantificar?

Llegados a este punto, el siguiente paso era la búsqueda de una teoría que pudiera explicar los principios de la codificación, decodificación y transmisión de la información, y permitiera generalizar el uso de los computadores, que ya empezaban a ser máquinas sofisticadas, más allá de la resolución de cálculos matemáticos. Esto es, que hiciera posible tratar, cuantificar y manejar información basándose en principios lógicos.

En este momento entra en escena —aunque ya lo hemos mencionado por otros motivos—, el matemático Norbert Wiener, del que se podría decir que fue un niño prodigio por obligación. Para que nos hagamos una idea, a los once años ya había terminado el instituto, a los catorce tenía un grado en Matemáticas; posteriormente estudió Zoología en Harvard y Filosofía en Cornell; volvió entonces a Harvard y allí obtuvo un doctorado en Matemáticas —en la especialidad de Lógica—, cuando solo tenía diecisiete años. Pasó, asimismo, por la Universidad de Cambridge, donde asistió a las clases de Bertrand Russell, y por la Universidad de Göttingen, donde asistió a las de David Hilbert.

Las contribuciones de Wiener son más que notables y se circunscriben a prácticamente todos los campos de las matemáticas que estaban en plena ebullición en aquel momento: la mecánica cuántica, el movimiento browniano, los procesos estocásticos, el análisis armónico... Claude Shannon había asistido a sus clases de Análisis de Fourier durante el curso 1933-1934, cuando estuvo en el MIT, pero, aun así, no mantuvieron entonces ninguna relación más allá que la propia de profesor y alumno. Esto no fue óbice, sin embargo, para que Norbert Wiener advirtiera el potencial de aquel alumno y, en ocasiones, llegara a verlo como un contrincante más que un colaborador.

Como tantos otros durante la Segunda Guerra Mundial, Wiener puso sus conocimientos matemáticos a disposición de la causa —él, más veterano que las nuevas generaciones como la de Turing y Shannon, ya había contribuido con su trabajo en la Primera Guerra Mundial—, y, por tanto, se vio inevitablemente involucrado en el desarrollo de las grandes máquinas calculadoras que estaban empezando a tomar forma. Conocía, como es obvio, el trabajo de su antiguo alumno y entendió de inmediato el potencial que se estaba gestando. Por otro lado, existen motivos para pensar que Norbert Wiener había conocido de niño y adolescente la existencia de las máquinas algébricas de Leonardo Torres Quevedo, que solían aparecer con frecuencia en la prensa, también internacional, y es posible que incluso ambos llegaran a mantener correspondencia en un momento dado.

A finales de la década de 1940, Wiener y Shannon, profesor y alumno, empezarían a competir en una carrera que, finalmente, ganaría el segundo cuando publicó, en 1948, «A matemathical theory of communication». Con ese artículo, nacería la teoría de la información que ambos habían estado buscando: el soporte teórico que nos permitiría la comunicación no solo con las máquinas, sino entre nosotros a través de ellas. En otras palabras: el marco matemático que explica la transmisión, procesamiento y almacenamiento de la información. Desde cómo se codifica antes de enviarla, los canales a través de los cuales se transmite, su capacidad, velocidad o el nivel de ruido que puedan afectar a la comunicación, así como la decodificación y reconstrucción del mensaje cuando este llega al receptor. Es la base de todas las telecomunicaciones actuales.

Una anécdota ilustra que quien se llevó el reconocimiento por este logro bien podría haber sido otro. Según cuenta el propio Norbert Wiener, entregó el manuscrito preliminar con la descripción de su teoría de la información a Walter Pitts —el mismo de la neurona artificial—, que entonces era uno de sus estudiantes de doctorado, con las instrucciones de que luego se lo devolviera. En un viaje de Nueva York a Boston, Pitts puso el manuscrito en su equipaje y lo dejó en la consigna de la Estación Gran Central de Nueva York. Entonces le dio el recibo a un amigo y le encargó que fuera a recogerlo. Este, a su vez, tras quince días sin ir a por la maleta, le confió el recado a un tercero, pero, cuando este acudió allí, el equipaje ya no estaba. No apareció hasta meses después, en Chicago, en algún almacén de objetos perdidos, y aún llevó un tiempo recuperarlo. Para entonces, Claude Shannon ya había publicado su artículo, adelantándose a Wiener. En cualquier caso, el primero siempre reconocería la influencia que el segundo había tenido, en cierta medida, en su trabajo.

En cualquier caso, la forma en la que ambos se aproximaron a la teoría de la información difería ligeramente. Para Shannon, el significado de un mensaje no tenía nada que ver con el mecanismo de codificación y transmisión de este; para Wiener, era primordial. Shannon, además, consideraba fundamental proteger la información de interferencias y ruido, mientras que Wiener no tuvo este factor en cuenta. Con el tiempo, Claude Shannon diría que, en realidad, Norbert Wiener nunca llegó a comprender lo que él había planteado.

La teoría de la información supuso un nuevo paso hacia la abstracción y la comprensión de la mente, pero aplicada a cómo podría gestionar una máquina los datos, estímulos y conocimiento que maneja. Esto es, la posibilidad de crear máquinas pensantes estaba aún más cerca. Si, a principios del siglo XX, Torres Queve-do ya había presagiado que las máquinas podrían aprender y, con ello, el abanico de posibilidades que se abría en cuanto a las ta-reas que podían llegar a realizar, Norbert Wiener bautizó esa idea como «cibernética», con la diferencia de que él contaba con mu-chos más recursos para lograr algo así. *Cybernetics: or control and communication in the animal and the machine* se publicó en 1948. Se trataba de un compendio de electrónica, informática analógica y digital, mecánica, automatismos, telecomunicaciones y puede que, por primera vez en ese contexto, neurociencia.

La cibernética estudia las funciones de control —regulación de los sistemas, comportamiento, etc.— y comunicación de los seres vivos y las aplica a las máquinas. Esto es: cómo un sistema interacciona, entiende, gestiona, utiliza, e incluso colabora, en los flujos de información que existen en su entorno.

El matemático John von Neumann también contribuyó con nuevas ideas a modelar comportamientos biológicos a través de máquinas. Apenas lo hemos mencionado hasta ahora, pero des-empeñó un papel primordial en la historia que se había empezado a escribir, y, como Norbert Wiener, su participación fue sustancial en prácticamente todas las áreas relacionadas con las matemá-ticas de la época: física cuántica, teoría de conjuntos, teoría de juegos, economía, estadística... y, por supuesto, computación y ci-bernética. Sería complicado exponer en detalle sus aportaciones, pero no cabe duda de que conocía los trabajos de Hilbert y Gödel —y había mantenido correspondencia con este último al respec-to—, y su repercusión. En el caso que nos ocupa, probablemen-te la complejidad de los desafíos hizo que enfocara su atención en las posibilidades de los nuevos desarrollos que estaban llevan-do a la humanidad a un nivel tecnológico superior, más allá de las máquinas. En ese sentido, su visión era clara: «Tan solo con que la humanidad pueda seguir el ritmo de lo que está creando, seremos capaces de adentrarnos en el espacio, más allá de la Luna».[32]

El matemático, de origen húngaro, tras su estrecha colaboración con el ejército estadounidense y su participación en el Proyecto Manhattan, se dio cuenta de que «habría un avance en máquinas computadoras que tendrían que trabajar, al menos en parte, como lo hacía el cerebro humano».[33] Además, fue mucho más visionario en aspectos que apenas se habían empezado a plantear en la ciencia ficción[34] de la época: «este tipo de máquinas estarán conectadas a todos los grandes sistemas, como los de telecomunicaciones, redes eléctricas y grandes fábricas».[35]

En los años cuarenta, John von Neumann —tras visitar el Reino Unido en plena Segunda Guerra Mundial—, tomó las riendas de los avances de la computación en el laboratorio de Los Álamos, que había sido el centro neurálgico del desarrollo de la bomba atómica. Su respuesta a Alan Turing y su propia propuesta de una máquina universal se materializó en un documento de alrededor de cien páginas que publicó poco antes de los bombardeos de Hiroshima y Nagasaki. En *First draft of a report on the EDVAC* (*electronic discrete variable automatic computer*) utiliza el modelo de neurona artificial de Warren McCulloch y Walter Pitts para describir, de manera práctica, la estructura de un ordenador de programa almacenado, más tarde conocida como «arquitectura de

---

[32] Bhattacharya, Ananyo, *The man from the future*, UK, Penguin Books, 2022. [Traducción de la autora].

[33] *Ibidem*. [Traducción de la autora].

[34] Una de las primeras menciones a un sistema similar a internet, casi tal y como lo conocemos hoy, incluyendo el concepto de servidor, se la debemos al autor William Fitzgerald Jenkins, que solía escribir también ciencia ficción bajo el seudónimo de Murray Leinster. En marzo de 1946, publicó el relato «A logic named Joe» en *Astounding Science-Fiction*. Hablaremos de él más adelante.

[35] *Ibidem*. [Traducción de la autora].

John von Neumann en Los Álamos, nuevo México. La chapa que se ve en su solapa es la autorización que le permitía acceder a determinadas zonas restringidas del complejo del Proyecto Manhattan.

von Neumann». Fue la primera vez que los conceptos de «unidad de procesamiento», «unidad de control», «memoria», «almacenamiento externo» y mecanismos de «entrada» y «salida» hicieron su aparición. Es la que casi todos nuestros dispositivos utilizan a día de hoy.

Incluso desde su aproximación más básica, John von Neumann tampoco pudo evitar comparar un computador con un cerebro. Se unió a todos aquellos que ya empezaban a especular con vida e inteligencia mecánicas, como Claude Shannon, Alan Turing y Norbert Wiener, y, en su caso, se sumergió de lleno, no en los procesos más complejos, sino en los más básicos de la biología: la replicación.

Antes incluso de que se descubriera la estructura de la molécula de ADN por parte de Rosalind Franklin, James Watson y Francis Crick, en 1952, Von Neumann planteó la posibilidad de crear autómatas celulares autorreplicantes que podrían ensamblarse para dar lugar a organismos no biológicos más complejos. Lo que estaba proponiendo era un modelo evolutivo por ordenador que hoy, en términos de *software*, entenderíamos como virus.

Aunque las máquinas de Von Neumann eran solo un modelo matemático, él las imaginó más bien como robots, capaces de interaccionar con su entorno y aprovechar los recursos a su disposición para fabricar nuevas copias de sí mismos, no como meros algoritmos. Y esto se debe a que en los anales de la historia de la computación, la separación entre *hardware* y *software* no estaba tan clara como hoy. De hecho, durante muchos años el *hardware* era el núcleo de las computadoras, lo importante, de lo que se encargaban matemáticos, físicos e ingenieros; mientras que el *software* o la programación era algo secundario de lo que se encargaban, por lo general, asistentes femeninas.[36] Solo con el tiempo se fue manifestando la importancia del *software* —sobre todo en un momento en el que la capacidad de los equipos y la miniaturización parecen estar llegando a su límite—. En la actualidad, al pensar en la inteligencia artificial, sucede justo lo contrario: tendemos a entenderla más en el sentido de algoritmo, aunque la robótica también la haya incorporado.

---

[36] Esto se puede aplicar a Ada Lovelace, pero también a Grace Murray Hopper, desarrolladora del primer compilador; o a los extensos equipos de mujeres que programaban las Colossus, en Bletchley Park; las programadoras de ENIAC o muchas esposas de científicos de Los Álamos, que se encargaron de los cálculos para el desarrollo de la bomba atómica. Klári Dan von Neumann, por ejemplo, escribió algunos de los primeros programas utilizando el método de Montecarlo, desarrollado por Stanislaw Ulam y su marido, para el ENIAC en el laboratorio de Los Álamos.

Alrededor de mediados del siglo XX, sin embargo, no se plan-teaba la cuestión en estos términos. A medida que la computación avanzó y mejoró su comprensión, empezó a proliferar un nuevo tipo de «vida artificial», alejada de las leyendas, que no consistía en burdos autómatas ni muñecos de cuerda; ahora podía «pensar» de verdad o, al menos, ese era el objetivo, pero sin prescindir del soporte físico que la sustentaba. Es fácil de entender: hoy, la inteligencia artificial cuenta con muchísimos datos en la nube de los que puede aprender; no obstante, antes de que se crearan las bases de datos informáticas modernas y de la llegada de internet, la fuente de información tenía que ser, necesariamente, el entorno.

Dos de los primeros especímenes de este tipo fueron las tortugas robóticas Elmer y Elsie, que mostraron comportamientos que se podrían considerar «inteligentes» e impredecibles. Las construyó William Grey Walter, un neurólogo estadounidense, entre 1948 y 1949 con apenas dos sensores —uno fotosensible y otro sensible a los choques— y dos motores —avance y giro—. Eran autónomas, capaces de moverse por una sala sorteando obstáculos, y sabían volver solas a su punto de recarga cuando se les acababa la batería. Eran muy parecidas a un aspirador robótico moderno, solo que sin las funciones de navegación o limpieza.[37]

La curiosidad de Claude Shannon y sus trabajos lo llevaron también, en un momento dado, a recorrer un camino similar al de Grey Walter y llegó a construir una tortuga parecida a las de este último; pero no tuvo demasiado éxito hasta que se planteó la cuestión de si un ratón robótico, por ejemplo, lograría salir de un laberinto. Para dar con la la respuesta, construyó uno. Y,

---

[37] Las tortugas Elme y Elsie le sirvieron de inspiración a Robert A. Heinlein para plantear este tipo de aspiradores en su novela *Puerta al verano*, de 1957, tras haber leído el artículo publicado por W. Grey Walter, «An imitation of life», en *Scientific American* en mayo de 1950.

efectivamente, el pequeño Teseo era capaz de aprender de sus errores hasta encontrar la salida —en realidad era el laberinto el que se lo resolvía al ratón, ya que era en aquel donde estaba albergado el mecanismo, pero eso es una mera cuestión técnica—. Los Laboratorios Bell grabaron un breve vídeo de Claude Shannon describiendo su invento.[38]

Es posible que el optimismo inherente a la época y aquellos pequeños triunfos llevaran a pensar que reproducir la mente humana —al menos en los términos en los que ellos la entendían—, era solo cuestión de tiempo, y no demasiado. Sería de nuevo Alan Turing quien trataría de encauzar el camino cuando, en 1950, publicó «Computing machinery and intelligence», uno de los artículos más famosos de la historia de la computación y la inteligencia artificial, y por el que normalmente se le conoce. En él presentaba el juego de imitación que tan popular se ha vuelto bajo el nombre de «test de Turing» y, con él, otro de los primeros desafíos que trataría de superar la inteligencia artificial —recordemos que el inicial fue el ajedrez—.

El juego se basaba en un entretenimiento habitual de la época en el que un entrevistador debía adivinar, solo a través de mensajes escritos, cuál de las dos personas, escondidas detrás de sendas puertas —sin que él pudiera verlas—, era un hombre y cuál una mujer. Por supuesto, los dos jugadores tenían que hacer lo posible por confundirlo: la mujer debía tratar de hacerse pasar por hombre y el hombre, por mujer. Turing cambió a los dos participantes por una máquina y un ser humano. El objetivo del entrevistador era, por tanto, tratar de diferenciar quién era quién. La pregunta a la que el informático británico pretendía contestar era: ¿podríamos construir una máquina que pudiera hacerse pasar por una

---

[38]   Se puede ver en la actualidad en YouTube: https://youtu.be/nS0luYZd4fs.

Unos de los primeros animales «cibernéticos» fueron las tortugas Elmer y Elsie, creadas por el neurólogo Willian Grey Walter. Esta es una reproducción moderna de una de ellas.

persona? No es necesario siquiera mencionar la cantidad de incógnitas que esto planteaba. Si la respuesta es afirmativa y lo consigue, ¿implica esto que es autoconsciente?, ¿cómo saber si lo es?, ¿qué trato debería recibir, entonces, por nuestra parte? En la actualidad hay bastante consenso en que pasar un test de Turing no tiene por qué implicar inteligencia ni consciencia; pero en la época de Turing este enfoque era bastante rompedor y protagonizó algunos debates, no solo en el mundo de las matemáticas y la computación, sino también en el de la biología, la filosofía e incluso la literatura.[39] El propio Turing, en su artículo, ya ofrece —y discute— una lista de objeciones a la inteligencia de las máquinas desde diferentes perspectivas: teológica, antropocentrista, matemática, creativa y emocional, sensorial, etc.; e incluso dedica un apartado a la visión de Ada Lovelace respecto a que una máquina nunca hará más que aquello para lo que nosotros la programemos. También plantea la posibilidad de simular mentes infantiles en lugar de adultas, esto es, máquinas que aprendan y, como conclusión, deja abierta una puerta al futuro:[40]

Esperemos que las máquinas lleguen a competir con el hombre en todos los campos puramente intelectuales. ¿Pero cuáles son los mejores para empezar? También es una ardua decisión. Muchos piensan que lo mejor es una actividad de naturaleza tan abstracta como jugar al ajedrez. También puede sostenerse que lo óptimo sería dotar a la máquina de los mejores órganos sensoriales posibles y luego enseñarla a entender y a hablar inglés. Es un proceso que podría hacerse con arreglo al aprendizaje normal de un niño: se señalan los objetos, se los nombra, etc. Vuelvo a insistir en que ignoro la respuesta adecuada; creo que hay que experimentar los dos enfoques.

Solo podemos prever el futuro inmediato, pero de lo que no cabe duda es de que hay mucho por hacer.

---

[39] También en el género de la ciencia ficción. No hay más que pensar en el test Voight-Kampff que aparece en la novela *¿Sueñan los androides con ovejas eléctricas?* (1968), de Philip K. Dick. No obstante, él añadió una característica adicional que sería la que de verdad diferencia a los seres humanos de las máquinas: la empatía. El escritor de ciencia ficción no solo había leído el artículo de Turing, sino que estaba totalmente fascinado por la biografía del matemático. Emmanuel Carrère, uno de los biógrafos de Philip K. Dick, comenta que a este le hubiera encantado participar en el juego de imitación haciéndose pasar por la máquina.

[40] Turing, Alan, «Maquinaria computadora e inteligencia», en Alan Ross Anderson (ed.), *Controversia sobre mentes y máquinas*, Barcelona, Ediciones Orbis, 1987 [1964].

Era difícil saber qué se buscaba exactamente en aquel momento, porque, como bien indica Alan Turing, había más posibilidades que certezas. No obstante, el cerco se iría acotando a medida que pasara el tiempo y se ampliara el conocimiento, así como las capacidades de la ingeniería. En medio de esta vorágine de teorías, máquinas calculadoras, debates y especulaciones, mientras tanto, había tenido lugar —de nuevo, en los Laboratorios Bell—, una de las innovaciones más importantes de la historia de la ciencia y la tecnología.

A finales de los años cuarenta del siglo XX, en el ámbito científico y militar se habían desarrollado y empezado a utilizar los primeros computadores: unos armatostes inmensos que ocupaban habitaciones enteras, generaban una cantidad de calor insoportable[41] y consumían cantidades de energía prohibitivas, aunque apenas podían llevar a cabo unos cientos o miles de operaciones por segundo. Aun así, ya desempeñaban su labor mucho mejor de lo que lo hubiera hecho cualquier persona.

El componente que utilizaban esos computadores y que había permitido dar el salto de la informática analógica a la digital era la válvula de vacío. No obstante, esta presentaba algunos problemas: consumía mucha energía, era frágil, cara y poco fiable. Mervin Joseph Kelly, director de los Laboratorios Bell, era consciente de todo aquello y vislumbró, de forma acertada, que la solución podría hallarse en un nuevo tipo de materiales, capaces de comportarse como conductores o aislantes de la electricidad bajo determinadas condiciones: los semiconductores, cuyas propiedades se habían empezado a investigar hacía relativamente poco. Con el objetivo de explorar este campo, creó un equipo pluridisciplinar

---

[41]   Las operadoras de Colossus, en Bletchley Park, sufrían un calor tan sofocante junto a la máquina que, en verano, solían salir de los barracones en los que estaban para refrescarse con una manguera. En el caso de ENIAC, la habitación que ocupaba podía alcanzar fácilmente temperaturas de más de 52 °C.

La invención del transistor por parte de John Bardeen, William Shockley y Walter H. Brattain permitió el desarrollo de la informática moderna y, con ella, de la inteligencia artificial.

compuesto por físicos del estado sólido, químicos, ingenieros eléctricos y otros perfiles técnicos para que trabajaran en ello.

Entre ellos se encontraban William Shockley, John Bardeen y Walter H. Brattain, que pasarían a la historia, en diciembre de 1947, por fabricar el primer transistor. Este dispositivo utiliza las propiedades de los materiales semiconductores —como el germanio y el silicio—, para amplificar o modificar señales eléctricas en función del estado en que se encuentre, y de que este estado le permita dejar pasar o no la corriente. El ingeniero de telecomunicaciones y escritor de ciencia ficción John R. Pierce fue quien ideó el nombre y también se le recordaría por ello —aunque con mucha menos gloria—.[42] Los tres primeros recibirían el Premio Nobel de Física en 1956 por su descubrimiento.

La invención del transistor fue la culminación del gran esfuerzo pluridisciplinar de la ciencia durante aquel último medio siglo y la concreción necesaria para dar el siguiente salto cualitativo. Hasta entonces, aunque casi todos los que pertenecían al mundo de la computación habían utilizado de alguna manera el concepto de «inteligencia artificial», nadie lo había llamado así. La miniaturización, el abaratamiento de los costes, la capacidad de procesamiento y una mayor accesibilidad a los nuevos computadores, cada vez más frecuentes en las instituciones académicas, fueron determinantes para inaugurar esta nueva disciplina de la ciencia y la ingeniería.

---

[42] John R. Pierce solía escribir en las mismas revistas que otros escritores de la época, como *Astounding Science-Fiction*, aunque lo hacía bajo seudónimo; el más habitual de los que usaba era el de J. J. Coupling —un guiño a la física cuántica—. Curiosamente, se puede encontrar un artículo suyo de 1950, sobre inteligencia artificial en esa misma revista —antes de la conferencia de Dartmouth de la que hablaremos en el siguiente capítulo—, titulado «How to build a thinking machine» en el que ya habla de máquinas que «se ajustan a su entorno» para aprender.

Aprendiendo a aprender

*No es prueba alguna [...] de la imposibilidad del desarrollo de la
conciencia mecánica el hecho de que las máquinas posean ahora
poca de aquella. Un molusco no tiene apenas conciencia.*
SAMUEL BUTLER, *Erewhon o al otro lado de las montañas* (1872)

Cuando el joven John McCarthy llegó a los Laboratorios Bell para
trabajar allí durante el verano de 1952,[43] ni siquiera se había co-
mercializado la primera radio con transistores. Y mucho menos un
computador. Sin embargo, esto no impidió que creciera el interés
de un determinado grupo de científicos por la inteligencia artificial.
McCarthy se había graduado primero en el Instituto Tecnológico de
California (CalTech) y acababa de doctorarse en Matemáticas por la
Universidad de Princeton. Atraído por la figura de Claude Shannon,
se acercó a él en los laboratorios y le propuso una colaboración, en
lo que se convertiría en uno de los primeros trabajos académicos del
ámbito de la inteligencia artificial: *Automata studies*. Este estudio

---

[43] Marvin Minsky también estuvo en los Laboratorios Bell ese verano, y coincidió con McCarthy
y Shannon, pero se casó por esas fechas y, en la práctica, no apareció demasiado por allí.

se componía de artículos, entre otros, de Norbert Wiener, John von Neumann, William Grey Walter, William Ross Ashby o Donald Mac-Crimmon MacKay. La obra reunía, sin duda, a las mentes más relevantes que estaban trabajando en ese momento en la cuestión de las posibles relaciones entre máquinas e inteligencia, pero también evidenciaba que era ya necesario un cambio generacional. Como el propio título indicaba, aquella obra desarrollaba los principios de la automática, en su sentido más estricto, de manera que la mayoría de los artículos trataban de dilucidar cuál era el andamiaje matemático que subyacía al diseño y manejo de los sistemas electromecánicos. Pero McCarthy buscaba otro nivel conceptual: ¿cuál era la relación del lenguaje con la inteligencia y cómo afectaba eso a la construcción de máquinas «pensantes»? ¿Podía una máquina jugar a determinados juegos? Él creía que era necesario realizar un esfuerzo de abstracción mayor para que esta disciplina tan incipiente pudiera despegar: «En aquel momento pensé que, si pudiéramos reunir a todos los interesados en el tema para dedicarle tiempo y evitar distracciones, podríamos lograr un progreso real».[44] Sin embargo, cuando el proyecto echó a andar, sintió cierta decepción: «La idea original era que Claude Shannon fuera la figura que atrajera buenos artículos y yo haría el grueso del trabajo, pero finalmente él también se implicó [...]. Una de las razones por las que él hizo casi todo es que yo no sentía demasiado entusiasmo por aquellos artículos».[45] Esa decepción le sirvió, no obstante, para presentar en 1955 una propuesta de encuentro académico que conformaría otro de los grandes hitos de la historia de la inteligencia artificial: la Conferencia de Dartmouth de 1956.

---

[44] McCorduck, Pamela, *Machines who think. A personal inquiry into the history and prospects of artificial intelligence*, Massachusetts, A. K. Peters Ltd., 2004. [Traducción de la autora].
[45] *Ibidem.*

En esa propuesta quedó registrado por primera vez el término «inteligencia artificial», que ha pasado a la posteridad para referirse a la rama del conocimiento que trata de construir máquinas que simulen la inteligencia humana. Las opiniones en cuanto a la repercusión real del evento, analizada tiempo después por parte de algunos de los asistentes —de los que hablaremos en mayor detalle enseguida—, han sido relativamente dispares. Allen Newell, investigador en computación y psicología de la Universidad de Carnegie Mellon, y uno de los primeros en crear algoritmos de inteligencia artificial, se refirió a «aquello de Dartmouth» simplemente como «una parte de la mitología de la IA».[46] Para Oliver Selfridge, discípulo de Norbert Wiener e investigador del MIT, representó un antes y un después que marcó el camino a seguir en décadas posteriores: «Aquí había un campo en el que se iban a hacer grandes cosas. No se cumplieron casi ninguna de las promesas en el plazo previsto, pero estas siguen ahí».[47] Marvin Minsky opinaba lo siguiente:[48]

Había una falsa sensación de que la gente estaba empezando a comprender las teorías de manipulación simbólica y de la cibernética, que trataban de conceptos más que de simple retroalimentación, y que estas cosas se entenderían en todo el mundo a gran escala. Creo que teníamos la sensación de que estas ideas empezaban a popularizarse y de que tal vez fuera un hecho histórico. No era realmente cierto. Pasaron otros diez años antes de que la gente pudiera tolerar la idea de la IA sin pensar que era extraña e imposible.

[46] Norberg, Arthur L., «An interview with Allen Newell», *Oral History Collection*, Charles Babbage Institute, University of Minnesota, 1991.

[47] McCorduck, Pamela, *Machines who think. A personal inquiry into the history and prospects of artificial intelligence*, Massachusetts, A. K. Peters Ltd., 2004. [Traducción de la autora].

[48] *Ibidem.*

El promotor de la idea, John McCarthy, declaró, por otro lado:[49]

Todos los que estuvieron allí fueron bastante testarudos en cuanto a continuar con las nociones preconcebidas que traían de antes, y por lo que pude ver, tampoco hubo ningún intercambio real de ideas. Los asistentes estuvieron durante diferentes periodos de tiempo. La idea era que todos aceptaran venir durante seis semanas, pero lo hacían en periodos que iban desde dos días hasta esas seis semanas completas, por lo que no todos estuvieron allí al mismo tiempo. Fue una gran decepción para mí porque aquello significaba que, en realidad, no podríamos celebrar reuniones con regularidad.

La opinión generalizada, en cualquier caso, fue que el entusiasmo excedió lo que realmente podían acometer con los medios que tenían al alcance en aquel momento. Y lo que debía haber sido el pistoletazo de salida de una carrera fulgurante, se acabó encontrando, en la práctica, con un circuito de obstáculos nada fáciles de sortear, aunque eso no quiere decir que no estuvieran dispuestos a intentar superarlos.

Es importante señalar que la propuesta para la Conferencia de Dartmouth se gestó en el momento álgido de la cibernética y del estudio de las posibles correspondencias neurofisiológicas entre máquinas y cerebro. La disciplina se alimentaba, por un lado, de los trabajos de Claude Shannon, Norbert Wiener y John von Neumann —más centrados en los aspectos tecnológicos—, y, por otro, de los de McCulloch, Pitts, Ashby o Grey Walter —enfocados en los aspectos más biológicos—. Todo ello aderezado con la aparición, en ese mismo momento, de las primeras computadoras basadas en transistores, que proporcionaron a una nueva

[49] *Ibidem.*

generación de científicos e ingenieros una potencia de cálculo sin precedentes en la historia; aunque finalmente no tan potente como demostraron necesitar aquellos sistemas, incluso los más simples. Al mismo tiempo, la programación, como ámbito, empezaba a cobrar cierto protagonismo en el manejo de aquellas enormes y complejas máquinas; sin embargo, esta se hacía todavía en lenguaje ensamblador, esto es, directamente sobre las unidades de procesamiento. Y el primer lenguaje de alto nivel —con expresiones más intuitivas semejantes al lenguaje natural—, FORTRAN, no llegaría hasta 1957. El segundo, LISP, lo inventaría el mismo John McCarthy un año después.

La puesta en marcha y organización de la Conferencia de Dartmouth comenzó alrededor de un año antes de su celebración: el 31 de agosto de 1955, cuando un pequeño comité, formado por el propio John McCarthy, Marvin Minsky —graduado en Matemáticas por Harvard en 1950 y doctorado por Princeton en 1954—, Nathaniel Rochester —ingeniero de IBM y arquitecto del IBM 701— y Claude Shannon, creó *A proposal for the Dartmouth summer research project on artificial intelligence*, que presentaron a la Fundación Rockefeller en busca de fondos para su financiación. Como en tantas iniciativas que tratan de abrir nuevos caminos, el proyecto no fue acogido con demasiado entusiasmo, sino más bien con ciertas reticencias. La respuesta que obtuvieron de la fundación fue: «Esta propuesta es inusual y no encaja fácilmente en nuestro programa, así que me temo que nos llevará un tiempo tomar una decisión».[50] No obstante, la fundación finalmente aceptó correr con parte de los gastos —7500 $ de los 13 500 $ que solicitaban—, y el encuentro pudo celebrarse el verano siguiente.

---

[50] Kline, Ronald R., «Cybernetics, automata studies, and the Dartmouth Conference on Artificial Intelligence», *IEEE Annals of the History of Computing*, vol. 33, nº 4, 2011.

El documento de la propuesta, en el que se recogen los objetivos y se exponen los posibles campos de estudio durante el encuentro, consta de trece páginas, pero lo realmente reseñable es que en él aparece por primera vez, como ya hemos mencionado, el término «inteligencia artificial», que acuñó, en principio, el propio McCarthy. No obstante, que aquellas dos palabras tan rimbombantes acabaran popularizándose fue casual, como él mismo diría:

> No podría jurar que no lo hubiera oído antes, pero inteligencia artificial no era una frase particularmente prominente. Alguien la debió utilizar en un artículo o una conversación o algo así. En todo caso, había muchas otras expresiones de moda en ese momento. La Conferencia de Dartmouth hizo que esta predominara sobre las otras.[51]

Pero ¿por qué «inteligencia artificial»? Se eligió este término, en parte, en un intento de ir más allá de la teoría de autómatas —que a McCarthy le parecía muy limitada—, con ánimo de generalizar su rango de aplicación a algo más abstracto y complejo. Eso supuso un problema, ya que llevó a que algunos pensaran que se habían excedido en sus pretensiones. Ya entonces suscitó ciertas reticencias por su indefinición o connotaciones, y hubo quien prefirió referirse a sus trabajos en este campo como «tratamiento complejo de la información».

Es interesante, no obstante, echar un vistazo al documento de la propuesta y a los siete problemas sobre inteligencia artificial que se plantean en él, porque dan cuenta, por un lado, del

---

[51] McCorduck, Pamela, *Machines who think. A personal inquiry into the history and prospects of artificial intelligence*, Massachusetts, A. K. Peters Ltd., 2004. [Traducción de la autora].

optimismo que se respiraba en la época y, por otro, de que, más de seis décadas después, el enfoque sigue siendo más o menos el mismo:[52]

- Computadores automáticos: sacar el máximo rendimiento a los dispositivos de los que se disponía para poder realizar tareas más complejas, especialmente a través de la programación.
- Cómo se puede programar un computador para utilizar un lenguaje: entender el funcionamiento del lenguaje y pensamiento humanos y cómo trasladarlo a los ordenadores.
- Redes neuronales: configuraciones neuronales y maneras en las que las neuronas se relacionan entre sí para dar lugar a la formación de conceptos.
- Complejidad y eficiencia de cálculo: medida de la complejidad para la resolución de un problema y optimización de los cálculos para utilizar los menores recursos computacionales posibles.
- Automejora: ¿podría una máquina llevar a cabo tareas que le permitan mejorarse a sí misma?
- Capacidad de abstracción: métodos a través de los cuales un computador podría formar conceptos abstractos a partir de la información que obtenga del entorno y los datos que se le proporcionen.
- Aleatoriedad y pensamiento creativo: introducción de cierta indeterminación y aleatoriedad controlada en los algoritmos para dar margen al pensamiento creativo.

---

[52] La lista que se ofrece es un resumen de la información, algo más detallada, que se puede encontrar en: McCarthy, John, Minsky, Marvin L., Rochester, Nathaniel y Shannon, Claude E., *A proposal for the Dartmouth summer research project on artificial intelligence*, 31 de agosto de 1955.

Son buenos puntos de partida y, pese a lo que hayamos podido avanzar en esta materia, algunos de estos retos permanecen ahí: ¿cómo podemos aprovechar al máximo las capacidades de las máquinas?, ¿cómo sería posible representar el pensamiento humano, en toda su complejidad, con una de ellas?, ¿cómo construiremos redes neuronales capaces de pensar por sí mismas y crear conceptos?, ¿hasta dónde nos limita nuestra capacidad de cálculo?, ¿llegarán las máquinas inteligentes a mejorarse a sí mismas?, ¿podría una máquina mostrar alguna vez cierta capacidad de pensamiento abstracto?, ¿y ser creativa? En la Conferencia de Dartmouth no encontraron demasiadas respuestas. Tal vez no hacía falta, tal vez era el momento de plantear las preguntas correctas, no de encontrar las respuestas correctas; y se puede afirmar que eso sí lo hicieron. Aquella lista fue, más bien, una hoja de ruta.

Además de acordar estas líneas generales, cada uno de los firmantes de la propuesta presentó su propio proyecto individual. Así, Claude Shannon propuso abordar el problema de la inteligencia artificial desde dos frentes: la aplicación de los conceptos de la teoría de la información a computadoras y modelos cerebrales, y la adaptabilidad de los modelos cerebrales y las máquinas autómatas a diferentes entornos. Marvin Minsky, por su parte, se enfocó en los sistemas de aprendizaje y entrenamiento de una máquina a partir de los datos de su entorno para conseguir comportamientos «de un orden superior». El tercero de ellos, Nathaniel Rochester, propuso investigar la originalidad y la creatividad de los sistemas de inteligencia artificial. ¿Se podía hacer que una máquina desarrollara cierta intuición a la hora de resolver un problema, en lugar de limitarse a seguir unas reglas fijas? Y, si así fuera, ¿podría generar nuevas ideas? Para ello, introdujo el concepto de aleatoriedad en los procesos, de un modo similar a como, tal vez, lo hace nuestro cerebro. El último en exponer su propuesta en el documento fue John McCarthy, que abordó el estudio de la relación entre lenguaje natural e inteligencia, por el papel que aquel desempeña en los procesos de pensamiento humano. De esta manera, pensaba, sería posible que una máquina pudiera alcanzar un mejor nivel de abstracción y se le podría enseñar a jugar a diferentes juegos, o realizar tareas más generales que aquellas a las que estaba limitada en ese momento.

Se enviaron invitaciones y la relación de temas a una lista de potenciales participantes, muchos de los cuales aparecen al final del documento. Estaba previsto que la duración del encuentro fuera de seis semanas, pero, en la práctica, tal y como mencionaba John McCarthy, no todos estuvieron presentes durante la totalidad del evento. De los cuarenta y siete nombres que aparecen enumerados, solo participaron, según consta «oficialmente», diez:[53] Herbert Gerlernter, John McCarthy, Marvin Minsky, Trenchard More, Allen Newell, Nathaniel Rochester, Arthur Samuel, Oliver, Selfridge, Herbert Simon[54] y Ray Solomonoff. No obstante, contaron con las visitas de Alex Bernstein, de IBM; Bernard Widrow, de la Universidad de Stanford, y Wesley A. Clark y Bemont G. Farley de los Laboratorios Lincoln.

Los resultados de la Conferencia de Dartmouth no fueron espectaculares, pero es indudable que su espíritu fue impregnando

---

[53] Como indica Ronald Kline, la lista de participantes inicial no se corresponde con la de los que finalmente asistieron, ya que John McCarthy no levantó ningún acta ni realizó ningún informe oficial al respecto. Donald MacCrimmon MacKay, uno de los participantes que había confirmado asistencia en un primer momento, canceló su viaje desde Inglaterra a última hora; y John H. Holland, al que también se esperaba, dio preferencia a otros compromisos. Posiblemente, Claude Shannon envió a su estudiante Trenchard More, y a Julian Bigelow ni siquiera se le menciona en la documentación. Por otro lado, parece que también asistieron Herb Gelernter y Arthur Samuel.

[54] Herbert Simon recibiría, en 1978, el Premio Nobel de Economía «por su investigación pionera sobre el proceso de toma de decisiones dentro de las organizaciones económicas».

con el tiempo cada aspecto de la investigación en inteligencia artificial, y marcó las pautas que seguirían tanto los propios asistentes como sus sucesores, estableciendo un nuevo campo de estudio que hasta entonces había estado disperso por diferentes áreas.

Nueva ciencia, nuevos laboratorios

Durante la segunda mitad de la década de los cincuenta, prácticamente todos los asistentes a la Conferencia de Dartmouth se convertirían en figuras prominentes de la disciplina que acababa de nacer y que, hasta entonces, se encontraba desperdigada por diferentes instituciones de diversa naturaleza. Sus carreras seguirían desarrollándose durante toda la segunda mitad del siglo XX. Cuatro de ellos destacaron por establecer los primeros laboratorios y centros de investigación especializados: John McCarthy, Marvin Minsky, Allen Newell y Herbert A. Simon.

Que el primer encuentro entre expertos de la inteligencia artificial se celebrara donde se celebró no fue casual, ya que, tras el verano que John McCarthy pasó en los Laboratorios Bell con Claude Shannon, empezó a trabajar en la Universidad de Dartmouth como profesor asociado. Luego, en otoño de 1956, conseguiría una beca de investigación y se iría al MIT. Marvin Minsky lo seguiría al año siguiente. Minsky había estudiado física, neuropsicología y fisiología, y se había graduado en Matemáticas por la Universidad de Harvard, tras lo cual se había doctorado en Princeton. Allí fue donde coincidió con McCarthy, con el que solía mantener conversaciones informales sobre inteligencia artificial.

Recordemos que fue en el MIT donde Vannevar Bush había desarrollado su analizador diferencial en los años treinta, y donde

Claude Shannon, bajo la supervisión de aquel, había realizado su revolucionario trabajo de fin de máster. En la década de 1950, por aquella institución ya habían pasado muchos de los estudiantes que estarían llamados a determinar, durante los años siguientes, la deriva de la historia de la informática. El propio McCarthy había desarrollado el lenguaje de programación LISP (de List Processing), inspirado en el lenguaje IPL (Information Processing Language), creado pocos años antes por Allen Newell, Herbert A. Simon y John Clifford Shaw. El IPL estaba pensado especialmente para el desarrollo de su Logic Theorist, un programa precursor de la inteligencia artificial simbólica, de la que hablaremos en detalle más adelante. Marvin Minsky, por otro lado, ya había ideado junto con su estudiante de doctorado Dean Edmonds, en 1951, la primera red neuronal: SNARC (*stochastic neural analog reinforcement calculator*). Esta simulaba el comportamiento de un ratón tratando de salir de un laberinto y constaba, por lo que sabemos, de cuarenta sinapsis de Hebb conectadas de forma aleatoria. Donald O. Hebb había formulado en 1949, en *Organization of behavior*, una teoría del aprendizaje en la que se ponderaba el valor de una conexión sináptica en función de las veces que se activaran simultáneamente las neuronas a uno y otro lado; o cómo él mismo diría: «Las neuronas que se disparan juntas, se conectan juntas». Lo que hizo Marvin Minsky fue aplicar este modelo a una red conformada por neuronas de McCulloch-Pitts, introduciendo la novedad de asignar un peso, o importancia, a cada una de las sinapsis en función de los resultados. El mayor peso o importancia de determinadas conexiones indicaba cuál era el «camino correcto». Lamentablemente, no se conserva demasiada información ni material gráfico de ella. El siguiente paso fue, por tanto, obvio: McCarthy y Minsky fundaron el Artificial Intelligence Project, que evolucionaría hasta convertirse en el que hoy es el MIT Computer Science and Artificial Intelligence Laboratory, de Massachusetts.

El Laboratorio de Inteligencia Artificial del MIT se convirtió en muy poco tiempo en un centro puntero y en el lugar de encuentro de todos aquellos estudiantes fascinados por la posibilidad de construir «máquinas pensantes». En ese entorno nació uno de los primeros videojuegos, *Spacewar!*, creado por Steve Russell en 1962, de donde emergió la cultura *hacker*.[55] En 1963, además, el ARPA (Department of Defense's Advanced Research Projects Agency) y la Fundación Nacional para la Ciencia, financiaron con dos millones de dólares el laboratorio para desarrollar el Proyecto MAC (Mathematics And Computation), cuyo objetivo era permitir que varios usuarios, desde diferentes localizaciones, pudieran acceder a los programas de una misma computadora.

Cabe recordar que el ordenador personal no llegaría hasta los años setenta del siglo XX, y aún tardaría algo más en popularizarse. En los años sesenta, las minicomputadoras como el PDP-1 (Programmed Data Processor-1) que tenían en el MIT eran armatostes —no tanto como un ENIAC, pero sí del tamaño de tres frigoríficos— que solo se podían encontrar en empresas, universidades y centros de investigación. Para más inri, la capacidad de cálculo de estas máquinas no era muy grande, o no contaban con la potencia necesaria para el desarrollo de algoritmos de inteligencia artificial, por no mencionar lo solicitadas que estaban. Además, las investigaciones en este campo ni siquiera se consideraban prioritarias, por lo que era habitual que aquellos que trabajaban en él tuvieran que utilizar las computadoras por la noche, cuando el resto de departamentos no las necesitaban. Esto condicionó muchos

---

[55] Russell se inspiró para su videojuego en las *space operas* del escritor E. E. Doc Smith, que había leído en su momento.

aspectos del desarrollo inicial de la inteligencia artificial, incluso en cuanto a los métodos dirigidos a conseguir que sus programas funcionaran en aquellas máquinas, que se siguen usando a día de hoy. Algo como el Proyecto MAC tenía, por tanto, mucho sentido y su éxito fue rotundo, pues tras seis meses, doscientos usuarios de diez departamentos diferentes del MIT eran capaces de acceder al sistema de forma simultánea. En los años setenta, empezarían a desarrollarse las primeras máquinas LISP, con un *hardware* específico, pensadas para su uso en inteligencia artificial.

Marvin Minsky permanecería en el MIT hasta el final de su carrera. John McCarthy, en cambio, lo abandonó en 1962 para trasladarse a la Universidad de Stanford, donde, al año siguiente, fundaría el Stanford Artificial Intelligence Lab (SAIL), que se convertiría enseguida en otro de los centros neurálgicos de la inteligencia artificial. Situado a relativamente poca distancia de San Francisco, de este laboratorio saldrían muchos de los emprendedores que fundarían las primeras empresas de informática y robótica en Silicon Valley.

El tercer punto candente se situó en la Universidad de Carnegie Mellon, donde Herbert Simon y Allen Newell ya llevaban realizando las primeras investigaciones en inteligencia artificial desde 1955. Entre los tres, plantarían las semillas que enraizarían, crecerían y acabarían dando sus frutos en muchas otras instituciones.

Vayamos por partes

Como bien se observa en el planteamiento de la propuesta de Dartmouth, en un principio, los problemas desde los que se abordó la cuestión de la inteligencia artificial eran aproximaciones muy generales y optimistas. El objetivo último era crear una inteligencia artificial general —también conocida como AGI o «IA fuerte», el santo grial de este campo—, que consistiría en sistemas autónomos capaces de aprender a realizar cualquier tarea intelectual de la misma manera que lo haría un animal o un ser humano. En aquel momento, se veía como un objetivo alcanzable a medio plazo; incluso la resolución de las incógnitas que la inteligencia artificial planteaba, que no eran pocas ni baladíes: ¿qué es la inteligencia? ¿cómo pensamos? ¿cómo se formula un pensamiento? ¿cómo se relacionan esos pensamientos entre sí para dar lugar al conocimiento?

Poco antes de su muerte, en el mismo año 1956 en que estaba emergiendo aquella nueva generación, John von Neumann ya había empezado a pensar seriamente en aquello. Dejó sus reflexiones por escrito en *The computer and the brain*, que había concebido como una serie de conferencias, pero que se terminó publicando como libro, a título póstumo, en 1958. Sus planteamientos constituyen una buena descripción de cuáles eran las expectativas que permeaban la época. En esta obra analiza el funcionamiento y las capacidades del cerebro; trata de expresarlos, recrearlos y propone, por qué no, la posibilidad de aumentar sus capacidades en términos computacionales. Stanislaw Ulam refiere que, en una conversación que mantuvo con él en el año 1957, John von Neumann mencionó por primera vez una idea que popularizaría Ray Kurzweil a principios del siglo XXI y que ha llenado páginas y páginas al hablar de la inteligencia artificial: la singularidad, ese punto de inflexión en el que la inteligencia artificial superará a la humana y transformará de forma irreversible el mundo y, quizá, nuestra existencia, tal y como la concebimos. Así pues, ya no es que flotara en el aire la idea de que pronto las máquinas podrían imitar todas nuestras funciones cognitivas, sino que se empezaba a plantear que llegaran, incluso, a superarlas.

Herbert Simon, en 1960, también hizo un alarde de optimismo al augurar que: «Tecnológicamente, como he argumentado antes, las máquinas serán capaces, dentro de veinte años, de realizar cualquier trabajo que un hombre pueda realizar».[56] ¡El futuro tenía la fecha de 1980! Sin embargo, a diferencia de lo que sucede ahora, en los años sesenta nadie se planteaba que las máquinas fueran a sustituir a las personas debido a su alto coste, al menos en aquel momento.

En cualquier caso, este optimismo ante la posibilidad de conseguir una inteligencia artificial general se dio enseguida de bruces con la realidad, cuando se manifestaron las numerosas dificultades que aquella empresa implicaba, no solo en lo tecnológico —capacidad limitada de las computadoras de la época, desarrollo de nuevos lenguajes de programación, implantación de los algoritmos, etc.—, sino por todo lo que hemos mencionado desde el punto de vista conceptual. La de entonces era una forma muy ingenua y optimista de soñar con máquinas inteligentes, seguramente porque hasta finales de los años setenta, tras décadas de desarrollo completamente disruptivo —aviación y aeronáutica, energía atómica, computación, comunicaciones, etc.— cualquier cosa parecía posible.

Sin embargo, que lo pareciera no significaba que lo fuera. No tardaron en darse cuenta de que no era factible abordarlo todo de golpe. Y ese, en el fondo, ha sido siempre uno de los grandes problemas a la hora de entender cómo funciona la inteligencia y comprender los procesos de aprendizaje naturales del cerebro. ¿Qué habilidades son las que hacen, en realidad, inteligente a una persona? ¿Qué se necesita para desarrollarlas? ¿Qué parte se debe

---

[56] Simon, Herbert A., *The new science of management decision*, Nueva York, Harper & Row, 1960. [Traducción de la autora].

a procesos internos y cuál depende de estímulos externos? Así que comenzaron por dividir el problema en diferentes parcelas.

Todo empezó por la percepción; la manera en la que interactuamos con nuestro entorno y obtenemos información de él, que no es nada menos que el *input* que recibe nuestro cerebro, lo que debe procesar. Tengamos algo en cuenta en este sentido: veníamos de los autómatas de la Antigüedad y la cibernética del siglo XX. Lo que luego se transformaría en inteligencia artificial, primero fue una burda imitación mecánica de la vida física. Existían máquinas computadoras que realizaban tareas «intelectuales», por un lado, y máquinas, a secas, que realizaban tareas «físicas» por otro, pero la confluencia no había sido tecnológicamente viable hasta entonces. Había, además, algunos escollos que salvar. En el caso de los computadores, su capacidad de procesamiento estaba muy alejada de la que tenemos hoy, y tampoco existía un entorno como internet, que en la actualidad es la principal fuente de datos que entrena a las inteligencias artificiales. ¿Cómo podíamos aumentar su capacidad? ¿Se podría conseguir que esas máquinas que realizaban tareas repetitivas pudieran tener cierto margen de decisión sobre esas tareas, e incluso adquirir algún nivel de creatividad? En un momento dado, y en esas circunstancias, parecía que la simbiosis era inevitable: las máquinas podían aportar datos del mundo a los ordenadores y los ordenadores podían mejorar las máquinas, haciéndolas más flexibles. De ahí que muchos de los sistemas de inteligencia artificial que surgieron en esta época fueran algún tipo de robot, aparatos híbridos entre computación y mecánica. Así que, por un lado, se desarrollaron sensores —cámaras, fotorreceptores, sensores acústicos, de impacto, de temperatura, etc.— y, por otro, técnicas que permitieran procesar la información en bruto que estos recopilaban.

El Stanford Cart nació como un prototipo de vehículo a radiocontrol para la exploración lunar y acabó convirtiéndose en el primer vehículo autónomo con visión por computador.

El Laboratorio de Inteligencia Artificial de la Universidad de Stanford fue uno de los pioneros en este campo. En 1960 comenzó allí un proyecto que se extendería y evolucionaría durante cuarenta y seis años: el Stanford Cart.[57] Aquello comenzó como un

[57] El Stanford Cart fue un proyecto iniciado en 1960 por el estudiante James L. Adams, que había trabajado en el Jet Propulsion Laboratory de la NASA. Buscaba crear un vehículo de exploración que pudiera circular por la Luna, pero controlado desde la Tierra. Recordemos que Neil Armstrong y Buzz Aldrin pisaron nuestro satélite por primera vez el 20 de julio de 1968. Uno de los motivos por los que el desarrollo del Stanford Cart se vio interrumpido en un primer momento fue que John F. Kennedy anunció su intención de mandar a un ser humano a nuestro satélite antes de que acabara la década, con lo cual ya no se creía necesario contar con dispositivos exploradores allí. La exploración de Marte cambiaría las cosas.

rudimentario vehículo por radiocontrol que se podía manejar a través de las cámaras de vídeo que llevaba incorporadas, que fue creado por el estudiante James L. Adams; este concluyó con el desarrollo, por parte de Hans Moravec, en el año 1980, del primer vehículo autónomo capaz de evitar obstáculos y planear rutas —a una velocidad irrisoria, eso sí—, tras sucesivas versiones.

El robot SHAKEY[58] fue otro de los hitos de Stanford durante aquellos años. Causó tal sensación que apareció en abril de 1969 en el *New York Times*, la revista *Life* lo presentó como «la primera persona electrónica» en noviembre de 1970 y el *National Geographic Magazine* le dedicó también un espacio en sus páginas el mismo año. El proyecto, dirigido por Charles Rosen, Nils Nilsson y Bert Raphael, financiado por DARPA (Agencia de Proyectos de Investigación Avanzados de Defensa, antiguamente ARPA) y desarrollado entre 1966 y 1972, consiguió desenvolverse en el mundo real con bastante éxito: se desplazaba de un sitio a otro sorteando obstáculos, encendía y apagaba interruptores, abría y cerraba puertas, movía objetos... El reto fue conseguir que interpretara los datos que recibía de sus cámaras y sensores, aprendiera y tomara decisiones basándose en ellos. Para hacerlo, utilizaba un sistema conocido como STRIPS (Stanford Research Institute *problem solver*), que representaba el mundo a través de proposiciones lógicas y contaba con cuatro niveles de comportamiento: el primero analizaba el estado inicial del entorno, las posibles acciones y el objetivo del sistema; el segundo utilizaba esos datos para generar un plan de acción; el tercero ejecutaba el plan, y el cuarto monitoreaba los resultados tras la acción e introducía modificaciones,

---

[58]   El nombre de SHAKEY, del inglés *shake*, 'agitar', se debe a que, durante sus desplazamientos y, sobre todo, al detenerse, el robot solía vibrar. Charles Rosen comenta que le dieron vueltas al asunto durante un mes y que, finalmente, optaron por el nombre más obvio: «Hey, tiembla muchísimo y se va meneando por ahí, llamémoslo SHAKEY», diría.

El robot SHAKEY era capaz de tomar decisiones basándose en los datos que recibía de sus sensores para desenvolverse en entornos controlados.

si eran necesarias. Por ejemplo, imaginemos que queremos coger una manzana de un frutero utilizando el método STRIPS. Primero, habría que definir unas precondiciones para que la acción se pudiera dar, como dónde está situado el frutero, que la manzana esté dentro y nuestra mano esté libre. Después, el sistema calcularía los efectos de la acción de coger la manzana, como que ahora se encuentre en nuestra mano (efecto positivo) y que no se encuentre en el frutero (efecto negativo). Por último, ejecutaría la acción que produciría ese resultado: dirigir la mano hacia la manzana y agarrarla. En caso de fallar con nuestro cometido, el algoritmo revisaría su plan inicial e introduciría los cambios necesarios; también si, por lo que fuera, se produjeran cambios en el entorno —como que el frutero se moviera un palmo más allá—. STRIPS fue la base para el desarrollo de la planificación automática y los lenguajes de acción dentro del campo de la inteligencia artificial.

A pesar de estos adelantos y de la evidente relación entre ambas, la robótica solo ocupaba, y lo sigue haciendo, una pequeña parcela de lo que realmente abarca la investigación en inteligencia artificial. En la actualidad, esta se circunscribe, sobre todo, al mundo abstracto del análisis de datos y los algoritmos. Vive en los cerebros de las máquinas, esto es, los procesadores, más que en sus cuerpos, los robots. Las dificultades mecánicas han demostrado, a lo largo del tiempo, que la robótica puede llegar a ser mucho más desafiante que la programación, sobre todo a la hora de crear una de las más populares invenciones de nuestra imaginación: un robot humanoide inteligente y funcional en el mundo que nos rodea. Aun así, a principios del siglo XXI, ya estamos viendo avances bastante espectaculares al respecto; sirva como ejemplo Atlas, de Boston Dynamics.[59]

El estudio de la cuestión de la interacción con el entorno y la influencia que este tiene en el aprendizaje no fue más que el comienzo. Era necesario, además, que la máquina aprendiera de esa interacción y de la experiencia, y en ello se centró otro de los enfoques de esta primera época de desarrollo de la inteligencia artificial: el *machine learning* o aprendizaje automático, en aquel momento también conocido como «computadoras autodidactas» o sistemas que aprenden solos a partir de los datos. El término *machine learning* lo había acuñado Arthur Samuel en 1959, otro de

---

[59] Pese a su carácter principalmente militar, los robots de Boston Dynamics han ganado gran popularidad en los últimos años por vídeos como este: https://youtu.be/fn3KWM1kuAw

los participantes en la Conferencia de Dartmouth. Sin embargo, este enfoque no terminaría de despertar hasta el siglo XXI, pese a que los primeros programas que lo utilizaban ya se habían creado en los albores de la inteligencia artificial. Samuel había estudiado Ingeniería Eléctrica en el MIT y también había trabajado en los Laboratorios Bell durante la Segunda Guerra Mundial. A finales de los años cuarenta, empezó a trabajar en IBM y programó, a mediados de los cincuenta, en un IBM 701 —el computador diseñado por Nathaniel Rochester— un juego de damas capaz de aprender de la experiencia. Se llegó a hacer incluso una demostración del programa en televisión y, años después, en 1962, uno similar —instalado en un IBM 7094—, ganó a Robert Nealey, maestro en este juego. Todavía quedaban más de tres décadas para que se lograra un hito similar en ajedrez.

Quedaba la cuestión del lenguaje. ¿Podríamos llegar a comunicarnos con un ordenador como nos comunicamos entre nosotros? Y precisamente entre el campo lingüístico y la inteligencia artificial se dio una de las confluencias más bonitas entre las humanidades y la ciencia. Noam Chomsky, lingüista del MIT —y uno de los filósofos, historiadores e incluso activistas políticos más relevantes de nuestro tiempo—, contribuyó a indicar cierta dirección en este sentido cuando publicó en 1957 *Estructuras sintácticas*, que cambió la manera que teníamos de entender el lenguaje. Chomsky plantea en esta obra que todos los seres humanos tenemos una capacidad, o reglas internas innatas, para entender y generar el lenguaje. Esta especie de gramática interna sería lo que nos permitiría formar oraciones, tanto simples como más complejas, tan solo combinando estas reglas. Lo denominó gramática generativa y conformaría una estructura subyacente común a todas las lenguas humanas; de esta manera, sintaxis y semántica no tenían por qué estar necesariamente relacionadas, lo que simplificaba en gran medida la implementación de procesos de comprensión del lenguaje en máquinas. De alguna manera, determinó el camino que tomarían los modelos iniciales de procesamiento del lenguaje, poniendo el foco en las estructuras que lo sustentaban. Y fue precisamente en el MIT donde, unos años más tarde, en la década de los sesenta, se desarrollaron los primeros *chatbots* o programas capaces de «mantener una conversación» o comunicarse utilizando el lenguaje natural.

El primer programa que consiguió procesar el lenguaje natural, aunque no el que más repercusión ha tenido con el paso del tiempo, fue STUDENT, creado en 1964 por Daniel G. Bobrow como tesis de doctorado. Era capaz de resolver problemas matemáticos de un nivel similar a los que aparecen en un libro de secundaria. Pero mucho más popular es el trabajo de Joseph Weizenbaum, quien creó, en 1966, ELIZA.[60] Considerado el primer *chatbot* de la historia, fue el primer programa que podría haber intentado superar un test de Turing —otra cosa hubiera sido conseguirlo—. Con el objetivo de estudiar cómo un ordenador podía simular la comunicación humana, programó a ELIZA para hacer el papel de terapeuta cuando hablaba con su interlocutor; de esta manera, pudo explorar hasta dónde llegaba la confianza de las personas a la hora de «abrirse» a una máquina. El programa funcionaba a partir del reconocimiento de palabras clave y patrones en el texto a partir de los cuales combinaba y elaboraba unas respuestas preprogramadas, aunque no demasiado satisfactorias.[61]

[60] Joseph Weizenbaum eligió este nombre por Eliza Doolittle, de la película *Pygmalion*, de Bernard Shaw, personaje de clase obrera a la que enseñan a hablar y comportarse como una dama de clase alta en la película. Algo que todavía estaba muy lejos de las capacidades de esta ELIZA, pero que existía en la mente de su creador.

[61] El Instituto Tecnológico de Nueva Jersey ofrece un emulador de ELIZA en el siguiente enlace, donde se puede comprobar su desempeño: https://web.njit.edu/~ronkowit/eliza.html. Existe esta otra versión en español: http://deixilabs.com/eliza.html.

ELIZA evidenció algunas de las mayores dificultades que presentaba, y sigue presentando, la implementación del lenguaje humano en máquinas: no se trata solo de una cuestión de formalización lingüística, sino del tipo de capacidades que se requieren para que se den la comunicación y el entendimiento. En otras palabras, los aspectos semánticos e incluso pragmáticos, que no jugaban un papel primordial en la teoría de la gramática generativa de Chomsky, también eran importantes. De esta manera, su aproximación, aunque fue determinante en muchos sentidos, también resultó insuficiente a la hora de desarrollar modelos del lenguaje.

Otra de sus limitaciones venía dada por los fundamentos en los que se basaba su programación. Se asentaba sobre principios lógicos y reglas simbólicas, como la mayor parte de la inteligencia artificial de la época. Esa era una de sus grandes diferencias con los *chatbots* y grandes modelos del lenguaje actuales, basados en modelos estadísticos, y por lo que ELIZA resulta tan «ortopédica» y limitada cuando se interacciona con ella.

Las primeras aproximaciones al desarrollo de la inteligencia artificial durante los años cincuenta y sesenta se podrían resumir, por tanto, en estrategia, resolución de problemas, planificación y razonamiento. Por un lado, se trataba de idear métodos para solucionar problemas de forma más eficiente y, por otro, de conseguir que las computadoras fueran capaces de aprender por sí mismas utilizando ese tipo de herramientas. Las cuestiones que se planteaban eran aquellas que, según se pensaba, nos podrían ayudar a formalizar el pensamiento humano para poder, así, reproducirlo en las computadoras: ¿qué opciones hay disponibles cuando nos enfrentamos a un problema y en qué orden se deben ejecutar para lograr determinado objetivo? ¿cómo podemos extraer conocimiento de los datos y la experiencia? ¿dónde quedan las relaciones humano-máquina y cómo se pueden tender puentes entre ambos?

Como es lógico...

El desarrollo de la computación conllevó, casi por inercia, una visión de la inteligencia artificial enfocada en el pensamiento lógico, que era, al fin y al cabo, en el que se basaban los ordenadores. En estos comienzos, cuestiones como la creatividad o, incluso, la intuición, no se encontraban en el centro de la disciplina como parecen estarlo hoy. De hecho, todavía se tenía una visión más bien aristotélica de la inteligencia, si se quiere ver así: el razonamiento se podía formalizar a través de símbolos, normas y relaciones abstractas, y fue el enfoque predominante, sobre todo, durante el siglo XX a la hora de intentar simular el pensamiento. Es lo mismo que había planteado Ada Lovelace en el siglo XIX: la posibilidad de representar y hacer operaciones con cualquier sistema simbólico, ya fueran matemáticas, música o incluso el propio lenguaje. Tampoco es extraño que el entusiasmo proviniera de esa visión y no de cualquier otra, al fin y al cabo, en las tareas lógicas y las operaciones matemáticas los ordenadores habían mostrado una superioridad aplastante frente a las personas. En el resto dejaban mucho que desear.

John McCarthy, en 1958, había roto una lanza a favor de lo que se acabaría conociendo como inteligencia artificial simbólica en su artículo «Programs with common sense». Esta sería la corriente predominante desde mediados de la década de los cincuenta hasta los años ochenta. En ella, prevalecería una perspectiva de la inteligencia artificial basada más en la manipulación de símbolos y relaciones que en el análisis de datos —que sería el enfoque predominante más tarde, en el siglo XXI, con la llegada de internet—. Se buscaba generalizar los procesos cognitivos del cerebro a través de la inferencia lógica formal y los algoritmos.

La inteligencia artificial simbólica se asentaba, por tanto, sobre las mismas bases y los mismos dilemas que se habían planteado a principios del siglo XX, y, en ese aspecto, se podría considerar que los resultados obtenidos fueron más cuantitativos que cualitativos. Esto es, los nuevos métodos refinaron, mejoraron y materializaron las ideas que, en su momento, estaban limitadas por la tecnología disponible. La aproximación era similar, pero los nuevos adelantos ofrecieron una capacidad de cómputo mucho mayor, permitieron la creación de nuevos lenguajes de programación y el uso de *software* mucho más sofisticado, de manera que se llevó lo abstracto a un nivel práctico.

Poco antes de la Conferencia de Dartmouth, entre 1955 y 1956, Allen Newell y Herbert A. Simon, con la ayuda del programador John Clifford Shaw, ya habían creado un programa de este tipo: el Logic Theorist, para el cual habían inventado un lenguaje de programación completamente nuevo que ya hemos mencionado: IPL.

Las trayectorias vitales y académicas de los tres fueron muy similares a las de otros colegas. Allen Newell se había graduado en Física en 1949 —tras dos años de servicio en la Marina estadounidense— y, en 1950, pasó un año estudiando Matemáticas en Princeton —donde coincidió con Marvin Minsky y John McCarthy, aunque solo conoció al primero—; más tarde se incorporó a la RAND (Research ANd Development) Corporation, en California, un laboratorio de ideas que se había fundado en 1948, al servicio de las Fuerzas Armadas de los Estados Unidos, tras la Segunda Guerra Mundial y en los albores de la Guerra Fría. Herbert A. Simon, por su parte, mostró desde bastante temprano interés por estudiar de forma científica el comportamiento humano, y por ello cursó Ciencias políticas y Economía en la Universidad de Chicago. En 1949, trabajó como profesor de Administración, y, posteriormente, de Psicología e Informática, en la Universidad de Carnegie Mellon, en Pittsburg. Por su parte, John Clifford Shaw era programador y también pertenecía a la RAND Corporation.

El Logic Theorist de Newell, Simon y Shaw era un programa capaz de demostrar hasta treinta y ocho teoremas matemáticos, extraídos de los *Principia mathematica* de Bertrand Russell y Alfred North Whitehead, de la misma forma en que lo haría una persona, o incluso mejor, ya que supo encontrar algunas demostraciones alternativas más simples. Lo mejorarían en 1957 con el General Problem Solver, que podía afrontar problemas lógicos más generales —incluyendo cierto tipo de juegos, como el de las Torres de Hanoi—. Este último fue, además, el primer programa capaz de idear «estrategias» para resolverlos.

Otro ejemplo de este tipo sería SAINT (*symbolic automatic integrator*), de James Slagle —alumno de doctorado de Marvin Minsky en el MIT—, de 1961.

SHRDLU, creado por Terry Winograd en el MIT entre 1968 y 1970, fue un programa enfocado a desarrollar la capacidad de las máquinas para entender el lenguaje natural y, al mismo tiempo, a la resolución de problemas. Esto es, integraba el enfoque de sistemas del tipo del Logic Theorist, pero con la posibilidad de comunicarse con ellos como con ELIZA. En este caso, y discrepando del planteamiento de Noam Chomsky, Winegrad pensaba que la cuestión semántica del lenguaje no se podía separar de la sintaxis, esto es, el significado de las palabras también revestía importancia, puesto que era lo que activaba cualquier tipo de proceso cognitivo. SHRDLU se concibió como una especie de brazo robóti-co al que se le podían dar instrucciones —eso sí, tenían que estar predefinidas para que supiera interpretarlas— cuya peculiaridad consistía en que «existía» en un entorno virtual con el que podía interaccionar: el Mundo de Bloques, que habían inventado con anterioridad Marvin Minsky y Seymour Papert. Este último era un psicólogo de la Universidad de Ginebra que se había unido en 1963 al Laboratorio de inteligencia artificial del MIT.

El Mundo de Bloques de Minksy y Papert estaba compuesto por objetos geométricos —cubos, tetraedros, pirámides, etc., de diferentes tamaños y colores— que un modelo «robótico» digital como SHRDLU podía manipular. Y lo hacía a partir de instruccio-nes sencillas como: «Coge uno de los bloques rojos». El programa era capaz, asimismo, de interaccionar y expresar sus dudas cuan-do las instrucciones no estaban lo suficientemente claras para él. Dadas las dificultades técnicas que, como hemos mencionado, planteaba la robótica, esta era una buena manera de estudiar for-mas de interacción y procesos de aprendizaje, sin necesidad de fabricar un tipo de máquinas que excedía la capacidad y los recur-sos disponibles en aquel momento.

El desarrollo de la inteligencia artificial simbólica llevó con-sigo el planteamiento de métodos heurísticos para la resolución de problemas, esto es, «intuitivos». La búsqueda de soluciones a un problema mediante prueba y error o con meras enumeracio-nes no era en absoluto eficiente, y menos a medida que la com-plejidad aumentaba, con el consiguiente incremento del número de definiciones, sentencias y relaciones necesarias. Por ello, ense-guida se dieron cuenta de que era imperativa una aproximación más cercana a la experiencia humana, desarrollar algoritmos que supieran hacer estimaciones y valorar, ante varias opciones, qué camino tomar para que la relación entre precisión y eficiencia fuera óptima.

No acabó todo aquí, porque más allá del simbolismo —que trataba de formalizar de una manera lógica los procesos de la mente, reduciéndolos a algoritmos—, emergió otra corriente más orientada a la visión cibernética que a la computacional; aquella que trataba de imitar y reproducir directamente los sistemas biológicos, entre ellos, el cerebro, y cuya piedra angular habían asentado Warren McCulloch y Walter Pitts con su neurona artificial.

Todo está conectado

El modelo matemático de 1943 de McCulloch y Pitts mostró, por primera vez, que las funciones de una neurona se podían representar mediante circuitos eléctricos. Marvin Minsky, por su parte, se había aventurado a crear la primera red neuronal, SNARC, en 1951. El siguiente en contribuir en este campo sería Frank Rosenblatt,[62] cuando presentó un nuevo modelo, el perceptrón, en 1958.

Se manifestaba así un enfoque llamado «conexionismo» en el mundo de la inteligencia artificial, según el cual los procesos mentales podían describirse a través de redes —en este caso, de neuronas artificiales— y las conexiones entre sus elementos básicos —las sinapsis entre dichas neuronas—. Así, lo que determinaría un sistema u otro sería, por un lado, la naturaleza de las unidades básicas que forman la red y, por otro, la manera en la que se interrelacionan entre ellas.

---

[62] Frank Rosenblatt fue un psicólogo estadounidense, director del Programa de investigación en sistemas cognitivos de la Universidad de Cornell, que, curiosamente, había sido también compañero de clase de Marvin Minsky en el instituto.

El perceptrón de Rosenblatt fue el primer modelo de red neuronal —simple y de una sola capa— que se logró implementar de forma práctica, pensado para tareas de reconocimiento de patrones sencillos y clasificación binaria.[63] El algoritmo se desarrolló primero en un IBM 704 —computadora que todavía utilizaba válvulas de vacío— y, con posterioridad, en una computadora especialmente diseñada para ello: la Mark I Perceptron. El funcionamiento del perceptrón es relativamente sencillo. Se basa en los diferentes valores de entrada, o *inputs*, que puede recibir una neurona; cada uno de ellos lleva asignado un peso diferente —el peso sería la importancia del estímulo—, que además se puede ajustar. Si la suma de esos *inputs* supera cierto potencial umbral, determinado por una función de activación, la neurona se activa y envía una señal de respuesta, u *output*. El entrenamiento de una red neuronal de este tipo consiste en reforzar el peso de aquellos estímulos que produzcan los resultados esperados.

El perceptrón original de Rosenblatt es el tipo más sencillo de red neuronal que conocemos, pero, aun así, era capaz de reconocer con éxito patrones y «aprender». A pesar de ello, y como tantas otras veces a lo largo de la historia, pasó con más pena que gloria en su momento, allanando el camino, aún más si cabía, a la inteligencia artificial simbólica: Rosenblatt se dio de bruces contra el muro Minsky-Papert. El objetivo del creador del perceptrón había sido, desde el principio, emular las funciones del cerebro, él mismo había descrito su modelo como «la primera máquina capaz de tener una idea original».[64] Con él, la pregunta a la que trataba

---

[63] Con un funcionamiento muy similar al SNARC, se diferenciaban fundamentalmente en el tipo de tarea para el que estaban creadas. SNARC estaba pensada para la resolución de problemas.

[64] Cornell Chronicle, «Professor's perceptron paved the way for AI — 60 years too soon», *The College of Arts & Sciences*, 25 de septiembre de 2019. https://as.cornell.edu/news/professors-perceptron-paved-way-ai-60-years-too-soon [Traducción de la autora].

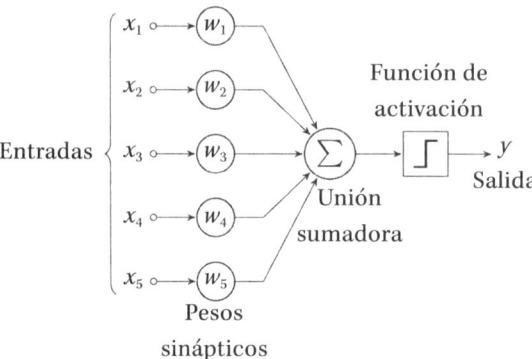

Un perceptrón recibe las entradas $x_1, x_2... x_n$, cada una con una importancia —peso— $w_1, w_2... w_n$. La neurona calcula una suma ponderada del producto de cada entrada por su peso y, según su valor, se activa o no según determinada función de activación [⌐] para dar una salida y.

de dar respuesta era: ¿cuáles son las funciones físicas o biológicas mínimas que un cerebro necesita para mostrar comportamientos complejos? Seguramente unas no tan mínimas como las del perceptrón monocapa, y eso es lo que se encargaron de señalar Marvin Minsky y Seymour Papert.

Rosenblatt y Minsky ya habían sido protagonistas de intensos debates en los círculos académicos debido a la publicación, en 1969, de *Perceptrons: an introduction to computational geometry*. Hay quien piensa que este libro fue el responsable de sumir en la oscuridad a las redes neuronales durante las décadas siguientes y, con ellas, quizá, al propio desarrollo de la inteligencia artificial. Lo que argumentaban, en términos generales, era que, aunque el perceptrón funcionaba muy bien para clasificar estímulos, lo hacía sin albergar ninguna representación interna del proceso, sin ningún tipo de imagen o pensamiento «simbólico», algo que consideraban fundamental para el pensamiento inteligente, la memoria e incluso la consciencia.

Tras el varapalo que supuso la polémica y el fallecimiento prematuro, en 1971, de Frank Rosenblatt en un accidente náutico, la investigación en redes neuronales quedó prácticamente abandonada hasta la siguiente década.

Se acerca el invierno

Las dificultades no habían hecho más que empezar, en realidad, y no solo para el conexionismo. Como ya se ha mencionado a lo largo de este libro, tan importante es la idea como el conocimiento científico y la capacidad tecnológica para materializarla. En los años sesenta, los ordenadores a los que se tenía acceso eran los de segunda generación, que ya utilizaban transistores, pero apenas realizaban unos cientos de miles de operaciones por segundo —en la actualidad, un ordenador personal alcanza cientos de millones y un supercomputador, trillones—. Tampoco eran asequibles ni accesibles, así que las aspiraciones, el entusiasmo y el optimismo predominante entre mediados de los cincuenta y mediados de los setenta estaban muy por encima de las capacidades con las que contaban. Esto fue lo que les hizo toparse con la primera barrera.

Los sistemas de inteligencia artificial simbólica cumplían muy bien su cometido... siempre que se aplicaran a cuestiones relativamente simples. En cuanto se intentaba generalizar la resolución de problemas a ámbitos más amplios, lo que implicaba un mayor número de factores o variables, la complejidad crecía exponencialmente y, con ella, el tiempo de cómputo necesario para resolverlos, lo cual excedía con creces los medios disponibles. Es lo que se conoce en matemáticas como «explosión combinatoria». Y esto estaba muy relacionado con algo que se convertiría en uno de los problemas del milenio, cuya resolución, aún a día de hoy, el Instituto Clay de Matemáticas, de Cambridge, Massachusetts, premia con un millón de dólares.

Viajemos un momento al pasado. Como ya hemos mencionado, en 1936, Alan Turing y Alonzo Church, de forma independiente, habían demostrado que existen problemas cuya veracidad, o falsedad, no se puede demostrar solo a través de un algoritmo. Sin embargo, Turing no tuvo en cuenta en su máquina original al menos dos factores: el tiempo y la memoria que esta necesitaría para llevar a cabo su función. Esto es: en términos teóricos se podía saber si la solución a un problema era calculable, si existía o no, pero ¿a qué precio? Al igual que un ser humano encuentra ciertas limitaciones a la hora de realizar una operación muy difícil, como una multiplicación o división larguísima, las máquinas también tienen sus límites, determinados por sus características técnicas. ¿Podrían resolver esos problemas? Sí. ¿Lo harían en un tiempo razonable? Tal vez no. Tal vez podrían pasarse eones calculando y, en la práctica, ello equivaldría a no poder resolverlos. Esta cuestión se empezó a plantear cuando se hizo necesaria alguna forma de clasificación para cuantificar la dificultad de resolver un problema en términos computacionales, lo que implicaba poder resolverlos a nivel práctico.

En 1965, los matemáticos Alan Cobham y Jack R. Edmonds sugirieron que, para que un ordenador pueda calcular la solución a un problema, esta debe ser computable en tiempo polinómico, esto es, que a medida que el problema se complica, la complejidad de los cálculos no aumente a un ritmo mayor que el que determinan las funciones de este tipo.[65] A este tipo de problemas se los cla-

---

[65]   Una función polinómica es la que multiplica cualquier valor de entrada por una expresión de tipo polinómico, esto es, una expresión formada por la suma de una o más variables multiplicadas por un coeficiente.

sificó como P-completos y son los que se pueden resolver con relativa facilidad, de modo que no presentan mayor dificultad para un computador. Pero había otro tipo de problemas que no eran tan amables y que Michael Wooldridge describe de una forma muy intuitiva, aquellos para los que: «es difícil encontrar soluciones [...], pero es fácil verificar si se ha encontrado una de ellas».[66] Estos se denominaron problemas NP-completos[67] y, de hecho, se conocen algunos. En 1972, el informático Richard Karp publicó una lista con veintiuno de ellos, la mayoría relacionados con combinatoria y teoría de grafos. La cuestión ahora era: ¿existe alguna manera de demostrar, *a priori*, si uno de estos problemas se puede resolver computacionalmente de una manera eficiente, al igual que sucede con los problemas P-completos?

La cuestión de la complejidad P versus NP permanece, a fecha de hoy, sin resolver, y es una de las grandes incógnitas de la teoría de la computación. Se trata de demostrar si el hecho de que podamos confirmar la solución conocida a un problema en un tiempo polinómico, implica también que podamos encontrar sus soluciones en un tiempo similar o si, por el contrario, existen problemas que no se pueden calcular en tiempo polinómico y requieren, por tanto, unas capacidades computacionales que pueden resultar inalcanzables. En el segundo caso, estaríamos diciendo que podría existir un límite computacional que, en consecuencia, complicaría mucho el desarrollo de la inteligencia artificial, porque, si así fuera, ¿dónde estaría ese límite y hasta dónde nos

---

[66] Wooldridge, Michael, *A brief history of artificial intelligence: what it is, where we are, and where we are going*, Nueva York, Flatiron Books, 2021 [2020]. [Cursivas en el original]. [Traducción de la autora].

[67] En el término NP-completos, la P, como en el anterior tipo de problemas, viene de «polinómico», la N, en cambio, de «no determinista» y se refiere a un tipo de máquinas de Turing que pueden realizar varias tareas a la vez, frente a las deterministas, que solo pueden hacer una. No entraremos en detalles técnicos en este sentido.

permitiría llegar? Es difícil determinarlo sin contar con un modelo del cerebro que nos indique, a su vez, dónde *necesitamos* llegar.

Y esto último era algo que el psicólogo George Miller ya había planteado en 1956, en «El mágico número siete, más o menos dos: algunos límites en nuestra capacidad de procesar la información». Este artículo habla de cuáles podrían ser los límites de la memoria del cerebro humano y en qué afectan a nuestra capacidad de procesamiento de la información, comprensión del lenguaje, resolución de problemas o toma de decisiones. Lo que expone Miller es que la cantidad de elementos que puede retener nuestra memoria a corto plazo se encuentra en torno a siete —el «número mágico»—. Extrapolar esta teoría al ámbito computacional sembró una de las primeras semillas que, junto con los problemas más técnicos, hizo que surgieran las primeras voces discrepantes y críticas respecto al optimismo exacerbado que había dominado el desarrollo de la inteligencia artificial durante las últimas décadas.

El periodo comprendido entre mediados de los años cincuenta y hasta, aproximadamente, los años setenta, se conoció como la «Edad Dorada» de la inteligencia artificial. Estuvo dominado por el entusiasmo y el optimismo de los primeros pasos en una disciplina que había comenzado a manifestar sus primeros logros. Sin embargo, acabó irremediablemente estancada a medida que se hacía patente que replicar el funcionamiento del cerebro, probablemente, requeriría más que proposiciones lógicas y algoritmos, por muy buenos resultados que estos pudieran ofrecer en algunos sentidos. La complejidad de la inteligencia humana fue el primer obstáculo que acabó sumiendo esas dos décadas de eclosión en lo que más adelante se bautizaría como «primer invierno de la inteligencia artificial».

Invierno

*El conocimiento y el entendimiento no se apoyan el uno
en el otro. El conocimiento es un montón de ladrillos
y el entendimiento es una forma de construir.*
THEODORE STURGEON, *Sexo opuesto* (1952)

La ciencia ficción es el género literario que más ha reflexionado sobre la naturaleza, las posibilidades y las consecuencias de la inteligencia artificial. Comprende numerosísimas historias acerca de ordenadores o robots superinteligentes que desean ser humanos o muestran comportamientos tan parecidos a los nuestros que nos llevan a dudar de su verdadera naturaleza. Algunos de los ejemplos más conocidos son Andrew, personaje del relato «El hombre bicentenario» (1976), de Isaac Asimov; el entrañable Data, de *Star Trek: la nueva generación,* o Mike, de *La Luna es una cruel amante* (1966), de Robert A. Heinlein. No se puede negar que la inteligencia artificial es un tropo muy popular en este tipo de literatura por todo lo que transmite, ya no de los robots y las máquinas, sino de nosotros. Pero ¿y si invertimos el deseo? ¿Existen narrativas en las que los seres humanos anhelen ser máquinas? Sí, las hay, aunque se trata de novelas menos populares. La corriente del ciberpunk de los años ochenta contempla un gran número y, vistas en perspectiva, podríamos pensar que la realidad está dando la razón a bastantes de sus argumentos. Aunque no llevemos implantes cerebrales, dependemos tanto de la tecnología que nos hemos vuelto inseparables de ella. Y no solo eso, la tendencia a evaluar a las personas en términos de trabajo, productividad y beneficios aumenta, en detrimento de una consideración más humana en la que primen las actitudes, las experiencias y las emociones.

En la segunda mitad del siglo xx, sobre todo cuando la inteligencia artificial comenzó a convertirse en una realidad, se presentaron dos tipos de aproximaciones a los avances en este ámbito: una en negativo (la reacción crítica) y otra en positivo (la búsqueda de una exitosa aplicación comercial).

Por un lado, la posibilidad de que las máquinas pudieran emularnos, aunque remota, parecía más real que en cualquier otro momento de la historia, y eso suscitó muchísimas reacciones críticas. Arrastrada por estas, la Edad Dorada de la investigación en inteligencia artificial empezó a decaer, hasta sumirse en un periodo de olvido al que más adelante se bautizaría como «primer invierno de la inteligencia artificial». Por otro lado, en los años sesenta empezaron a aparecer los denominados «sistemas expertos», que aspiraban a ser copias lo más perfectas posible de un cierto tipo de trabajador —aquel con un perfil muy especializado—. Dos décadas más tarde, en los años ochenta del siglo xx, se convirtieron en los primeros emuladores humanos con éxito comercial.

En cuanto a la primera cuestión, sobre las primeras reacciones en contra de la inteligencia artificial, estas nacieron de la reflexión sobre la complejidad del pensamiento que George Miller había planteado. Esa complejidad o carencia de recursos para explicar el funcionamiento de nuestro cerebro, atendiendo a todos sus matices, conformaría uno de los cimientos sobre los que se erigiría el muro de hielo con el que se topó la inteligencia artificial en la década de los setenta. Recibió ataques desde casi cualquier flanco. El debate trascendió, como no podía ser de otra manera, el ámbito de la técnica y la matemática, y se adentró en el campo de las humanidades.

No debe sorprendernos. Este tipo de reacciones en defensa de «lo humano» han sido siempre cíclicas. A lo largo de la historia, cualquier adelanto tecnológico que se haya atrevido a desafiar nuestra propia humanidad, por básico que nos pueda resultar bajo la mirada actual, ha ido acompañado de reacciones adversas. Sucedió con el ludismo del siglo XIX con algo que hoy se podría considerar tan inocuo como un telar, así que era esperable que el mismo tipo de rechazo y suspicacias, tal vez con más motivo, se produjeran con la inteligencia artificial. Algunos predijeron incluso el apocalipsis y el fin de nuestra especie tal y como la conocemos; otros auguraron futuros utópicos, en los que la tecnología sería la piedra filosofal que nos permitiría ser más rápidos, más fuertes, llegar más lejos… hasta el infinito.

Mientras McCarthy, Minsky, Newell, Simon o Weizembaum desarrollaban sus sistemas, los humanistas se limitaron a observarlos. Al principio lo hacían desde la distancia, pero acabaron implicándose cada vez más a medida que transcurrían las décadas.

En el caso de la inteligencia artificial, se podría decir que las voces que se alzaron a mediados del siglo XX —durante esos años que con el tiempo conformarían el «primer verano»—, no lo hicieron realmente en contra de esa tecnología como tal, sino que supusieron una reivindicación en favor del ser humano. Aquellos discursos eran una manera de seguir aferrados a la idea de que ninguna máquina podría replicar lo que somos, y a la voluntad de continuar ocupando el centro de algún universo, aunque solo fuera el de nuestra mente.

Una de esas voces fue la de un bibliotecario, Mortimer Taube, quien ya había desarrollado varios métodos de indexación y búsqueda de información para mejorar los existentes, tras la eclosión de artículos científicos y técnicos surgidos después de la Segunda Guerra Mundial. ¿Y qué mejor perfil que el de alguien acostumbrado a manejar y clasificar grandes cantidades de datos para entender cómo los gestiona nuestro cerebro? En 1961, publicó *Computers and common sense, the myth of thinking machines*. En este libro mencionaba las limitaciones de la inteligencia artificial aplicada a usos no numéricos, como la recuperación y la traducción automáticas, las simulaciones del sistema nervioso central, los programas de automejora... Criticaba, además, la falta de concreción y la superficialidad de muchas de las fantasiosas ideas que parecían copar el discurso de los abanderados de la inteligencia artificial, su falta de reflexión y filtros, o, como diríamos hoy, la «venta de humo»:[68]

En última instancia, nuestros ingenieros eléctricos e informáticos entusiastas deberían dejar de hablar de esta manera o afrontar la grave acusación de que están escribiendo ciencia ficción para excitar al público y ganar dinero fácil o una reputación sintética.

No obstante, ni fue el único ni el más implacable. Bastante más duro fue Hubert L. Dreyfus desde la Universidad de California,

---

[68] Taube, Mortimer, *Computers and common sense, the myth of thinking*, Nueva York, Columbia University Press, 2022 [1961]. [Traducción de la autora].

en Berkeley, donde trabajaba como profesor de Filosofía. Dreyfus se había interesado por la inteligencia artificial tras su paso por el MIT, lugar en el que también impartió clases. En su momento ya había realizado una reseña favorable de la obra Taube, y ese mismo año había intervenido en el mismo sentido —criticando las exageradas expectativas y el optimismo exacerbado— en una serie de conferencias ofrecidas en el propio MIT. Llegó a comparar la investigación en inteligencia artificial con la alquimia. De ahí el título del informe que escribió en 1965 para la corporación RAND: *Alchemy and AI*. En él criticaba la simplificación que, desde el mundo de la inteligencia artificial, se estaba realizando de la inteligencia humana y llegaba a otorgarle a aquella el estatus de pseudociencia. Más tarde, en 1972, amplió aquel informe hasta convertirlo en el libro *What computers can't do: a critique of artificial reason,* donde, básicamente, reivindicaba las particularidades que convertían la inteligencia humana en algo único.

Para Hubert Dreyfus, la descripción del comportamiento humano en términos de meras reglas formales era simplemente inverosímil, y estaba obsoleto respecto a las nuevas corrientes filosóficas, como la fenomenología[69] de Edmund Husserl, Martin Heidegger, Maurice Merleau-Ponty y otros, que él abrazaba con bastante mayor entusiasmo como herramienta para abordar esta cuestión. Criticaba, por tanto, los desarrollos simbólicos que, si bien habían alcanzado ciertos logros notables, se habían estancado ya en los primeros intentos de generalizar el comportamiento y pensamiento humanos. Argumentaba que los computadores no perciben el mundo de la manera integral en la que lo hacemos

---

[69] A muy grandes rasgos, la fenomenología estudia la experiencia humana en el mundo y cómo se manifiestan los fenómenos que ocurren a nuestro alrededor en nuestra conciencia. Esto es, cómo las ideas se manifiestan o desaparecen de nuestra mente y cómo esos procesos nos permiten obtener un conocimiento de la realidad.

nosotros, y que la inteligencia emerge como algo más que la suma de las partes de un todo mucho mayor. No podía, por tanto, separarse de lo que somos. Tampoco del contexto y del entorno, que los seres humanos tenemos en cuenta constantemente a la hora de tomar decisiones y que, en muchísimas ocasiones, define de forma más profunda nuestro comportamiento. La inteligencia artificial, por estos y otros motivos, nunca podría averiguar, según Dreyfus, las complejidades más profundas de la mente humana: había nacido con limitaciones.

Obviamente, el contraataque de los investigadores en inteligencia artificial no se hizo esperar, alegando que Dreyfus ni siquiera era consciente de lo que los computadores eran capaces de realizar, y lo acusaron de utilizarla para promover sus propias ideas filosóficas. Seymour Papert publicó incluso un memorándum en 1968, titulado *The artificial intelligence of Hubert L. Dreyfus: a budget of fallacies,* desmontando punto por punto el texto que el filósofo había escrito tres años antes. En él, aseveraría:[70]

> Simpatizo con los «humanistas» que temen que los avances técnicos amenacen nuestra estructura social, nuestra imagen tradicional de nosotros mismos y nuestros valores culturales. Pero existe un peligro mucho mayor al abandonar la tradición de una investigación intelectualmente responsable e informada con la inútil esperanza de una fácil resolución de estos conflictos.

La puntilla, sin embargo, llegó desde Reino Unido en 1973. El Science Research Council le había encargado a James Lighthill, profesor de Matemáticas que ostentaba la cátedra Lucasiana de

---

[70] Papert, Seymour A., *The artificial intelligence of Hubert L. Dreyfus: a budget of fallacies* [Memorándum], MIT, 1968. [Traducción de la autora].

la Universidad de Cambridge, un informe sobre el estado y las perspectivas de las investigaciones en inteligencia artificial en la que esta no salió, de nuevo, bien parada: «En ningún lugar dentro de la disciplina los descubrimientos realizados hasta ahora han producido el gran impacto que se prometió en su momento»,[71] llegaría a decir. El informe mencionaba, entre otros, el problema de la complejidad y de la explosión combinatoria —ese aumento en la complejidad de los problemas que los hace inabordables en la práctica, que ya hemos mencionado— con la que se había topado la inteligencia artificial, así como los constantes fracasos a la hora de salirse de los modelos controlados y generalizar su aplicación al mundo real. Y esto último, más allá de las confrontaciones y la diversidad de opiniones, fue lo verdaderamente determinante porque, sin aplicaciones prácticas, la financiación de todos aquellos proyectos incipientes empezó a desaparecer.

Durante esa magnífica Edad Dorada de la inteligencia artificial, universidades, Gobiernos e instituciones habían provisto de generosos fondos a los laboratorios para el desarrollo de diferentes aplicaciones. Si la Segunda Guerra Mundial había asentado unos cimientos tecnológicos sin precedentes, sobre todo en los campos de la aeronáutica, la energía atómica y la computación, la Guerra Fría se presentó como la oportunidad perfecta para empezar a construir sobre ellos. Y no es de extrañar que, en medio de aquel ambiente plomizo de paranoia política, uno de los primeros campos en los que se optó por aplicar la inteligencia artificial de manera práctica fuera el del procesamiento del lenguaje y la traducción automática. Se llevó a cabo especialmente en Estados Unidos, para facilitar el acceso a la documentación, tanto militar

---

[71] Lighthill, James, *Artificial intelligence: a general survey*, Science Research Council (SRC), 1973. [Traducción de la autora].

como diplomática y científica, que se generaba al otro lado del telón de acero.

Gran parte de la financiación de las investigaciones en inteligencia artificial procedía, por tanto, de instituciones gubernamentales. Se estima que, entre 1956 y 1965, se invirtieron 13 millones de dólares de la época —estaríamos hablando de unos 140 millones actuales— en desarrollar tecnologías de traducción.[72]

El destino de la traducción automática no fue diferente al del resto de desarrollos y se topó, aunque de otra manera, con el mismo problema: la complejidad, aunque esta vez no solo en cuanto a su base matemática. Aquellos sistemas tenían, con suerte, el vocabulario de un niño de tres años: manejaban alrededor de un millar de palabras. Por no mencionar las grandes carencias que presentaban en cuanto a la interpretación de los textos.

Yehoshua Bar-Hillel, filósofo, matemático y lingüista del MIT, que había trabajado en este campo desde principios de la década de los cincuenta y había organizado, en 1952, el primer congreso internacional al respecto, ya había dejado entrever —antes de que Chomsky irrumpiera en escena y estableciera lo contrario—, que la semántica sería uno de los grandes caballos de batalla de los sistemas del lenguaje. Por no mencionar el contexto y los aspectos socioculturales con los que se topaba la traducción automática. Igualmente, entonces los sistemas informáticos tampoco estaban

---

[72] Especialmente del ruso al inglés, por motivos diplomáticos y de espionaje, con sistemas como el Sistema Ruso Inglés del IBM Mark II con el que contaban en la base Wright-Patterson de las Fuerzas Aéreas, en Ohio, o el SYSTRAN Ruso-Inglés, creado por Peter Toma en 1968 en Georgetown, y uno de los supervivientes hasta nuestros días —Google lo utilizó hasta 2007—. DARPA, por su parte, estaba financiando con 3 millones de dólares anuales a la Universidad de Carnegie Mellon en el contexto de su programa SUR (Speech Understanding Research), que se concretó en sistemas como Hearsay-I, Dragon y HARPY, pero, eso sí, con un vocabulario escaso, dominios de aplicación muy restringidos y capacidades lingüísticas limitadas.

preparados para gestionar la cantidad de información y datos que hubieran sido necesarios para abordar una empresa similar.

En 1964 se creó, además, el ALPAC (Automatic Languaje Processing Advisory Comittee), que en 1966 emitió otro de esos informes implacables que terminó de sumir a aquel primer verano en el más helado de los inviernos. Sin los fondos gubernamentales y militares, que fueron decayendo de forma paulatina hasta prácticamente desaparecer, se perdió el poco oxígeno que aún permitía a la inteligencia artificial boquear en la superficie.

Aprendices de todo, maestras de nada

El primer invierno de la inteligencia artificial comenzó alrededor de 1974 y se extendió hasta 1980. A pesar de eso, no sería el más largo de los dos que ha habido hasta el momento. John Searle fue uno de los que ilustró en su momento de manera más gráfica la que sigue siendo una de las grandes cuestiones —y limitaciones— de la inteligencia artificial. En el artículo «Minds, brains and programs», publicado en la revista *Behavioral and Brain Sciences* —que luego ampliaría en forma del libro con el título *Minds, brains and science* en 1984—, plantea por primera vez el experimento mental de la habitación china. Este libro presenta un debate crucial: el de la inteligencia artificial débil, aquella restringida a cierto tipo de tarea o tareas, frente a la inteligencia artificial fuerte, o considerada inteligencia artificial general.

Lo que llevó a cabo Searle con el escenario de la habitación china fue darle una vuelta de tuerca al juego de imitación, o test de Turing, que el matemático inglés propuso en 1950, y actualizarlo a la luz de los nuevos adelantos y resultados. En él, Searle sugería lo siguiente: imaginemos que en una de las habitaciones tenemos un programa de inteligencia artificial simbólica, escrito en inglés, capaz de seguir las reglas de sintaxis y ortografía necesarias para expresarse en chino. En la otra, una persona hace lo propio de una forma muy convincente, porque le van explicando en inglés las reglas que debe seguir para expresarse en chino —aunque sin entender realmente este idioma—. Añadamos, además, que el desempeño del programa es lo suficientemente bueno como para pasar el test. El argumento de Searle es que, dado que el programa sigue el mismo método que el ser humano —manipular ciertas normas de sintaxis y ortografía sin necesidad de entender el idioma— y el ser humano realmente no entiende tampoco qué está diciendo, una prueba de este tipo no es ninguna demostración de que las máquinas puedan ser inteligentes en el sentido en que lo es nuestro cerebro.

Así comienza su artículo:[73]

¿Qué importancia deberíamos atribuir a los recientes esfuerzos por simular computacionalmente las capacidades cognitivas humanas? Encuentro útil distinguir a este respecto entre lo que llamaré IA «fuerte» e IA «débil» o «cauta». Según la IA débil, el valor fundamental de los computadores en el estudio de la mente radica en que nos proporcionan una herramienta muy poderosa. Por ejemplo, nos permiten formular y poner a prueba hipótesis de manera más rigurosa y precisa. Sin embargo, de acuerdo con la IA fuerte, el computador no es una mera herramienta en el estudio de la mente, sino más bien, si se programa de forma adecuada, una mente en sí en el sentido de que puede, literalmente, comprender y manifestar otros

---

[73] Searle, John, «Minds, brains and programs», *Behavioral and Brain Sciences*, vol. 3, n.º 3, 1980. [Traducción de la autora].

estados cognitivos. En la IA fuerte, debido a que el computador programado tiene estados cognitivos, los programas no son meras herramientas que nos permiten poner a prueba explicaciones psicológicas; los programas son, en sí mismos, explicaciones.

No tengo ninguna objeción hacia los postulados de la IA débil, al menos en lo que concierne a este artículo. Mi discusión estará dirigida a los postulados que he definido como IA fuerte, en especial el que señala que un computador programado de manera apropiada tiene, literalmente, estados cognitivos, y que, por tanto, explica la cognición humana. Cuando me refiera a IA, es la versión fuerte expresada en estos dos postulados la que tengo en mente.

Con esta distinción, quedó marcada una de las líneas fundamentales de la inteligencia artificial; podría argumentarse, incluso, que la estaba salvando, de alguna manera. Tras años de sequía, abrió la puerta a nuevas posibilidades y a la recuperación de un optimismo que, si bien no iba a ser el de la Edad dorada, al menos ayudaba a que la disciplina pudiera volver del ostracismo al que la habían condenado durante tantos años. Era evidente que el desarrollo de una inteligencia artificial fuerte estaba fuera de todo alcance, pero eso no significaba, en ningún caso, que la débil no pudiera ser útil a la hora de resolver otro tipo de problemas, como, de hecho, ya se había demostrado.

El caso es que, en la década de los ochenta, se recuperó de forma más comedida parte del entusiasmo que el «invierno» había hecho desaparecer. Y es que aquellas primeras inteligencias artificiales simbólicas encontrarían un uso práctico —y, sobre todo, rentable— que volvió a impulsar su desarrollo: los sistemas expertos. Tal vez estas no habían satisfecho las expectativas a la hora de aprender acerca de múltiples temas y establecer relaciones entre ellos, como lo hace una persona de forma innata, pero podían superar las capacidades humanas en entornos más restringidos, y esto les otorgaba una enorme ventaja en muchos ámbitos.

La investigación en modelos del lenguaje fue, en parte, lo que proporcionó una de las pistas clave sobre el nuevo rumbo. A la hora de abordarlos, se habían dado cuenta de que se precisaban diferentes «tipos de conocimiento»: semántico, pragmático, sintáctico, léxico, fonémico, fonético... —estos eran, por ejemplo, los que empleaba el sistema Hearsay creado en Carnegie Mellon—, entre los que había que establecer determinadas conexiones y reglas. Obviamente, estos tipos no eran los únicos, y aún menos cuando el rango de acción se ampliaba a sistemas que trabajaban en ámbitos distintos al del lenguaje. El enfoque en la década de los ochenta se centró, por tanto, en esta nueva aproximación: la inteligencia artificial basada en el conocimiento. Sistemas basados en datos, capaces de establecer relaciones y tomar decisiones a partir de ellos en un determinado campo, normalmente muy específico, pero que podía pertenecer a ámbitos tan dispares como la medicina, la química, las finanzas, la ingeniería... Se estaba dando el segundo de los tres pasos que acercarían los sistemas de inteligencia artificial a nuestras vidas: esta iba a salir de los laboratorios y a ofrecer aplicaciones prácticas al conjunto de la sociedad.

DENDRAL (Dendritic Algorithm) fue el primero de estos sistemas expertos, creado antes de que estos alcanzaran su punto álgido, entre 1965 y 1975, en la Universidad de Stanford. Su artífice fue Edward A. Feigenbaum, que había implementado en un ordenador un modelo que simulaba el aprendizaje verbal, EPAM (*elementary perceiver and memorizer*) durante su tesis de doctorado, tutelada por Herbert A. Simon. En 1983 Feigenbaum hizo una declaración de intenciones que se convirtió en el lema de toda esta etapa:[74]

> El conocimiento es poder y la computadora es una amplificadora de ese poder. Nos encontramos en los albores de una nueva revolución informática. [...] la de la transición del procesamiento de información al conocimiento, de computadoras que calculan y almacenan datos a otras que razonan e informan. La inteligencia artificial está saliendo de los laboratorios y comienza a reclamar su lugar en los asuntos humanos.

Las cuatro primeras palabras, «el conocimiento es poder»,[75] definieron el espíritu del nuevo resurgir de la inteligencia artificial tras el primer invierno.

Por su parte, DENDRAL había cosechado un gran éxito en su momento. Utilizaba conocimientos de química y datos proporcionados por espectrómetros de masas para predecir la forma de moléculas orgánicas desconocidas; y lo conseguía con cierta dignidad, hasta el punto de que, a mediados de la década de los ochenta, su uso ya estaba bastante extendido en muchos entornos académicos.

Pronto llegaron más sistemas expertos, como MYCIN[76] en el campo de la medicina, capaz de identificar posibles bacterias causantes de infecciones en los pacientes, así como diversos tipos de enfermedades relacionadas con la coagulación de la sangre,

---

[74] Feigenbaum, Edward A. y McCorduck, Pamela, *The fifth generation, artificial intelligence and Japan's challenge to the world*, Massachusetts, Addison-Wesley, 1983 [Traducción de la autora].

[75] *Scientia potentia est* es un aforismo atribuido, habitualmente a Francis Bacon, pero que aparece escrito por primera vez en la edición de 1668 del *Leviatán* de Thomas Hobbes. Es posible que Feigenbaum obtuviera estas palabras de ahí.

[76] El nombre proviene del sufijo *-mycin* ('-micina'), bastante habitual en antibióticos.

y sugerir el tratamiento antibiótico más adecuado. MYCIN se desarrolló también —como DENDRAL—, en la Universidad de Stanford durante los años setenta. Esta vez se trató de una colaboración entre expertos del Laboratorio de Inteligencia Artificial de esta institución, liderados por Bruce Buchanan, y el equipo de Ted Shortlife, de la Escuela Médica. Este sistema, además, tenía otra peculiaridad: era capaz de explicar y justificar el proceso a través del cual había llegado a sus conclusiones. Especificar los pasos que le habían llevado a un diagnóstico permitía a los médicos comprobar si este tenía sentido, de manera que podían aplicar con mayor fiabilidad el tratamiento adecuado.

Ahora bien, fue una compañía privada, DEC (Digital Equipment Corporation),[77] la que propició el cambio de paradigma que llevó los sistemas expertos al éxito comercial. Uno de los problemas a la hora de adquirir un ordenador en los años setenta —y recordemos que todavía no se habían generalizado los ordenadores personales— era montarlo y configurarlo, ya que tanto los distintos componentes como el *software* se vendían por separado y esto traía aparejados bastantes inconvenientes para los usuarios, que solían ser empresas e instituciones. Para tratar de solucionarlos, la compañía creó un sistema experto en 1978, R1/XCON (de *eXpert CONfigurer*) con el objeto de asistir a los técnicos en todo el proceso de venta y configuración de sus computadores de la serie VAX. Se estima que le ahorró a la compañía unos 40 millones de dólares.

---

[77]   DEC fue una empresa de minicomputadores fundada en 1957 por Ken Olsen y Harlan Anderson, que habían pasado previamente por el Laboratorio Lincoln del MIT. Era habitual ver computadores de su línea PDP, más barata y con mejores prestaciones que un IBM en aquella época, en muchos de los laboratorios de la época. Fue, de hecho, en un PDP-1 perteneciente al MIT, donde Steve Russell programó el *Spacewar!*.

Aunque no fueron los únicos, estos tres desarrollos resultaron determinantes para el éxito de estos primeros sistemas comerciales de inteligencia artificial, por los distintos motivos que indica Michael Wooldridge: «DENDRAL mostró que los sistemas expertos podían ser útiles, MYCIN, que eran capaces de superar a los expertos humanos dentro de su propio campo y R1/XCON, que resultaban rentables».[78]

Así pues, en los años ochenta llegó un nuevo verano para la inteligencia artificial, el segundo, solo que ahora la financiación, además de provenir de fuentes gubernamentales, procedía también de manos privadas y de inversiones de capital de riesgo que fluían hacia las nuevas *start-ups* que estaban proliferando. Y esto no solo para el desarrollo de *software*, sino que se incluía el *hardware*, con el objetivo de mejorar la eficiencia en la ejecución del código LISP o Prolog, en el que se escribían la mayoría de estos programas. Por primera vez, asimismo, se intentaron crear interfaces amigables y accesibles —denominadas *shells*, 'caparazones', 'cáscaras', una especie de predecesores de las interfaces gráficas— para que usuarios sin conocimientos de programación pudieran utilizar estos sistemas. De este modo, el desarrollo de las máquinas LISP tuvo repercusiones muy positivas en la informática moderna y en el éxito de los ordenadores personales, que estaban desarrollándose en ese momento, sobre todo gracias a las nuevas interfaces gráficas que surgieron a partir de la invención[79] del primer ratón de ordenador, por parte de Douglas Engelbart.

---

[78]   Wooldridge, Michael, *A brief history of artificial intelligence: what it is, where we are, and where we are going*, Nueva York, Flatiron Books, 2021 [2020]. [Traducción de la autora].

[79]   A la presentación que hizo, donde mostró un ratón por primera vez, entre otras tecnologías que hoy forman parte de nuestro día a día, se la conoce como «Madre de todas las demos», por el impulso que supuso dentro del campo de la informática. Se puede ver, dividida en tres partes, en la siguiente lista de Youtube: https://www.youtube.com/watch?v=UhpTiWyVa6k&list=PLCGFadV4F qU3flMPLg36d8RFQW65bWsnP

Se estima que, en 1986, los beneficios obtenidos con los sistemas expertos ascendieron a alrededor de 425 millones de dólares.

Los sistemas expertos lograron realizar tareas que, en principio, no parecían muy trascendentales, o al menos no todo lo que uno esperaría de la inteligencia artificial. Uno de los casos que mejor ejemplifica su utilidad tuvo lugar en Nueva Jersey, en la sede de Sopas Campbell —¡Sí! ¡Sopas!—, donde Aldo Cimino, responsable del proceso de esterilización de los productos de esta marca, llevaba cuarenta y seis años trabajando. Cerca de su jubilación, sus jefes le plantearon informatizar todo el conocimiento que había adquirido durante esas décadas para no perderlo con su marcha; y así se hizo. El encargado de desarrollar un sistema experto basado en el conocimiento de Cimino fue, en este caso, Richard Herrods, de Texas Instruments. Aquel diría que, en cualquier caso, la máquina sabía «tan solo» un 85 % de lo que él atesoraba y añadiría: «He recopilado muchísima información a lo largo de los años. Hay determinadas cosas que jamás han ido mal en la cocina y que [si surgen] la computadora no sabrá arreglar. Siempre existirá el factor humano».[80] Es decir, opinaba que la máquina no sería capaz de responder y adaptarse a nuevos posibles problemas que aún no habían tenido lugar.

Anécdotas aparte, lo cierto es que los sistemas expertos se utilizaron casi en cualquier ámbito. General Motors llevó a cabo algo similar a Sopas Campbell al crear un sistema para el diagnóstico de locomotoras eléctricas, DELTA (*diesel electric locomotive troubleshooting aid*), basado en el conocimiento de David Smith, otro empleado a punto de jubilarse. Los Laboratorios Bell contaban

---

[80] United Press International, «'Expert System' Picks Key Workers' Brains: Computers: From airport gate-scheduling to trouble-shooting, technology allows companies to store key employees' know-how on floppy disks», *Los Angeles Times*, 7 de noviembre de 1989. [Traducción de la autora].

también con su propio sistema para detectar averías en las redes telefónicas y recomendar soluciones. PROSPECTOR, desarrollado en Stanford, asistía a los geólogos a la hora de evaluar diferentes emplazamientos y los posibles depósitos minerales que podrían encontrarse en ellos. FOLIO se encargaba de la gestión de carteras de inversión en función de las posibilidades y objetivos del cliente. La labor de WILLARD consistía en trabajar como asistente meteorológico. MOLGEN estaba pensado para el ámbito de la genética y la biología molecular, y podía ayudar a un investigador en la manipulación de fragmentos de ADN o predecir las consecuencias de determinadas alteraciones de este. INTERNIST-I fue otro programa de diagnóstico médico... Existen numerosos ejemplos, pero hubo un proyecto en concreto que se propuso superar a todos los demás: el Proyecto Cyc de Douglas Lenat.

Los enciclopedistas

El conocimiento y, sobre todo, su almacenamiento, ha marcado el destino de la especie humana. Podríamos remontarnos a las primeras civilizaciones y a los huesos con muescas y, desde ahí, trazar una línea cronológica continua, pasando por la escritura y sus soportes materiales —arcilla, papiro, pergamino, papel...—, hasta los modernos discos SSD. En los años ochenta, los sistemas expertos permitían gestionar grandes cantidades de información de forma más eficiente que nunca, pero seguían teniendo un alcance limitado. ¿Sería posible ampliarlos a un tipo de conocimiento mucho más general y cotidiano? Ese fue el objetivo de Douglas Lenat, en un principio, tras doctorarse en Stanford y recibir en 1977 el Computers and Thought Award. Tenía a sus espaldas varios logros dentro del mundo de la inteligencia artificial, así como cierta reputación.

Lenat pensaba que los sistemas expertos podían ser la clave para el desarrollo de una inteligencia artificial general, que todo era cuestión de alimentarlos con el conocimiento apropiado; y se propuso crear uno diferente a los que se estaban desarrollando en ese momento: pretendía que estuviera basado en el sentido común. Algo así como una enciclopedia del conocimiento «de estar por casa» con el que los humanos nos desenvolvemos en el mundo. Incluiría afirmaciones del tipo: «Los pájaros vuelan», «Los gatos no vuelan», «Los pájaros muertos no vuelan», «Un pequeño número de pájaros no vuelan, como, por ejemplo, los avestruces, los emúes...»,[81] y sentencias similares. Lenat se refería a él como «proyecto memoma humano» —de -*mnemo*, 'memoria', y -*oma*, 'conjunto'—, no obstante, el nombre con el que se le bautizó oficialmente fue Cyc Project —de la segunda sílaba de la palabra inglesa *encyclopedia*—.

En un principio se llegó a estimar que, dada la envergadura del proyecto, ya que toda aquella información se tendría que introducir a mano en el sistema, se necesitarían varios cientos de años para llevarlo a cabo. Eso no desmotivó a Lenat, que consideraba que a medida que avanzara la tecnología, los métodos computacionales y de aprendizaje también lo harían y, al final, el propio sistema sería capaz de aprender y realizar por sí mismo muchas de esas tareas tediosas de los inicios. En 1984 recibieron los primeros fondos para desarrollarlo de la mano de MCC (Microelectronics and Computer Technology Corporation); ahora, bajo el amparo de

---

[81] McCorduck, Pamela, *Machines who think. A presonal inquiry into the history and prospects of artificial intelligence*, Massachusetts, A. K. Peters Ltd., 2004. [Traducción de la autora].

Cycorp, fundada *ex profeso* por Douglas Lenat a finales de 1994. El Proyecto Cyc continúa vivo cuarenta años después.[82]

Si eso es bueno o malo... depende de cómo se mire. Tal vez el tiempo que ha transcurrido no justifique los resultados obtenidos frente a los que se pretendía en un inicio —una inteligencia artificial general—, pero lo cierto es que sí ha aportado mucha información sobre cómo organizar grandes sistemas basados en el conocimiento. En un momento en el que internet no era la red generalizada que es hoy, tiene muchísimo mérito haber planteado algo de esta envergadura y cuyo camino siguieron compañías como Google, tres décadas después, con su Knowledge Graph, una base de conocimiento muy parecida a Cyc, pero ideada para mejorar los resultados de su buscador. Cyc se sigue mejorando, adaptándose a los recursos y tecnologías modernas y, en los últimos tiempos, ya se ha conectado con algunas bases de datos en línea.

La amenaza de un segundo invierno

Si algún mérito se le puede atribuir a los sistemas expertos es haber conseguido que la inteligencia artificial irrumpiera en el ámbito comercial, convirtiéndose en una herramienta. Por fin abandonaba la caverna académica y salía al mundo real. Y esto, como todo, tuvo sus pros y sus contras.

Hasta la eclosión de la inteligencia artificial comercial, los encuentros entre los profesionales del campo habían sido eventos relativamente minoritarios, en los que se reunía la pequeña comunidad académica que hasta entonces conformaba la disciplina.

---

[82] Se puede consultar información sobre el proyecto y los productos de la compañía en la actualidad en su página web: https://cyc.com/.

Dartmouth, pese a la importancia que, con el tiempo, le ha otorgado la historia, se podría decir que apenas fue un encuentro entre amigos. Prácticamente los mismos que, en 1979, fundaron la American Association of Artificial Intelligence (AAAI) —entre ellos, Allen Newell, Edward Feigenbaum, Marvin Minsky y John McCarthy—, que celebró su primer congreso anual al año siguiente. Para finales de la década de los ochenta, ese tipo de acontecimientos ya no eran solo específicos del mundo académico, y eventos como las International Joint Conferences on Artificial Intelligence (IJCAI) atraían a profesionales de todos los ámbitos convirtiéndose en auténticas ferias de muestras.

En aquel momento, las voces de los que habían vivido el primer invierno de la inteligencia artificial empezaban a alzarse otra vez y a advertir sobre la nueva burbuja de expectación que se estaba creando. Dos de las más prominentes fueron las de Marvin Minsky y Roger Schank,[83] quienes, tras haber aprendido la lección, en 1984 se estaban dando cuenta de lo que podía volver a suceder. El segundo se aventuró a predecir:[84]

Me asusté cuando las grandes empresas empezaron a meterse en esto —Schlumberger, Xerox, Hewlett-Packard, Texas Instruments, GTE, Amico, Exxon—, todas empezaron a invertir, todas tenían un grupo de IA. Es entonces cuando uno empieza a preguntarse quién podría trabajar en esos grupos. No tenemos tanta gente. [...] Lo que va a pasar es que esas empresas se darán cuenta de que sus equipos

---

[83] Roger Schank fue un teórico de la inteligencia artificial y psicólogo cognitivo, graduado en Matemáticas por la Universidad de Carnegie Mellon y doctor en Lingüística por la Universidad de Stanford. Fue profesor de Informática y Psicología en la Universidad de Yale, donde también ocupó el puesto de director del Proyecto de Inteligencia Artificial de dicha institución.

[84] McDermott, Drew, Waldrop, M. Mitchell, Schank, Roger, Chandrasekaran, B., McDermott, John, «The dark ages of AI: A panel discussion at AAAI-84», *AI Magazine*, vol. 6, n.º 3, 1985. [Traducción de la autora].

no están rindiendo tan bien como esperaban. Cuando lo hagan, se quejarán; empezarán a hablar mal sobre la IA.

Y no iba desencaminado, porque al cabo de poco tiempo, el hecho de pronunciar las palabras «inteligencia artificial» se convirtió en algo parecido a expresar en público algún tipo de magufería sin fundamento. Fueron ellos quienes acuñaron la expresión «invierno de la IA» —que, con el tiempo, se aplicó a los diferentes periodos de estancamiento—, por analogía con el «invierno nuclear», un concepto muy utilizado en aquel momento por científicos como Carl Sagan, ante la amenaza que suponían los arsenales que se estaban desarrollando y la posibilidad de una guerra nuclear.

Para Marvin Minsky, el éxito de los sistemas expertos no supuso un salto cualitativo en la manera de entender la inteligencia artificial, sino cuantitativo: en esencia, los programas utilizaban los mismos principios desarrollados hacía veinte años, lo que había cambiado era la potencia de cálculo de que se disponía ahora y los hacía posibles. Sin embargo, surgieron muchos otros problemas.

Por un lado, estaba la cuestión de las actualizaciones, que ampliaban los sistemas y les daban mayor alcance, pero acarreaban también desventajas: aumentaban su complejidad y dificultaban las tareas de mantenimiento, con lo que, en la práctica, no compensaba demasiado. Ampliar cualquiera de estos sistemas para mejorarlo también significaba aumentar las dificultades de entender cómo funcionaban y predecir su comportamiento; utilizaban reglas muy claras, pero la combinación de estas no solía serlo tanto y, en ocasiones, ofrecían resultados inesperados, llenos de inconsistencias y errores con los que no era fácil lidiar, aunque se utilizaron estrategias para ello, como el establecimiento de prioridades a la hora de afrontar la solución de un problema. A esto último se le llamó el «cuello de botella de la adquisición del conocimiento»: este era demasiado extenso para las capacidades técnicas de las que se disponía. Por otro lado, seguía latente la cuestión de la representación y comprensión del pensamiento humano. Transferir el conocimiento del cerebro a una máquina no era una tarea nada sencilla, en parte, porque nuestros pensamientos, razonamientos y decisiones están sujetos a cierta indeterminación —basada normalmente en criterios subjetivos asociados a nuestra experiencia—, e integrar eso en una máquina es muy difícil. En cualquier caso y, aun consiguiendo codificar todos los datos de una forma aceptable, uno de los grandes problemas era que los sistemas expertos continuaban sin saber realmente qué estaban haciendo y tampoco eran capaces de aprender por sí mismos.

La amenaza inicial de que este tipo de sistemas pudiera llegar a reemplazar a trabajadores humanos empezó a desvanecerse muy pronto: en muchos ámbitos, los nuevos robots no eran lo suficientemente eficientes. Pensemos en el campo de la medicina: se necesitaba un sistema experto para cada especialidad, pues no se había logrado integrar el mayor número posible de ellas en uno solo. Esto implicaba que los médicos tenían que dedicar un tiempo del que no disponían a aprender el funcionamiento de cada uno de estos sistemas por separado, con lo que, en la práctica, no suponían ninguna ventaja.

En esta ocasión, el nuevo invierno cayó en forma de glaciación, porque, a diferencia del primero, este duró más de dos décadas, las que transcurrieron entre 1988 y 2011. Esto no significa que no se produjeran avances durante este tiempo, pero lo cierto es que la inteligencia artificial adoptó un papel mucho más discreto.

Mente artificial en un cuerpo artificial

Si a alguien le suena el nombre de Rodney Brooks, seguramente sea por el título que se le adjudicó de «inventor de la Roomba», aunque, en realidad, no fue el primero en diseñar un aspirador robótico. Tampoco fue suya la idea, ni fue él quien desarrolló los primeros dispositivos de este tipo. Pero en 1990, junto con Colin Angle y Helen Greiner,[85] fundó la empresa iRobot que fabrica estos pequeños electrodomésticos. Brooks recuperó una visión que, en su momento, se descartó casi tan pronto como surgió: la de la necesidad de interacción real de las inteligencias artificiales con el entorno.

Para que esa interacción pudiera producirse, era necesario, en primer lugar, dotar a las inteligencias artificiales de un cuerpo, algo casi impracticable tecnológicamente con los medios con los que se contaba. La única solución que se había planteado hasta el momento fue el Mundo de Bloques que habían desarrollado Marvin Minsky y Seymour Papert. Sin embargo, este entorno virtual, para Rodney Brooks, adolecía del factor más importante: la percepción, que se obtenía a través de la experiencia física, tangible, con aquello que nos rodea. No se trataba de actuar, sino también de analizar y pensar en situaciones reales que el Mundo de Bloques no ofrecía. Para él, la lógica y el razonamiento, esto es, la base de la inteligencia artificial simbólica, no debían ser el punto de partida, sino la interacción con el mundo, pues esta podía desencadenar que emergieran propiedades «inteligentes» en los sistemas.

De alguna manera, Brooks defendía lo mismo que pioneros como William Grey Walter, el creador de las tortugas robóticas Elmer y Elsie, plantearon en los años cuarenta con el auge de la

---

85   Los tres habían pasado por el Laboratorio de Inteligencia Artificial del MIT.

El origen del aspirador robótico se remonta a los inicios de la historia de la IA. Fue iRobot quien creó el primero que tuvo éxito comercial, la Roomba, en 2002.

cibernética. El individuo forma un todo con su entorno, y no se puede crear inteligencia de forma ajena a este. Para explicar su postura, formuló lo que se podría traducir como «hipótesis de conexión al mundo físico»:[86]

Aceptar la hipótesis de la conexión al mundo físico como base para la investigación implica construir los sistemas de abajo arriba, esto es, se deben concretar las abstracciones de alto nivel. Los sistemas que se construyan deben ser capaces, en última instancia, de expresar todas sus metas y deseos como acciones físicas y extraer todo su conocimiento de sensores. Esto implica que el diseñador se verá obligado a formularlo todo de manera explícita. Cada atajo que se tome tendrá un impacto directo sobre la competencia del sistema, ya que las representaciones [simbólicas] de entrada/salida no dejan ningún margen.

[86] Brooks, Rodney A., «Elephants don't play chess», *Robotics and Autonomous Systems*, vol. 6, n.º 1-2, 1990. [Traducción de la autora].

La diferencia entre Rodney Brooks y otros críticos de la inteligencia artificial fue que no se limitó a avivar el debate de forma conceptual, sino que llevó su enfoque a la práctica, sobre todo en el MIT, en forma de todo tipo de robots con nombres como Allen, Herbert, Seymour, Toto, Genghis, Squirt, Tom y Jerry, y Labnav —cabe decir que la mayoría de estos nombres son ya, a estas alturas del libro, referencias bastante reconocibles—.

Estos cachivaches eran capaces, entre otras cosas, de sortear obstáculos (Allen), recoger latas vacías de refresco de las oficinas del MIT y tirarlas al contenedor de reciclaje (Herbert), adaptarse a terrenos irregulares (Genghis), detectar ruidos y seguirlos para luego esconderse de ellos (Squirt), guiarse por un sistema de visión (Toto)... Y lo llevaban a cabo de forma completamente autónoma.

Además de la inteligencia artificial simbólica y la conexionista —que, recordemos, había quedado también en suspenso— ahora cobraba vida un nuevo enfoque: la inteligencia artificial conductual. Para ello, Rodney Brooks creó la arquitectura de subsunción. Hasta el momento, los robots contaban con una única unidad de procesamiento que se encargaba de la toma de todas las decisiones. En la aproximación de Brooks, existen diferentes capas —con determinadas jerarquías de competencias— que se encargan de tareas específicas. Por ejemplo, una capa podría encargarse de explorar, otra del seguimiento de objetos y otra de evitar un obstáculo. Así, el sistema se alimenta con los datos del entorno, que obtiene a través de sus sensores, y los acopla a determinadas acciones de respuesta que van «de abajo arriba»; esto significa que descompone los comportamientos complejos en otros más sencillos y establece jerarquías de competencias, de tal manera que los niveles inferiores, o más básicos, quedan incluidos en los superiores. Esta es, precisamente, la manera de funcionar de una

Roomba a través de la información que recibe de sus sensores de contacto, ópticos, etc. En este tipo de aspirador, en la capa o nivel más básico se encontraría la instrucción de evitar caídas; por encima de esta, evitar obstáculos; luego, seguir los bordes de las paredes... y así sucesivamente. Cada capa inferior estaría contenida en las superiores, de tal manera que una Roomba puede llevar a cabo acciones con diferentes niveles de complejidad sin desatender aquellas otras más simples. Por ejemplo, sería absurdo ordenarle que pudiera volver a su base de carga sin tener en cuenta que no debe chocarse con los muebles ni caerse escaleras abajo. Todos los niveles están relacionados de forma jerárquica entre sí.

¿En qué consistió el problema en esta ocasión? De hecho, fue uno muy parecido al que se había encontrado la inteligencia artificial simbólica y luego los sistemas expertos: escalar los sistemas; esto es, ampliarlos y darles más competencias o carga de trabajo. La inteligencia artificial conductual era muy útil para crear robots con un abanico de comportamientos limitado, pero se daba de bruces, de nuevo, con la cuestión de la complejidad y los matices de la inteligencia biológica. Un comportamiento elaborado no era, necesariamente, la suma de varios simples, y predecir los resultados acababa convirtiéndose en un dolor de cabeza, ya que el método de prueba y error, en este caso, no era una manera eficiente de abordar el problema.

No obstante, la visión conductual de la inteligencia artificial y el trabajo de Rodney Brooks no cayeron en saco roto. En medio del segundo invierno de la inteligencia artificial, su compañía había lanzado al mercado una de las primeras aplicaciones que llegó a los usuarios: la mencionada Roomba —en 2002—, que recibió una espectacular acogida. Hasta el punto de que en la segunda década del siglo XXI ya no sorprende encontrar este tipo de aspiradores en los hogares. Llegados a este punto, era evidente que la inteligencia no se trataba solo de razonamiento lógico, pero tampoco parecía que fuera a manifestarse a partir de una suma de interacciones con el entorno más o menos complejas. Tal vez la solución estribaba en encontrar una combinación de los éxitos que se habían logrado en inteligencia artificial simbólica y sistemas expertos, por un lado, e inteligencia artificial conductual, por otro.

Por ese motivo se propuso la inteligencia artificial basada en agentes: se buscaron sistemas autocontenidos, esto es, que pudieran operar de manera autónoma e independiente y desempeñar tareas en entornos controlados sin intervención humana. Debían ser capaces, además, de reaccionar a los estímulos externos y adaptarse al ambiente —como los sistemas conductuales—, de planificar y tomar decisiones —como los sistemas simbólicos— y de colaborar, tanto con otros sistemas similares, como con el usuario; es decir, debían tener un componente «social», algo que, hasta el momento, no se había planteado.

Steven Vere y Timothy Bickmore, creadores de HOMER, uno de estos agentes, los describieron como:[87]

Nuestra concepción de un agente es un artefacto integrado de inteligencia artificial (IA), que vive (en la actualidad) en un entorno simulado, que puede comunicarse a través del lenguaje natural de forma limitada,[88] así como planificar, razonar, actuar y percibir su entorno, y reflexionar sobre sus experiencias.

---

[87]   Vere, Stephen y Bickmore, Timothy, «A basic agent», *Computational intelligence*, vol. 6, n.º1, 1990. [Traducción de la autora].

[88]   HOMER manejaba un vocabulario de ochocientas palabras.

Y añadieron:

A principios de 1987, al comienzo de este proyecto, nos preguntábamos por qué nadie había construido todavía un agente con estas capacidades. No parecían existir barreras reales. Las investigaciones sobre los factores que conforman la inteligencia, como son la planificación, el razonamiento temporal, la representación del conocimiento, el aprendizaje y la comprensión, y la generación del lenguaje natural, han hecho grandes progresos. La tesis subyacente en este trabajo es que la investigación de los componentes de la IA y el *hardware* informático han progresado hasta el punto en que ahora es posible, a través de un esfuerzo consciente, construir un agente completo e integrado.

De nuevo disponemos de un claro ejemplo en el que vemos que las ideas suelen preceder en el tiempo nuestra capacidad de realizarlas, y que solo se llevan a cabo después de que el contexto haya sentado las bases suficientes.

HOMER, como bien indican sus creadores, fue un programa que recordaba, en cierta medida a SHRDLU y el Mundo de Bloques, aunque era algo más avanzado. Se trataba de un pequeño submarino que navegaba por un mar virtual en el que tenía que enfrentarse a diferentes obstáculos, algunos fijos, como islas o rocas, y otros móviles, como troncos, barcos, minas e incluso icebergs. Era capaz de conocer su propia localización, de ubicarse de forma temporal —podía estimar cuánto tiempo le podía llevar ejecutar una tarea—, y mostraba ciertos destellos de lo que podría considerarse «sentido común».

El cambio cualitativo en la inteligencia artificial basada en agentes lo provocaba el hecho de que podía ser proactiva y no limitarse a recibir instrucciones de un operador humano, algo muy útil para utilizarla como asistente, y, aunque en aquel momento su potencial no se había desarrollado por completo, internet y el acceso a los datos permitirían su mayor desarrollo con posterioridad.

De un azul profundo

Merece la pena detenernos brevemente para hablar de otra rama de la inteligencia artificial que, si bien permaneció siempre en segundo plano, durante la década de los noventa consiguió alcanzar uno de los hitos que copó innumerables titulares en su momento: los juegos. Estos, a la hora de la verdad, han sido los que, de alguna manera, han mantenido la ilusión por la inteligencia artificial cuando no se anunciaban muchas más novedades respecto a ella.

La idea de una máquina que pudiera derrotar a un ser humano en un juego de tablero es de las más antiguas relacionadas con la inteligencia artificial. De la misma manera que el deporte siempre ha representado una manera de demostrar las habilidades físicas, y se ha ensalzado a quien, a lo largo de la historia, ha destacado en él, los juegos de tablero, sobre todo los de lógica —como el *backgammon*, las damas y, más que ninguno, el ajedrez— han representado una manera de demostrar las capacidades intelectuales. De hecho, si existe algún juego al que siempre hemos asociado con la inteligencia y la genialidad, este ha sido el último que hemos mencionado, el ajedrez. No es de extrañar, entonces, que su papel dentro de la historia de la inteligencia artificial haya sido más que destacado.

En la búsqueda de una inteligencia artificial que, tal vez, pudiera superarnos, uno de los grandes desafíos siempre fue conseguir que alguna ganara a un gran maestro de ajedrez. Un desafío que, si lo vemos con los ojos del presente, resulta algo ingenuo, pues la historia ha demostrado, y lo hemos comentado a través de las páginas de este libro, que, precisamente, los grandes problemas de la inteligencia artificial se relacionaban más con esas características de la inteligencia, que pasan en su mayor parte desapercibidas —la intuición, la creatividad, el sentido común—, que con el razonamiento lógico, con el que durante mucho tiempo se ha identificado a los grandes genios.

Una de las mejores demostraciones de esta búsqueda es la del Turco de Wolfgang von Kempelen, un autómata capaz de jugar al ajedrez que alcanzó grandes cotas de popularidad —se enfrentó a personalidades como Benjamin Franklin o Napoleón Bonaparte— durante más de ocho décadas a caballo entre los siglos XVIII y XIX, y que resultó ser una estafa. Lo crucial, en este caso, no es que lo fuera, sino lo que representaba: esa eterna búsqueda —omnipresente en estas páginas—, o el eterno temor, de que una máquina superara a un ser humano en aquello que lo diferenciaba del resto de la creación, es decir, en su inteligencia.

En 1947, Arthur Samuel —uno de los asistentes a la conferencia de Dartmouth, y el mismo que acuñó el término *machine learning*— ya había tratado de programar un juego de damas, que no consiguió que alcanzara el nivel suficiente como para jugar de forma profesional hasta 1962, cuando derrotó al campeón estatal de Connecticut, Robert Nealy. En 1977, no obstante, fue otra máquina la que se tomó la revancha contra la de Samuel, la construida por de Eric C. Jensen y Tom R. Truscot en la Universidad de Duke.

Poco después, el 5 julio de 1979, salió en las noticias que Luigi Villa, campeón del mundo de backgammon, había sucumbido en Montecarlo ante un programa de ordenador. «Gammonoid», como lo habían bautizado, era un «robot semiantropomorfizado de tres pies y medio con una pantalla de televisión y un teclado».[89]

Se tardaría algo más en el ajedrez, que resultaba más complejo que los dos juegos anteriores, en alcanzar ese logro. Y eso que, desde los albores de la inteligencia artificial moderna había ocupado, de alguna manera, el centro de la escena, aunque de forma discreta. El ajedrecista, de Leonardo Torres Quevedo, ya había cosechado un gran éxito. También el ajedrez protagonizó muchas de las conversaciones entre Alan Turing y Claude Shannon en los Bell Labs. El segundo publicó, en 1950, el primer artículo académico acerca del ajedrez computacional, «Programming a computer for playing chess». Turing habló del tema en 1953, en «Digital computers applied to games» y, si bien se desarrollaron varios programas en esa misma década, no fue hasta finales de la siguiente cuando alcanzaron un nivel de juego aceptable y experimentaron cierto *boom*.

Hay que tener en cuenta que, a diferencia de los sistemas más modernos, ya basados en el aprendizaje automático, los primeros juegos de ajedrez por computador creados en la segunda mitad del siglo XX se basaban en reglas simbólicas y algoritmos capaces de analizar la situación del tablero y valorar diferentes movimientos, así como los del oponente. Y, a pesar de estas limitaciones, llegó un momento en el que empezaron a sumar victorias.

Uno de los primeros en caer derrotado frente a uno de estos programas, creado por Richard Greenblatt, estudiante del MIT bajo la supervisión de Marvin Minsky, fue, irónicamente Hubert L. Dreyfus, el azote del desarrollo de la inteligencia artificial durante los años sesenta y setenta. En esta última década, ya se estaban

---

[89]   Allen, Henry, «Gammonoid the conqueror», *The Washington Post*, 17 de julio de 1979. [Traducción de la autora].

organizando los primeros torneos de ajedrez entre máquinas y pronto estas empezaron a competir contra humanos. Para la década de los ochenta ya se ofrecían los primeros y suculentos premios en metálico para aquel programa de ajedrez que lograra derrotar a un campeón del mundo. Algo que no sucedería hasta 1996-1997.

El punto de inflexión en las computadoras que jugaban al ajedrez vino de la mano del aumento de la capacidad de procesamiento. Deep Thought,[90] creada por la Universidad de Carnegie Mellon e IBM, fue la primera en ganar a un gran maestro del ajedrez, Bent Larsen, en 1988; sin embargo, perdió ante el campeón del mundo de ese momento, Garri Kaspárov. A este lo derrotaría en un solo juego la mediática Deep Blue por primera vez en 1996; si bien la máquina perdió finalmente el enfrentamiento por cuatro juegos a dos. Su versión mejorada, Deeper Blue, lo intentó al año siguiente y sí conseguiría anteponerse al ruso en 1997, ganándole dos juegos y empatándole tres a seis. Una derrota que aquel no encajó demasiado bien.

Tanto Deep Thought como Deep Blue eran sistemas sobresalientes, aunque no se basaban en el aprendizaje automático, sino en el análisis de jugadas mediante algoritmos y el manejo de grandes bases de datos. Como sucesora de Deep Thought, Deep Blue era sustancialmente más potente. No solo en el *hardware*, especialmente diseñado para jugar al ajedrez —contaba con chips especializados que podían evaluar alrededor de 200 millones de posiciones diferentes—, sino en su programación. También sus

---

[90] El nombre proviene del superordenador creado por «una raza de seres pandimensionales hiperinteligentes» que aparece en la *Guía del autoestopista galáctico*, de Douglas Adams. En la novela, Deep Thought es el ordenador que había inferido «la existencia del pudín de arroz y del impuesto sobre la renta antes de que alguien lograra desconectarlo», y que, tras pensárselo durante setenta y cinco mil generaciones llega a la conclusión de que la respuesta última a la vida, el universo y todo es... cuarenta y dos.

algoritmos de búsqueda y evaluación de posiciones tenían una mayor capacidad de anticipación y planificación que los de Deep Though, y existían notables diferencias en cuanto a la extensión y detalle de las bases de datos de aperturas y finales con las que ambas contaban.

No se precisó *machine* ni *deep learning* para ganar a un ser humano en un juego en el que, al final, la lógica siempre se alzaba como la protagonista. Este es justo el tipo de tarea que se le da bien a una máquina, solo se necesitó alcanzar el nivel de desarrollo necesario.

IBM DEEP Blue fue el primer computador capaz de granar a un campeón del mundo de ajedrez: Garri Kasparov.

El triunfo de Deep Blue llenó las portadas en los medios de comunicación de aquel tiempo. En un momento en el que la inteligencia artificial estaba de capa caída, había conseguido hacerse un hueco en la cultura popular, más allá de las historias de ciencia ficción. Representó, probablemente, el periodo en el que la mayoría de gente de a pie empezó a entender que la inteligencia artificial podía tener más posibilidades de las que se imaginaba. Era algo que había permanecido latente durante demasiado tiempo en el imaginario colectivo, y tenía un valor simbólico que iba mucho más allá del valor académico o tecnológico, aunque también lo atesorara.

Esta victoria se logró, además, cuando el futuro estaba a punto de hacerse realidad. Desde el siglo XIX, se estimaba que ese futuro se alcanzaría en el año 2000. No iban tan desencaminados, porque es en el cambio de milenio cuando la tecnología informática, que hasta entonces había tenido un alcance relativamente limitado y restringido al ámbito profesional, caló en todos los rincones de la sociedad a través de la implantación masiva del ordenador personal y, sobre todo, de internet.

No soy un robot

La robótica no es un arte exacto.
Isaac Asimov, «El hombre bicentenario» (1976)

A finales de los años noventa y en los albores del nuevo siglo, ya se había hecho realidad la visión de un viejo relato de ciencia ficción que apareció en el número de marzo de 1946 de la revista *Astounding Science-Fiction*. Lanzado prácticamente a la par que ENIAC se presentaba en sociedad —el relato se publicó un mes después, lo que quiere decir que ya estaba escrito cuando se presentó ENIAC—, el escritor Will F. Jenkins[91] narraba un futuro en el que cada casa contaría con un aparato denominado *lógica*, parecido a «un receptor de televisión al uso, pero con teclas en lugar de diales, que se presionan para indicarle lo que se quiere obtener».[92] Y no solo eso, explicaba que estas «lógicas» estarían conectadas a un depósito de información que describía como «un gran edificio

---

[91]   Aunque este relato lo firmó con su nombre real, lo habitual es que Will F. Jenkins utilizara el seudónimo Murray Leinster para firmar sus obras de ciencia ficción.

[92]   Jenkins, William F., «A logic name Joe», *Astouding Science-Fiction*, marzo de 1946. [Traducción de la autora].

lleno de todos los hechos de la creación y todas las transmisiones televisivas que se han realizado alguna vez, y está conectado con todos los demás depósitos del país, y cualquier cosa que se quiera saber, ver u oír basta con introducirla en la máquina y se obtiene».[93] El relato, que se titulaba «A logic named Joe», hacía incluso referencia a los servicios de *streaming* y advertía de las consecuencias que un sistema así podría llegar a tener en el acceso a la información no adecuada por parte de los menores o de la amenaza que podría suponer para nuestra privacidad.

En efecto, Jenkins se adelantó a internet en el sentido más moderno del término y, de alguna manera, aunque menos evidente, a cómo una red de datos podría influir en la manera en que aprenden y, en consecuencia, se comportan las máquinas. Como curiosidad, Joe, la «lógica» que protagoniza el relato, tras exhibir cierto tipo de comportamientos, acaba desconectada y almacenada en un sótano; un final muy trillado en las historias de ciencia ficción.

En «A logic named Joe» se aprecia el primer atisbo de una revolución que no tendría lugar hasta medio siglo después. No obstante, incluso tras varias décadas de desarrollo de la inteligencia artificial, la pregunta fundamental seguía siendo la misma que planteó Alan Turing en los comienzos: ¿pueden pensar las máquinas? Y, de nuevo, cobraría un sentido diferente.

Durante la segunda mitad del siglo XX, los esfuerzos se habían destinado, fundamentalmente, a lidiar con aspectos más bien técnicos, aunque desde aproximaciones muy distintas. Se suelen mencionar al respecto tres periodos —aunque no todos los autores están de acuerdo con esta clasificación— que, si se analizan con detenimiento, se suceden uno tras otro inevitablemente. El primero es el «clásico», entre los años cincuenta y sesenta.

5 *Ibidem.*

Aquella fue la época de la «resolución de problemas», de conseguir que las máquinas mostraran comportamientos que podían considerarse «inteligentes» en el sentido en que lo planteaba el test de Turing: que consiguieran «engañarnos» y hacerse pasar por un ser humano, sin entrar, todavía en cuestiones como la conciencia. Dado que los nuevos desarrollos traen aparejados nuevos retos, durante las décadas de los sesenta y los setenta, ya no solo se trató de que las máquinas parecieran inteligentes, sino de que lo fueran, de que pudieran «comprender» el mundo que nos rodea. Que pudieran adquirir conocimientos generales de su entorno, relacionarlos entre sí y utilizarlos como lo haríamos nosotros. Por eso, los esfuerzos se dirigieron a que los ordenadores lograran comprender el lenguaje natural (sin gran éxito, como se ha visto en las páginas previas). A esta etapa se la conoce como el «periodo romántico». Tanto el periodo clásico como el romántico coinciden en la Edad Dorada de la inteligencia artificial. El tercer periodo, el «moderno», es el que se gestó a finales de los años setenta y llega hasta nuestros días. Durante este, una metodología de trabajo más estructurada se vio reflejada en el desarrollo de los sistemas expertos y, en las últimas décadas, es la que ha entrañado el desarrollo de las redes neuronales, el reconocimiento de patrones o el *machine learning*.

La inteligencia artificial del siglo XX fue construyendo, aquí y allá, los cimientos que permitirían los espectaculares desarrollos del siglo XXI. No existía una dirección que seguir, se actuaba con el método de prueba y error. Así, el modelo de la neurona artificial de McCullochs y Pitts, por ejemplo, que había sido planteada en los años cuarenta, fue avanzando a saltitos discretos a lo largo de las siguientes décadas, hasta llegar al perceptrón, pero sin marcar ningún punto de inflexión claro. También es verdad que, en este caso, las intenciones de los ingenieros se habían adelantado a las posibilidades de la tecnología de su momento.

En las últimas décadas, sobre todo a causa del desarrollo de internet, se han dejado atrás muchas de esas limitaciones, y el ritmo de avances en el ámbito de la inteligencia artificial se ha acelerado como nunca antes. En un momento dado, pasamos de crear una especie de «calculadoras» extremadamente avanzadas —que no realizaban únicamente operaciones matemáticas, sino razonamientos lógicos complejos, como jugar al ajedrez— a plantearnos que el aprendizaje, en el sentido en el que lo experimentamos los seres humanos, también era posible en las máquinas. Surgieron nuevas preguntas: un sistema o algoritmo capaz de aprender como nosotros, ¿podría manifestar otros procesos cognitivos parecidos a los nuestros?, ¿tendría creatividad?, ¿y personalidad?, ¿cuál sería nuestra responsabilidad con este tipo de máquinas?

Pese a los detractores y críticos que siempre tuvo la inteligencia artificial desde varios frentes, el debate respecto a las consecuencias éticas y morales de la materialización de todos estos avances no surgió hasta mediados de la década de los setenta. Quizá porque, en realidad, aún había una cosa que se les daba mal a aquellos nuevos sistemas y ordenadores: ser humanos. En lo demás, nos superaban con creces. Las máquinas podían «pensar» en el sentido más lógico y frío de la palabra; sin embargo, la posibilidad de que pudieran hablar, sentir, amar, soñar y crear se intuía lejana. Más cerca que nunca, pero lejana aún.

Aquello que nos hace humanos

Uno de los primeros en plantearse, de forma seria, las consecuencias de dotar de «humanidad» a las máquinas, ya no solo en cuanto a los procesos de pensamiento sino en aspectos más emocionales y creativos, fue Joseph Weizenbaum. En 1976 publicó *Computer power and human reason*, y, con él, se sumó a la crítica de la inteligencia artificial, pero desde una perspectiva más abstracta que las de Taube, Dreyfus o Lighthill en aquel momento. Se adelantó a unas posibilidades que se harían realidad varias décadas después. El ataque de Weizenbaum provocó todo tipo de reacciones, ya que, no lo olvidemos, venía del creador de ELIZA y directo desde el MIT, uno de los centros neurálgicos del desarrollo de la disciplina, aunque por aquel entonces un planteamiento como el suyo aún parecía casi de ciencia ficción. Con la llegada de la inteligencia artificial moderna, dejó de parecerlo, así que merece la pena recuperar aquí su visión.

En el momento en que Weizenbaum escribió su libro, los científicos de inteligencia artificial estaban más preocupados por qué era posible hacer con ella que por qué se debía hacer. Y prosiguió así hasta finales del siglo XXI. Sin embargo, para Weizenbaum existían unos límites que, con independencia de si eran superables técnicamente, no debían traspasarse: «Los partidarios de un lado son aquellos que, en pocas palabras, creen que las computadoras pueden, deben y harán todo, y los del otro, aquellos que, como yo, creen que hay límites a lo que estas deberían hacer».[94] Por supuesto, el investigador no estaba en contra del desarrollo de la inteligencia artificial ni de su uso. Tan solo planteaba ciertas líneas rojas

---

[94] Weizenbaum, Joseph, *Computer power and human reason: From judgement to calculation*, Inglaterra, Penguin Books, 1985 [1976]. [Traducción de la autora].

sobre las que, hasta el momento, y tal vez porque la tecnología era aún muy limitada, no se había producido una reflexión profunda: «La lista de aspectos en los que el ordenador ha resultado útil es, sin duda, extensa. Sin embargo, hay dos tipos de aplicaciones informáticas que no deberían llevarse a cabo en absoluto o que, si se contempla hacerlo, deberían abordarse con suma cautela».[95] El primer tipo de aplicaciones, a las que califica directamente como «obscenas», incluye «todos esos proyectos que proponen utilizar un ordenador para llevar a cabo una función humana que implica respeto interpersonal, comprensión y amor», y presenta como ejemplo la labor de un terapeuta, precisamente la que hacía su *chatbot* ELIZA.[96] Y continúa:[97]

> El segundo tipo de aplicación informática que debería evitarse o, al menos, no llevar a emprendimiento sin una cuidadosa previsión, es aquella en la que se vea con facilidad que podría tener efectos secundarios irreversibles y no del todo previsibles. Si, además, no se puede demostrar que tal aplicación satisface una necesidad humana apremiante, que no puede satisfacerse fácilmente de otro modo, entonces no debe llevarse a cabo.

En este caso pone como ejemplo los sistemas de comprensión del lenguaje natural, que, en aquel momento, resultaban demasiado costosos y complejos para lo que ofrecían. Su crítica no era nueva, pero Weizenbaum le dio otra vuelta de tuerca a la cuestión. Sugirió si no sería mejor destinar los recursos disponibles

---

[95] *Ibidem.*

[96] *Ibidem.* Este ejemplo cobra más sentido si pensamos que su *chatbot* ELIZA buscaba, precisamente, imitar a uno.

[97] *Ibidem.*

a unes fines que a nosotros nos supusieran una mayor dificultad que, simplemente, «hablar». Por no mencionar los usos en armamento y espionaje que podrían tener y para lo cual, de hecho, se financiaron.

La de Weizenbaum era solo otra forma de advertir del mayor miedo que siempre se ha cernido sobre nosotros respecto a la inteligencia artificial: que se apropie de lo que nos define como humanos y nos lo acabe arrebatando. Y tal vez su reflexión no fuera tan desencaminada si analizamos sus palabras desde el siglo XXI y el auge de la inteligencia artificial generativa que estamos viviendo, de la que hablaremos en el próximo capítulo, y cuyos éxitos eran impensables en aquel momento. En esta línea, plantea:

> Siguen apareciendo preguntas como: «¿puede un ordenador tener ideas originales?, ¿puede escribir una metáfora, componer una sinfonía o un poema?». Es como si la sabiduría popular entendiera la diferencia entre el pensamiento informático y el que la gente suele tener. La inteligencia artificial, por supuesto, no cree que sea necesario hacer ninguna distinción entre ambos. Sonríen y responden «no demostrado».[98]

Con este enfoque, sus colegas del MIT y de la Universidad de Stanford tampoco salen del todo bien parados en el libro. Algunos, como John McCarthy, defendían la idea de que: «La única razón por la que todavía no hemos logrado formalizar todos los aspectos del mundo real es que nos ha faltado una capacidad de cálculo lógico lo suficientemente potente»,[99] mientras que Weizenbaum insistía en que la experiencia humana no puede simularse con algoritmos,

[98] *Ibidem.*

[99] *Ibidem.*

a pesar de que contemos con mucha capacidad de cálculo. «Como dice Ionesco en su diario: "No todo es indecible en palabras, solo la verdad viva"». ¿Podemos decir ya si se equivocó o no?

Joseph Weizenbaum ordenó y estructuró los temores humanos frente a la inteligencia artificial, con la salvedad de que él vio una diferencia fundamental respecto a planteamientos anteriores e incluso contemporáneos: la posibilidad de desarrollarla ya no era una leyenda y no lo estábamos advirtiendo, se estaba transformando en ciencia, tal vez a un ritmo más rápido de lo que podríamos llegar a asumir. Por ello, también hizo un llamamiento a la responsabilidad científica y recordó que la ciencia, en última instancia, no tiene todas las respuestas ni es la única interpretación de lo que nos rodea: existen más formas de ver el mundo y podríamos llegar a opacarlas si dejamos que lo que deben ser meras herramientas para facilitarnos cualquier labor, acaben transformando la realidad a un nivel fundamental. Y lo hagan de manera impredecible.

Muchos acusaron a Weizenbaum de oportunista y de buscar notoriedad con esta intervención, ya que, desde ELIZA, sus contribuciones no habían sido especialmente notables. Pero ¿desde cuándo la inteligencia artificial ha sido una cuestión solo del ámbito de la ciencia? En esto debemos admitir que Joseph Weizembaum tenía razón.

En última instancia, la cuestión de si las máquinas pueden ser humanas plantea, inevitablemente, la situación inversa, como bien apunta Pamela McCorduck en su ensayo *Machines who think*: ¿podrían ser entonces los humanos máquinas? —¿o funcionar como una?—. Ya hemos mencionado anteriormente que en algunos aspectos como el conocimiento y los procesos del pensamiento se intentó hacer justo eso, pero los intentos por reproducir mecánicamente un ser vivo, y, sobre todo, su cerebro al completo, con todos sus matices, fracasaron. No parecía que bastara con las aproximaciones de la cibernética o modelos de neurona artificial, como el que plantearon McCulloch y Pitts en 1947, tampoco con redes más complejas, pero no demasiado, como el perceptrón de Rosenblatt. Así que, ¿dónde estaba el secreto?, ¿en la estructura biológica del cerebro o en la manera en la que procesa la información? Tal vez no fuera tanto una cuestión de *hardware* o componentes, como del *software* o programación y de su funcionamiento.

Más inteligencia, menos alma

La deriva que tomó la inteligencia artificial a finales de los años noventa del siglo XX con la irrupción del siglo XXI no fue, desde luego, la más «humana». Se impuso la función lógica. Sin embargo, entrado el siglo XXI, serían precisamente las habilidades creativas que planteaba Weizembaun las que tomarían carrerilla. Lo curioso es que esa creatividad se ha conseguido con una aproximación a la inteligencia artificial «de ciencias duras», muy alejada del humanismo y las neurociencias que, en un principio, se pensaba que serían la clave. Como indica Michael Wooldridge: «Ahora una carrera en IA no demanda conocimientos de filosofía, ciencias cognitivas o lógica, sino de probabilidad, estadística y economía».[100] Tiene todo el sentido: internet empezaba a poner a nuestra disposición cantidades ingentes de datos que había que gestionar. Sorprendentemente, justo cuando se despojó a la

---

[100] Wooldridge, Michael, *A brief history of artificial intelligence: what it is, where we are, and where we are going*, Nueva York, Flatiron Books, 2021 [2020]. [Traducción de la autora].

inteligencia artificial de toda «alma», esta empezó a obtener sus resultados más espectaculares.

Si para algo había servido todo el trabajo desarrollado durante el siglo XX, los cimientos que hemos presentado, fue para establecer y delimitar las cuatro líneas principales en las que se basaría la investigación en inteligencia artificial y que perduran hasta el día de hoy: aprendizaje, razonamiento, robótica y lingüística.

La primera, el aprendizaje automático o *machine learning* —que comentaremos de forma mucho más extensa al final de este capítulo, dado el antes y el después que está marcando en la historia de la inteligencia artificial—, tal vez sea el acercamiento que más ha intentado acercarse a los seres humanos. Stuart Russell y Peter Norvig lo explican, a grandes rasgos, así:

Un agente está aprendiendo si mejora su desempeño tras realizar observaciones sobre el mundo. Este aprendizaje puede variar desde lo trivial, como hacer la lista de la compra, hasta lo profundo, como cuando Albert Einstein creó una nueva teoría del universo. Cuando el agente es un ordenador, lo llamamos aprendizaje automático: este observa algunos datos, construye un modelo basado en ellos y lo usa como una hipótesis sobre el mundo y como una pieza de *software* capaz de resolver problemas.[101]

Básicamente, estos sistemas identifican patrones en grandes cantidades de datos y llegan a conclusiones a través de ellos y ciertos procesos de inferencia lógica, como el razonamiento inductivo, la lógica simbólica o el uso de redes bayesianas. Ahora bien, tengamos en cuenta que estos sistemas aprenden, como veremos

---

[101] Russell, Stuart y Norvig, Peter, *Artificial Intelligence: A modern approach*, 4.º edición, Hoboken, Pearson, 2021. [Traducción de la autora].

en seguida, a través de los modelos que les proporcionamos. En el ser humano, cualquier aprendizaje debe ser extrapolable también a lo desconocido, de lo contrario, no sería útil. En el caso de la inferencia lógica, si bien nos permite resolver problemas y tomar decisiones, también comporta limitaciones, ya que esta, por sí misma, no garantiza el éxito en un entorno cambiante, por muy numerosos que sean los datos de los que se disponga. Esto restringe, en última instancia, al *machine learning*, que todavía no ha sido capaz de superar ese hándicap.

No obstante, este ya se encuentra por todas partes: los famosos algoritmos que eligen qué contenido mostrarnos en las redes sociales, por ejemplo, están basados en el aprendizaje automático, también los buscadores, a la hora de mostrarnos unos resultados u otros. Sin embargo, abarca muchas más aplicaciones en los ámbitos de las ciencias medioambientales, las finanzas, la medicina o incluso en la traducción.

Esta última concibe, probablemente, la aproximación a la inteligencia artificial más «clásica». Utiliza modelos formales para gestionar la información, es decir, relaciones lógicas para llegar a conclusiones a partir del conocimiento ya disponible.

La diferencia entre aprendizaje y razonamiento automáticos es que el primero funciona con modelos estadísticos, analizando diferentes ejemplos para establecer categorías que le permitan clasificar otros nuevos, mientras que al segundo hay que proporcionarle ya un modelo y unas relaciones entre determinados hechos para que pueda aplicarlos a ejemplos similares.

Hemos visto varios ejemplos de este tipo de sistemas de razonamiento, como el Logic Theorist de Allen Newel y Herbert Simon o los sistemas expertos. Y conste que, a pesar de la llegada del segundo invierno de la inteligencia artificial a finales de los años ochenta, se siguieron fabricando y mejorando. Un ejemplo de esta época lo encontramos en el programa HR —por los matemáticos Hardy y Ramanujan— para la generación de teoremas matemáticos, que Simon Colton creó en 2002 y cuyo funcionamiento se describe así:[102]

> Funciona (i) usando el generador de modelos MACE[103] para crear objetos de interés a partir de conjuntos de axiomas (ii) formando conceptos y elaborando conjeturas y (iii) usando el demostrador del teorema de Otter para demostrarlas.

El razonamiento automático, que *a priori* puede parecer algo demasiado trillado o aburrido, se aplicó al problema que puso en marcha el proyecto del Stanford Cart en los años sesenta, como ya hemos mencionado. Se trataba de crear un sistema para manejar un vehículo robótico a distancia, con la intención de aterrizarlo en otro cuerpo celeste. Este conocimiento se aplicó a la sonda Deep Space 1, que hizo historia al navegar por el espacio, por primera vez, sin intervención humana directa.

La misión Deep Space 1, lanzada en 1998, sobrevoló los asteroides Braille y Vesta con el objetivo de poner a prueba nuevas tecnologías en el espacio, entre ellas, la inteligencia artificial para la navegación autónoma. La sonda llevaba incorporada un *software*, llamado Remote Agent, capaz de tomar sus propias decisiones a la hora de realizar sus diferentes objetivos, algo que le otorgaba mucha más capacidad de reaccionar ante imprevistos,

---

[102]   Colton, Simon, «The HR program for theorem generation», *Automated Deduction-CADE-18*, 2002.

[103]   El generador de modelos MACE fue creado por William McCune en 1994. Es un programa que utiliza el algoritmo de Davis-Putnam para decidir la «satisfacibilidad» de una serie de un conjunto de cláusulas proposicionales.

al poder utilizar en tiempo real los datos que le ofrecían los sensores de a bordo. Posteriormente, esta tecnología se incorporó a Spirit, Opportunity, Curiosity o Perseverance: los *rovers* marcianos, resucitando con ello el espíritu inicial de una idea que había nacido hacía décadas.

Estos mismos *rovers* son un ejemplo de la otra pata de la mesa de la inteligencia artificial: la robótica, que había representado un papel relativamente tímido todo ese tiempo por la dificultad inherente, en parte, a la mecánica y el *hardware*, ya que esta pretende fabricar máquinas que sean capaces de interaccionar de forma efectiva con el mundo real. Aun así, el sueño de Talos nunca murió del todo. A finales del siglo XX, la robótica industrial ya era una realidad cotidiana, sobre todo en el mundo de la automoción, donde se utilizaron por primera vez en los años sesenta, y la labor de Rodney Brooks durante los años ochenta había reavivado el interés. Tras iRobot, en 1992 se creó la compañía de robótica que más ha aparecido en las noticias en los últimos años: Boston Dynamics. La fundó Marc Raibert, también del MIT. Financiada por DARPA, su primer éxito —en colaboración con el Jet Propulsion Laboratory de la NASA y la Universidad de Harvard— llegó en 2005, con BigDog, un robot cuadrúpedo pensado para ejercer de mula de carga del ejército en terrenos a los que no podía accederse con vehículos convencionales. El año anterior DARPA había financiado también el primer DARPA Grand Challenge, la primera carrera de coches autónomos. Los coches corrían a través del desierto de Mojave y el ganador —el vehículo Sandstorm, de la Universidad de Carnegie Mellon— no llegó ni a recorrer doce kilómetros, de los doscientos cuarenta de los que constaba la prueba, antes de quedarse atascado en un terraplén. El de la conducción autónoma es, precisamente, uno de los grandes caballos de

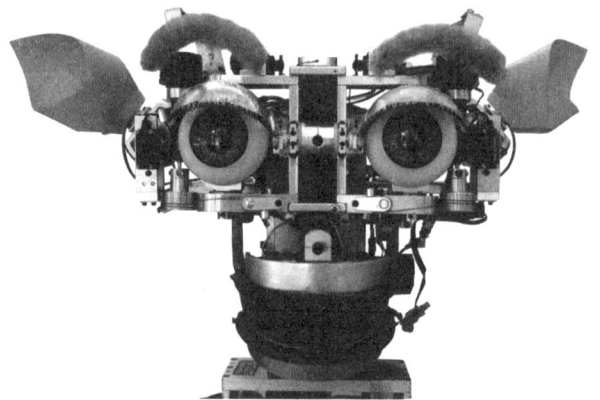

Kismet aprendía como un bebé, y fue uno de los primeros intentos de la robótica de comunicación entre humanos y máquinas.

batalla de la inteligencia artificial, y no nos estamos refiriendo solo a sondas espaciales ni a *rovers* marcianos que, al fin y al cabo, se encuentran en entornos relativamente controlados —o, al menos, no son una amenaza para la vida de nadie si fallan—. No se trata solo de una cuestión técnica, sino que emergen otro tipo de cuestiones, como la forma en la que deberían tomar decisiones estos vehículos en circunstancias moralmente ambiguas, o ilegales.

No quiero cerrar este tema sin sacar a colación el pequeño robot —era solo un rostro con cierto aire a Gizmo, de la película *Los gremlins*— creado por Cynthia Breazeal alrededor del año 1997 en el MIT: Kismet, pensado para interpretar y mostrar emociones, e interactuar con los humanos. A través de sensores de imagen, podía percibir las expresiones faciales y los gestos de su interlocutor, procesarlos y ofrecer una respuesta acorde. También tenía el don de escuchar y mantener conversaciones, aunque de una manera aún muy básica y alejada de los sistemas actuales. Cabe destacar la primera versión de ASIMO, el robot humanoide de Honda, que dio sus primeros pasos en 2002.

El escaso avance en la inteligencia artificial aplicada al ámbito de la lingüística fue uno de los motivos que desencadenó el primer invierno de la inteligencia artificial, como ya hemos explicado anteriormente. Hasta los años noventa, se había intentado abordar el problema con sistemas simbólicos que constaban solo de reglas y relaciones. A lo más que se había llegado desde ELIZA era a crear algunos *chatbots,* como A. L. I. C. E., de Richard Wallace, en 1995, y algunos sistemas de traducción automática, como el mencionado SYSTRAN. No sería, sin embargo, hasta la segunda década del nuevo siglo cuando la lingüística invadiría el ámbito de la inteligencia artificial.

Se podría decir que las dos décadas que transcurrieron entre 1988 y 2011 fueron de siembra. En realidad, estaba teniendo lugar una especie de revolución silenciosa que estaba a punto de explotar. En primer lugar, aún había que darle tiempo a internet para que creciera y, asimismo, a la capacidad de procesamiento de los ordenadores modernos para que alimentaran al monstruo que iba a engullirlo casi todo: el *machine learning.*

¿Para qué queremos que aprendan las máquinas?

La pregunta más elemental que uno puede plantearse en torno al aprendizaje de las máquinas es: ¿por qué, simplemente, no les proporcionamos toda la información que puedan necesitar y las programamos para que hagan directamente las tareas que necesitamos? Es la que plantean Stuart Russell y Peter Norvig como punto de partida para justificar la necesidad del desarrollo de algo como el *machine learning* o aprendizaje automático.

Si la inteligencia artificial simbólica nos había enseñado algo durante décadas es que es más fácil crear algoritmos que hagan cálculos inabarcables o demuestren teoremas matemáticos complejos que sistemas capaces de imitar el comportamiento de un niño de dos o tres años. El mundo es incertidumbre, y la inteligencia artificial, hasta el momento, no se había sabido manejar demasiado bien en ella.

¿Existe un algoritmo para el comportamiento humano? ¿Cómo somos capaces de reconocer el rostro de una persona, aunque sea en una fotografía? ¿Cómo conducimos y, a la vez, hacemos frente a las circunstancias imprevistas del tráfico y tomamos decisiones? ¿Cómo hay personas capaces de hablar y entender varios idiomas que no tienen nada que ver entre sí? ¿Cómo se hace, en definitiva, todo aquello que a los seres humanos no nos cuesta ningún esfuerzo, pero que supone una auténtica epopeya para una máquina? ¿Cómo se programa?

Programar un ordenador para que se adapte a un entorno cambiante e inesperado es extremadamente complejo; a veces, ni siquiera sabemos por dónde empezar. No tenemos algoritmos, tal vez ni siquiera existan algunos capaces de realizarlo; pero lo que sí empezamos a tener a finales del siglo XX y principios del XXI fueron datos. Datos que no solo generamos, sino que también consumimos, sobre todo a través de internet, de todo tipo, y que conforman un espacio muestral más que significativo para llegar a deducciones estadísticas a partir de ellos. Así que, tal vez, nunca podremos encontrar un algoritmo exacto que nos diga qué decisión es la correcta ante una disyuntiva de cualquier tipo, pero sí podemos calcular, con cierto margen de error, cuál es la que tiene una mayor probabilidad de éxito o puede ser la más aceptable.

Como bien indica Ethem Alpaydin:[104]

---

[104] Ethem Alpaydin es profesor de Ingeniería Informática de la Universidad Özyeğin, en Estambul, y autor de varios libros sobre este tema.

Pero el aprendizaje automático no es solo un problema de bases de datos; también incluye la inteligencia artificial. Para ser inteligente, un sistema que se encuentre en un entorno cambiante debe tener la capacidad de aprender. Si puede hacerlo y adaptarse a tales cambios, el diseñador no necesitará prever ni proporcionar soluciones para todas las situaciones posibles.

Y añade:[105]

El aprendizaje automático consiste en programar ordenadores para optimizar un criterio de desempeño utilizando datos de ejemplo o de experiencias pasadas. Tenemos un modelo definido con algunos parámetros, y el aprendizaje es la ejecución de un programa informático para optimizarlos, utilizando esos datos. El modelo puede ser predictivo, para hacer predicciones en el futuro, o descriptivo, para obtener conocimiento de los datos, o ambos.

La gestión de todos esos datos que se reciben en bruto y el proceso de separar el grano de la paja, o extraer patrones con los que trabajar a partir de ellos, es una de las grandes aplicaciones del aprendizaje automático: la minería de datos.

Preparar, explorar, analizar e interpretar la información de nuestro alrededor de una manera eficiente puede ayudar tanto a descubrir patrones, que de otra manera pasaríamos por alto, como a la toma de decisiones. Para lidiar con esta tarea se necesitan sistemas capaces de analizar las cantidades ingentes de datos de los que disponemos hoy, y ese tipo de sistemas suelen ser las redes neuronales.

---

[105] Alpaydin, Ethem, *Introduction to machine learning*, 4.ª edición, Londres, MIT Press, 2020. [Traducción de la autora].

Llegados a este punto, conviene precisar una cuestión: aprendizaje automático y redes neuronales no son lo mismo, aunque sí que entablan una relación muy estrecha y muchas veces se emplean ambos términos, de forma errónea, indistintamente. Las redes neuronales son tan solo una forma de aprendizaje automático, pero este se puede implementar a través de otros algoritmos, alguno de los cuales iremos mencionando, como el método de clasificación de Naive Bayes, la regresión lineal, la regresión logística, las SVM o máquinas de vectores de soporte, el algoritmo KNN, y el bosque aleatorio.

Aunque tanto las redes neuronales como el aprendizaje automático representaron un papel desde el principio —a través del modelo de neurona artificial de Warren McCulloch y Walter Pitts (1943), de la red neuronal SNARC de Marvin Minsky (1952) o del perceptrón de Frank Rosenblatt (1958)—, lo cierto es que habían permanecido bastante aletargados. El interés empezó a despertar de nuevo a mediados de la década de los ochenta.

Uno de los grandes problemas de las redes neuronales simples y de una sola capa, como el perceptrón, era que su propia configuración ponía límites a lo que podían llegar a aprender. Rosenblatt lo sabía, pero no tiraba la toalla, y Marvin Minsky y Seymour Papert se encargaron de recordárselo, como ya hemos comentado. Entrenar a una red neuronal consiste en ponderar de forma correcta los pesos —o importancia— de los datos de entrada de cada una de las neuronas que la conforman, para obtener los datos de salida esperados. Ese es el proceso que siguió Rosenblatt, pero también otros como Bernard Widrow y Ted Hoff, de la Universidad Stanford con su ADALINE (*adaptive linear neuron*) —un tipo de red neuronal unicapa basada en el perceptrón, pero con otro tipo de función de activación—,[106] o MINOS II y III, de Charles Rosen, del SRI (Stanford Research institute),[107] durante los años sesenta. Sin embargo, estas redes neuronales monocapa no terminaban de cuajar. La solución podría pasar, por tanto, por añadirles capas adicionales, pero, de nuevo, se dieron de bruces con un muro de realidad: en aquel momento no sabían cómo entrenarlas.

La solución llegó, tras un extenso vacío en cuanto a avances significativos en el ámbito de las redes neuronales y del aprendizaje automático, en 1986, con el trabajo de David Rumelhart y Ronald Williams,[108] y Geoffrey Hinton.[109] Y resultó ser una solución relativamente sencilla: crearon un algoritmo que, al detectar errores en los datos de salida de una red neuronal, realizaba ajustes sobre el conjunto de los pesos de datos de entrada para reducir ese error. Conocido como retropropagación (*backpropagation*), ayudó a sacar del pozo a la investigación en redes neuronales.

Este mecanismo, en realidad, es más intuitivo de lo que podría parecer. Imaginemos que estamos en un laberinto intentando buscar la salida. El algoritmo de *backpropagation* haría algo parecido a ir marcando los cruces que descubrimos que no llevan a ninguna parte, de manera que cuando volvamos a pasar por ellos sepamos que por ahí no es. Dejar esas señales, a medida que sigamos caminando y dando vueltas, nos ayudará a encontrar la salida con mayor facilidad, hasta poder recorrerlo de un extremo al

---

[106] Cuando decimos que se «activa» una neurona, lo hace siguiendo una determinada función matemática a la que se denomina función de activación. Esta normalmente depende del problema específico que se esté tratando de resolver.

[107] El Stanford Research Institute fue una institución dependiente de la Universidad de Stanford, establecida en 1946, hoy instituto de investigación sin ánimo de lucro. En el SRI, Douglas Engelbar creó el primer prototipo de ratón, que ya hemos mencionado.

[108] Pertenecientes al Instituto de Ciencias Cognitivas de la Universidad de California en San Diego.

[109] Del Departamento de Computación de la Universidad de Carnegie Mellon.

otro sin problemas gracias a ese *feedback* que hemos ido dando en los diferentes intentos de escapar.

Esta idea tan simple no era del todo novedosa. Aproximaciones parecidas se les habían ocurrido ya a Arthur E. Bryson y Y. C. Ho, nada menos que en 1969, y a Paul Werbos, de la Universidad de Harvard, en cuya tesis de doctorado ya aparece algo similar.

Otra contribución, que también llegó de la mano de Rumelhart, junto con James L. McCleland y su grupo de investigación, apareció en forma de publicación en los dos volúmenes de *Parallel distributed processing*, un intento de modelar de manera computacional el funcionamiento del cerebro humano, que situó en el centro el conexionismo frente a la presencia apabullante de los sistemas simbólicos de aquel momento. La descripción de nuevos modelos de neuronas artificiales y de perceptrones comportó que se volviera a poner en marcha la maquinaria del aprendizaje automático.

Una de las primeras aplicaciones que el algoritmo de retropropagación trajo consigo fue NETtalk. Creada por Terrence J. Sejnowski y Charles Rosenberg, se trataba de un perceptrón multicapa (*multi layer perceptron*, MLP), de tres capas y 18 629 pesos ajustables capaz de «reconocer»[110] un texto en inglés y deducir su pronunciación de forma correcta. Y lo hacía, de hecho, bastante bien cuando se encontraba con nuevas palabras. Dada la cantidad de dificultades que había enfrentado la cuestión del procesamiento del lenguaje natural, se abrió, por fin, una puerta prometedora para su desarrollo.

Otra aplicación interesante la encontramos en la red neuronal ALVINN (*autonomous land vehicle in a neural network*) para

---

[110] Utilizo el verbo «reconocer» porque no se puede considerar que «lea» y comprenda, más bien, identifica los caracteres.

la conducción autónoma, desarrollada por Dean Pomerleau en la Universidad de Carnegie Mellon en 1989. Contaba con una arquitectura MLP de tres capas, similar a la de NETtalk, pero en este caso estaba diseñada para seguir una carretera a partir de los datos que tomaba el vehículo a través de una cámara y un sensor láser.

Actualmente se sabe que el periodo comprendido entre 1986 y 1988 experimentó un incremento sin precedentes en la investigación en redes neuronales, hasta el punto de que el número de profesionales que se dedicaban a ello se sextuplicó. Seguramente, estos primeros éxitos tuvieron mucho que ver, aunque esta no representó, ni de lejos, la única aproximación al aprendizaje automático, solo sería la primera.

Ayúdame a aprender

Las primeras redes neuronales que se desarrollaron, desde el perceptrón de Rosenblatt hasta NETtalk y ALVINN, formaban parte de lo que hoy conocemos como «aprendizaje supervisado». En este tipo de aprendizaje, cada uno de los datos de entrada con los que se entrena a la red neuronal se clasifican o se etiquetan. Se proporcionan al sistema ejemplos de entrada y de salida correctos para que, en el caso de una red neuronal, esta pueda ajustar los pesos en función de la tarea que va a realizar. El aprendizaje supervisado se utiliza, principalmente, en algoritmos de minería de datos para resolver dos tipos de problemas: de clasificación —ordenar variables— y regresión —establecer relaciones entre variables—. Dicho de otra manera, la clasificación de datos consistiría en evaluar características para deducir un tipo de objeto, por ejemplo: «si tiene cuatro ruedas, motor y puede llevar a cinco pasajeros es un coche» o «si tiene dos ruedas, motor y puede llevar a dos pasajeros es una moto», simplificando muchísimo. La regresión consistiría, en el caso de los vehículos, en predecir su precio en función de las relaciones entre las características que los definen. Determinadas configuraciones supondrán precios mayores.

Existen varios ejemplos de nuevos algoritmos de aprendizaje supervisado en esta época. En 1988, Judea Pearl[111] planteó una nueva aproximación a la inteligencia artificial, la probabilística, a través de redes bayesianas, con la publicación de *Probabilistic reasoning in intelligent systems*. De esta manera, respondía a la misma dificultad que, en parte impulsó el desarrollo de las redes neuronales: la incertidumbre. Asumió que la intuición humana que nos lleva a tomar determinadas decisiones no es aleatoria, sino que puede aproximarse por modelos probabilísticos. Nuestras creencias y nuestros valores pueden provocar que decidamos en favor de una opción u otra, o que reaccionemos de determinada manera ante nuevos tipos de estímulos. Por otro lado, lo que sabemos del mundo se basa en nuestra experiencia directa y lo que asumimos que deducimos acerca de él, pero siempre existe un margen de error sobre lo que estamos interpretando. La conclusión a la que llegó Pearl es que la información directa que obtenemos del mundo y nuestras creencias sobre él se pueden codificar matemáticamente a través de relaciones de probabilidad, y de ahí su trabajo. Un ejemplo sería: ¿cuál es la probabilidad de que mi ordenador falle en función del estado de sus componentes? Una red bayesiana analizaría la antigüedad de cada una, el nivel de uso, las condiciones ambientales... y, en función de eso, ofrecería un resultado probabilístico.

[111] Profesor de Informática de la Universidad de California en Los Ángeles.

Otro algoritmo de aprendizaje supervisado, que se utiliza tanto para la clasificación como para la regresión, fue el desarrollado por Leo Breiman y Adele Cutler a partir del concepto de bosque aleatorio (*random forest*), creado por Tim Kan Ho en los Laboratorios Bell en 1995. Este «bosque» hallaba sus raíces en otro tipo de algoritmos desarrollados mucho antes: los árboles de decisión, conjuntos de datos relacionados entre sí a partir de diagramas lógicos que van estableciendo relaciones para la resolución de un problema. Por ejemplo, se pueden utilizar en banca para evaluar la concesión de un préstamo a un cliente en función de si va cumpliendo una serie de características que se bifurcan, según cumpla una u otra, hasta llegar desde la «raíz» a la «hoja» del árbol, que representaría la conclusión final: ¿Tiene un buen historial crediticio? Si lo tiene, ¿en qué rango se encuentran sus ingresos? Si sus ingresos son adecuados, ¿cuál es su edad?... y así sucesivamente. Es una especie de multiverso donde cada decisión determina unas consecuencias u otras.

Como hemos mencionado anteriormente, los árboles de decisión no eran nada nuevo, y, de hecho, Edward Feigenbaum ya había utilizado algo parecido en los años cincuenta, mientras estudiaba su doctorado bajo la supervisión de Herbert Simon, en la Universidad Carnegie Mellon, en su sistema EPAM. Aplicado al lenguaje verbal, como dijimos, estaba diseñado para entender cómo percibimos y recordamos patrones de información. EPAM tomaba decisiones de una forma similar a un árbol, sin embargo, lo llevaba a cabo recordando patrones en lugar de reglas lógicas aprendidas a través de datos de entrenamiento. Por ejemplo: «Aparece la letra c, luego es muy probable que lo siguiente sea una h», y en función de eso, decidía. Y, además, ya utilizaba conexiones

—experiencia— y nodos —unidades de información—, como en un árbol de decisión.

Uno de los primeros algoritmos en emplear árboles de decisión como tales fue ID3 (*iterative dichotomizer 3*), de J. Ross Quinlan, que, en su primera versión, categorizaba datos en dos grupos; funcionaba de forma parecida al ejemplo que hemos mostrado con anterioridad sobre la concesión de un préstamo. Quinlan creó posteriormente otros sistemas, como C4.5, la versión «mejorada» de ID3, y CART (*classification and regression trees*).

La diferencia entre los árboles de decisión, de forma individual, y los bosques aleatorios es que estos últimos son conjuntos de los primeros, pero entrenados, como su propio nombre indica, con diferentes conjuntos de datos aleatorios y sin correlaciones entre sí. La predicción final del bosque se obtendría a partir de la media de las predicciones individuales de cada árbol.

Por último, cabe mencionar las máquinas de vectores de soporte (*support vectors machine*, SVM) desarrolladas por Corinna Cortes y Vladimir Vapnik en los Laboratorios Bell, en 1995. El funcionamiento de una SVM, a grandes rasgos, consistiría en separar el conjunto de datos iniciales en dos categorías, definir un límite entre ellas utilizando una transformación matemática que puede ser de diferentes tipos —lineal, polinómica...— y, a partir de esta clasificación, construir un modelo que iría asignando los nuevos datos a una u otra categoría. Se pueden usar, por ejemplo, para separar el *spam* en los correos electrónicos analizando las características que contengan. Cada correo quedaría representado por un punto en un eje de coordenadas, que lo posicionaría más hacia «es *spam*» o «no es *spam*», en función del grado que cumpliera cada uno. En el caso más simple lo llevaría a cabo utilizando dos características: el algoritmo calcularía la línea —plano, o hiperplano si tuviera más de dos características— a partir de las posiciones de esos puntos y quedaría definido por los que se encontraran a una distancia mínima de él —definidos por los vectores de soporte—.

La conclusión, tras estos párrafos algo más técnicos, es que, durante los años noventa, aunque sucediera casi en silencio, se empezaron a desarrollar muchas de las técnicas que hoy han hecho posible que el *machine learning* sea, en muchos aspectos, la niña bonita de la inteligencia artificial. Sin embargo, la cuestión abarca todavía mucho más. Los sistemas supervisados representaron solamente los primeros, y es que las máquinas, para aprender, al principio precisaron maestros, como las personas los necesitamos en la infancia, sin embargo, también como nosotros, a medida que los algoritmos evolucionaron, empezaron a ser capaces de aprender solos.

Clases de refuerzo

Si queremos enseñar a un perrete a que nos dé la patita, lo hacemos recompensándole con un premio cada vez que lo hace hasta que, con la práctica, acabará relacionando la recompensa con la señal que le damos —en este caso, un gesto o una palabra— y el comportamiento que esperamos. Una vez lo interioriza, ya no es necesario seguir premiándolo: nos da la patita con solo pedírselo. En algo así consiste el aprendizaje por refuerzo dentro del *machine learning*, que se basa en la maximización de recompensas al ejecutar determinadas acciones a lo largo del tiempo, y que empezó a tomarse más en serio en este campo a partir de 1989 —pero cuyos orígenes se remontan a finales del siglo XIX y a principios del siglo xx—, con los estudios sobre el comportamiento animal de Edward L. Thorndike, precursor de la psicología conductista.

El intento por reproducir el comportamiento animal había guiado los tiempos de la cibernética, y supuso una de las formas en las que se empezaron a estudiar modelos de aprendizaje en máquinas. Con el tiempo, no obstante, esta aproximación se fue dejando de lado en favor de otras, como la clasificación de patrones, el ya mencionado aprendizaje supervisado o el control adaptativo. De nuevo, el final del siglo xx volvió a traer a colación el papel del entorno en el aprendizaje, y no solo el de los datos.

Como describen Richard S. Sutton y Andrew G. Barto en una de las obras de referencia en este campo:[112]

Los problemas de aprendizaje por refuerzo implican aprender qué hacer —cómo convertir situaciones en acciones— para maximizar una señal de recompensa numérica. En esencia, se trata de ciclos cerrados, porque las propias acciones del sistema de aprendizaje influyen en las entradas posteriores. Además, al sistema no se le dice qué acciones tomar, como en otras variantes de aprendizaje automático, sino que debe descubrir por sí mismo de qué acciones obtiene una mayor recompensa al intentarlas. En los casos más interesantes y desafiantes, las acciones pueden afectar no solo a la recompensa inmediata, sino también a la siguiente situación y, a través de ella, a todas las recompensas posteriores. Estas tres características: ser esencialmente cerrados, no contar con instrucciones directas sobre qué acciones tomar y tampoco sobre dónde se desarrollan las consecuencias de esas acciones, incluidas las señales de recompensa

---

[112] Sutton, Richard S. y Barto, Andrew G., *Reinforcement learning: An introduction*, 2.ª edición, Cambridge, MIT Press, 2018, [1998]. [Traducción de la autora].

durante periodos de tiempo prolongados, son las tres características distintivas más importantes del aprendizaje por refuerzo.

Una «recompensa» en el caso de una máquina podría consistir, por ejemplo, en darle *feedback* con un valor numérico positivo
o negativo. O, en el caso de un videojuego, aumentar su puntuación cuando siga una buena estrategia.

Una de las dificultades de este tipo de aprendizaje es que cada
decisión cambia por completo el tablero de juego y, no solo eso,
sino que un sistema de este tipo tiene que valorar constantemente
el resultado de sus acciones a corto y medio plazo en ese entorno
cambiante —que, además de refuerzos positivos, puede conllevar
penalizaciones— para optimizar la recompensa total. Esto es lo
que hace el algoritmo Q-learning,[113] desarrollado por Christopher
Watkins.[114] SARSA (*state–action–reward–state–action*), propuesto
en 1995 por G. A. Rummery y Mahesan Niranjan como una modificación de Q-learning, se considera otro popular algoritmo de
aprendizaje por refuerzo.

En estos sistemas, a diferencia de lo que sucede en el aprendizaje supervisado, los datos de aprendizaje no van clasificados
ni etiquetados, sino que el algoritmo aprende por el método de
prueba y error, buscando un equilibrio entre la información que le
proporciona lo que ya conoce y las consecuencias de las acciones
que ejecute para aprender lo que le queda por conocer.

Una de las aplicaciones más interesantes del aprendizaje
por refuerzo y dónde mejor se puede ejemplificar es la robótica,
sin embargo, no es la única. En este caso, las acciones podrían

---

[113] La Q es de *quality*, 'calidad' en inglés, y se refiere a la recompensa asociada a determinada
acción.

[114] Fue su tesis de doctorado en el King's College, presentada en 1989.

consistir en «desplazarse hacia delante» o «desplazarse hacia atrás». Si, por ejemplo, se desplazase hacia delante y se chocase con algo, recibiría una recompensa negativa y, al contrario, una recompensa positiva si decidiera dar la vuelta. Este tipo de aprendizaje también se usa en el procesamiento del lenguaje natural, el procesamiento de imágenes —y lo llevan a cabo de una forma muy parecida a como los seres humanos buscamos todas las bicicletas en un *captcha* que nos pide que demostremos que no somos un robot—, medicina, sistemas de control del tráfico, desarrollo de videojuegos...

Como hemos mencionado al principio de este punto, el aprendizaje por refuerzo tal vez represente, de los tres paradigmas del *machine learning*, el que haya tratado de aproximarse más al comportamiento de los seres vivos en la naturaleza, como bien escriben Christopher H. Donahue y Hyojung Seo:[115]

Para tomar decisiones eficaces mientras navegan en entornos desconocidos, los animales deben desarrollar la capacidad de predecir con precisión las consecuencias de sus acciones. El aprendizaje por refuerzo ha surgido como un paradigma teórico clave para comprender cómo los animales logran esta hazaña.

Quizá, debido a ello, este tipo de aprendizaje se ha usado para plantear uno de los primeros modelos matemáticos teóricos que intenta describir una inteligencia artificial general: Aiξ o AIXI, propuesta por Marcus Hutter en el año 2000, aunque, por el momento, no ha ofrecido resultados tangibles.

---

[115] Donahue, Christopher H. y Seo, Hyojung, «Attaching values to actions: action and outcome encoding in the primate caudate nucleus», *The Journal of Neuroscience*, vol. 28, n.º 18, 2008. [Traducción de la autora].

El aprendizaje por refuerzo podría considerarse, en cierta medida, una especie de punto intermedio entre el aprendizaje supervisado y el que viene a continuación: el no supervisado. Para entrenar un sistema de aprendizaje por refuerzo se necesita, al igual que en el aprendizaje supervisado, un conjunto de datos de ejemplo de entradas y de salidas, que será aquel con el que se ajusten sus parámetros iniciales y de donde este obtenga el *feedback* inicial, al compararlo con los resultados reales obtenidos de sus acciones. Al mismo tiempo, el propio sistema irá aprendiendo de sus decisiones e interacciones, con cierto nivel de autonomía, lo que supone una característica de los algoritmos de aprendizaje no supervisado.

Máquinas autodidactas

Una de las limitaciones y, a la vez, ventajas, según se mire, del aprendizaje supervisado está relacionada con la forma en la que se le proporcionan los datos al sistema. Al ir ya etiquetados, se trata de una herramienta muy útil para detectar y clasificar el tipo exacto de información que se busca. Pero también es su hándicap, ya que un algoritmo de este tipo puede llegar a generar predicciones incorrectas si los datos que recibe difieren mucho de los de entrenamiento. No sabe muy bien cómo actuar con ellos. Por este motivo, tampoco son capaces de enfrentarse a tareas más complejas que se extrapolen a partir de su rango de acción.

En ocasiones, etiquetar y clasificar los datos de entrenamiento dentro del aprendizaje supervisado supone una labor titánica, así que desarrollar sistemas que puedan trabajar con enormes cantidades de datos en bruto puede ahorrar mucho tiempo y esfuerzo. Y, si lo pensamos bien, es mucho más parecido a la forma en la que aprendemos los seres vivos: la naturaleza no dispone de etiquetas que nos enseñen qué hacer ni cómo. Tanto en el sentido de las limitaciones en cuanto al ámbito de aplicación como en el de la necesidad de darle la información ya «masticada» a los algoritmos, el aprendizaje no supervisado es mucho más versátil. La capacidad de que pueda manejar datos sin etiquetar y trabajar a partir de ellos simplifica en algunos aspectos la labor de entrenamiento y amplía el rango de posibilidades en el que se pueden usar... No obstante, tampoco se consideran la panacea de la inteligencia artificial, porque lo logran a costa de perder precisión en los resultados.

Por lo tanto, la diferencia entre aprendizaje supervisado y no supervisado sería:[116]

> En el aprendizaje supervisado, el objetivo es aprender una correspondencia entre una entrada y una salida cuyos valores correctos proporciona un supervisor. En el aprendizaje no supervisado, este supervisor no existe y solo tenemos datos de entrada: el objetivo es encontrar las regularidades en esas entradas. Existe una estructura en ellas tal que ciertos patrones se dan con más frecuencia que otros, y se trata de ver qué sucede, de forma general, y qué no.

Todo lo que hemos mencionado nos explica para qué se puede usar el aprendizaje no supervisado. Si el supervisado se utiliza, principalmente, para labores de clasificación y regresión —una vez le damos ejemplos, el sistema encuentra otros similares dentro de una nube de datos—, el no supervisado es muy útil para analizar grandes conjuntos de datos sin etiquetar agrupándolos (*clustering*), buscando asociaciones entre ellos (*association*) o

---

[116] Alpaydin, Ethem, *Introduction to machine learning*, 4.ª edición, Londres, MIT Press, 2020. [Traducción de la autora].

tratando de simplificar la información hasta reducirla a un número de variables más manejable a nivel de procesamiento (*dimensionality reduction*).

Al igual que en el aprendizaje supervisado, en el no supervisado se pueden utilizar, o bien redes neuronales,[117] o bien otro tipo de algoritmos.[118] Casi todos se desarrollaron durante las tres últimas décadas del siglo XX.

Detallar el funcionamiento de cada uno de ellos resultaría inasumible para el propósito de este libro, pero veamos, a grandes rasgos, cómo actúa cada tipo, agrupamiento, asociación y reducción de la dimensionalidad, según la función general que desempeñan.

Los algoritmos de agrupación o *clustering* procesan los datos a partir de las estructuras o patrones que encuentran en ellos, clasificándolos en subconjuntos que pueden ser: exclusivos —cada elemento pertenece a un solo grupo—, superpuestos —existen elementos que pueden pertenecer a más de un grupo—, jerárquicos —se establece un orden jerárquico en el que ciertos grupos pueden englobar a otros— o probabilísticos —cada dato forma parte de todos los conjuntos, pero solo con cierto grado de probabilidad que va de 0 (no pertenece) a 1 (solo pertenece a ese)—. Las aplicaciones de los algoritmos de agrupación son muy numerosas y abarcan desde el *marketing* —por ejemplo, para dividir segmentos de público objetivo o audiencias en función de sus patrones comunes de compras o intereses—, los servicios de atención al cliente, la identificación de comunidades y tendencias en redes sociales y la ciberseguridad,

---

[117]   Como máquinas de Boltzmann, redes de Hopfield, *autoencoders* o máquinas de Helmhotz.

[118]   Algoritmos para agrupamiento o *clustering*: k-medias, modelos de mezcla gaussiana (GMM) y DBSCAN. Para asociación: algoritmos *apriori*, ECLAT (*equivalence class clustering and bottom-up lattice traversal*) y de crecimiento FP (*frequent pattern*). Para reducción de la dimensionalidad: análisis de componentes principales (PCA) y descomposición en valores singulares (SVD). Entre otros.

hasta la clasificación de especies en biología, la catalogación de libros en bibliotecas y librerías, el análisis de zonas geográficas o fenómenos meteorológicos por áreas —por ejemplo, para determinar zonas de peligro de desastres— y la clasificación de imágenes.

Los sistemas de asociación dentro del aprendizaje automático no supervisado pretenden encontrar, ya no el tipo de datos que deben analizar, sino las correspondencias que existen entre ellos. En otras palabras, cómo o por qué están relacionados entre sí. Descubrir este tipo de correlaciones puede ofrecer información muy valiosa en el ámbito del comercio, como mostraron Rakesh Agrawal, Tomasz Imieliński y Arun Swami, que desarrollaron las primeras reglas de asociación en el entorno de un supermercado —por ejemplo, existen relaciones como que, si alguien compra hamburguesas, se da una probabilidad bastante alta de que también compre patatas o que, si compra cuchillas y loción de afeitar, posiblemente en su próxima visita también compre loción—. Con el fin de medir este tipo de conexiones, los algoritmos de asociación utilizan, principalmente, tres parámetros, que se entienden muy bien en el escenario del supermercado: el soporte (*support*) —la proporción de transacciones o cestas de la compra, en la que se incluye un producto—, la confianza (*confidence*) —veces que se adquiere un producto cuando se ha adquirido otro determinado— y la mejora de la confianza (*lift*) —cuántas veces se adquieren dos productos determinados juntos respecto a lo esperado probabilísticamente—.

Las aplicaciones de este tipo de aprendizaje no supervisado, además de ser numerosas en el ámbito del comercio —análisis de la cesta de la compra, segmentación de clientes, recomendaciones...— lo son en otros ámbitos como la detección de fraudes, el análisis de redes sociales, el diagnóstico médico, la secuenciación de proteínas, el análisis del tráfico, el análisis de mercados... Sin embargo, como todo, también tienen sus limitaciones, y es que no siempre las relaciones que encuentran entre datos son útiles, interesantes o aportan algún tipo de información relevante que no se conozca de antemano. Asimismo, pueden resultar, simplemente, incomprensibles.

Queda por mencionar la reducción de la dimensionalidad, que no es otra cosa que la simplificación del número de variables, o características, que describen el conjunto de datos que tenemos para hacerlo más accesible o manejable. No siempre todas las características que podemos encontrar en un conjunto de datos son relevantes para nuestro objetivo, así que normalmente se puede prescindir de algunas de ellas. Llevar a cabo esta simplificación, en términos computacionales, tiene una gran importancia, ya que, dada la cantidad de datos con la que se opera de forma habitual, su gestión puede resultar inabordable —al menos mientras tengamos una capacidad de cómputo limitada— o presentar otro tipo de problemas, como que, ante el exceso de información, el algoritmo se adapte tan bien a ella que presente problemas para lidiar con entradas nuevas. La reducción de la dimensionalidad se considera, por tanto, también una manera de mejorar el rendimiento de los algoritmos sin perder en el proceso información demasiado crucial.

Se puede conseguir, fundamentalmente, de dos maneras: por selección o por extracción de variables. El primer caso implica elegir dentro del conjunto de datos las características más relevantes, mientras que se desechan otras que pueden ser irrelevantes o redundantes para la función que se pretende llevar a cabo. Por ejemplo, para vender fruta en un supermercado podríamos prescindir de una característica que especificara si tiene rabito o no, en cambio, el tamaño o el estado de maduración sí resultarían importantes. Para realizarlo se emplean métodos de filtrado —utilizan la estadística para seleccionar las características más importantes—, envolventes —se va entrenando al algoritmo añadiendo o eliminando variables en función de los resultados— e integrados —una mezcla de los dos anteriores—. En el segundo caso, la extracción de variables, lo que se lleva a cabo es crear otras nuevas combinando o transformando las existentes, de tal manera que simplifiquen el sistema, pero tratando de perder la menor cantidad de información en el proceso. Podría suceder que, si en un sistema dispongo de variables como el espacio y el tiempo, las reduzca a una sola que es una relación entre ambas: la velocidad.

La reducción de la dimensionalidad se aplica, entre otros, al procesamiento y compresión de imagen y vídeo, al reconocimiento del discurso y los modelos del lenguaje natural, a la selección de características y detección de anomalías en los datos, a la eliminación de ruido, el análisis de datos financieros, el diseño de circuitos analógicos, a la genómica y las neurociencias...

Llegados a este punto, y dadas las ventajas e inconvenientes de cualquier sistema de aprendizaje automático, tanto supervisado como no supervisado, ¿no sería posible encontrar un punto intermedio entre ambos? Existe: el aprendizaje semisupervisado. Nada impide utilizar en el conjunto de datos de entrenamiento de un algoritmo una pequeña fracción de información etiquetada junto a otra fracción no etiquetada. Esto, por un lado, ahorra tiempo, pero también implica que se mejore en gran medida la precisión de los datos de salida.

Para obtener una visión general de la cuestión del aprendizaje automático, la siguiente tabla con sus principales características puede resultar de gran ayuda:

Tabla 1. TIPOS DE APRENDIZAJE AUTOMÁTICO			
	Supervisado	No supervisado	De refuerzo
Datos	Etiquetados.	No etiquetados.	Los obtiene, fundamentalmente, del entorno.
Supervisión	Supervisado.	Sin supervisión.	Sin supervisión.
Uso	Regresión y clasificación.	Agrupación, asociación y reducción de la dimensionalidad.	Exploración y explotación.
Propósito	Llegar a conclusiones sobre los datos.	Descubrir patrones subyacentes.	Aprender una serie de acciones para satisfacer un objetivo.
Aplicaciones	Diagnósticos médicos, clasificación de correo, detección de fraude...	Análisis de datos, detección de patrones y anomalías, compresión de datos, reducción de ruido...	Coches autónomos, robótica, análisis de textos...

Pero ¿de dónde sale toda esa cantidad de datos?

La cuestión de la obtención de los datos para entrenar inteligencias artificiales es una de las que más polémica está provocando en la actualidad, sobre todo en lo referente a los derechos de autor y la propiedad intelectual, en los casos en los que estas beben de la información disponible en internet —que primero recopilan y preparan equipos y colaboradores humanos para poder usarlos con el objeto de entrenar a los modelos—,[119] sin tener en cuenta si sus autores autorizan su uso para este fin o no. Pero existen bases de datos creadas ex profeso para el entrenamiento de redes neuronales, una de las cuales fue la pionera MNIST, creada en 1994 y ampliada sucesivas veces con muestras de escritura manual obtenidas de alumnos de secundaria y empleados de la Oficina del Censo de Estados Unidos. MNIST se creó para entrenar sistemas de procesamiento de imágenes y se está usando también, más recientemente, en el ámbito del *machine learning*. A fecha de 2004, constaba de más de 60 000 imágenes de entrenamiento y 10 000 para realizar pruebas.

Otra de las bases de datos más tempranas fue ImageNet, pensada para el entrenamiento de sistemas de visión por computador. Fue una idea que Fei-Fei Li, física e ingeniera eléctrica de la Universidad de Stanford, empezó a gestar en 2006 y que se presentó en público en 2009. A fecha de 2018 contaba ya con 14 millones de imágenes clasificadas y etiquetadas en más 22 000 mil categorías. La mera existencia de ImageNet ya facilitó que se produjera uno de los grandes puntos de inflexión dentro de la historia de la inteligencia artificial en 2012, con el que abandonamos el último invierno en el que estaba sumida: el desarrollo de AlexNET. Sin embargo, no adelantemos acontecimientos todavía.

En la actualidad existen muchas más bases de datos destinadas al aprendizaje automático, no en vano suponen una parte fundamental de este. Desde las puestas a disposición por multinacionales como Amazon Web Services, Azure (Microsoft) o Google, hasta las de la Public Library of Science (PLOS), muchísimas de ellas son accesibles de forma abierta.

---

[119] En función del tipo de algoritmo de inteligencia artificial, se recopilan ejemplos de textos, imágenes, música, etc., que hay que limpiar y preprocesar —a veces manualmente, a veces de forma automática—, antes de comenzar el entrenamiento.

Lo que está claro es que el resurgir del aprendizaje automático a partir del año 2000, y con mucha más fuerza en la última década, devolvió la ilusión por la inteligencia artificial. Esa que siempre iba y venía en función de los logros o los fracasos. En los albores del nuevo siglo, habíamos superado cuatro importantes obstáculos: las limitaciones de la inteligencia artificial simbólica, las restricciones de los sistemas expertos, las contrariedades que presentaban las redes neuronales monocapa, como el perceptrón, y la poca o nula accesibilidad a los datos que se necesitaba para desarrollar sistemas de inteligencia artificial más avanzados con ciertas garantías. Sin embargo, en cuanto se empezaron a crear nuevos algoritmos de aprendizaje automático, la disciplina cogió carrerilla de nuevo... ¿Acaso había llegado el momento de volver a enfrentarnos a una máquina?

IBM pensó que sí, que ya estaban listas para ascender al siguiente nivel.

Elemental, querido Watson

ALEX TREBEK: Echémosle un vistazo a la categoría para el *Final Jeopardy!*... Ciudades de Estados Unidos. Aquí está la pista: «Su mayor aeropuerto lleva el nombre de un héroe de la Segunda Guerra Mundial; el segundo más grande, el de una batalla de la Segunda Guerra mundial».

WATSON: ¿Qué es Toronto?????[120]

---

[120]   En *Jeopardy!* Se contesta en forma de pregunta, luego la respuesta que estaba dando Watson a la pista es Toronto, que era errónea, ya que ni siquiera es una ciudad principal de Estados Unidos —existen algunas con ese nombre, eso sí—. La correcta era Chicago.

La respuesta, que era evidente para Ken Jennings y Brad Rutter, dos de los participantes que más logros habían alcanzado en *Jeopardy!*, no lo fue para el ordenador Watson, que cometió un error garrafal. Aun así, el sistema creado por IBM —el nombre de Watson se lo pusieron en honor a Thomas J. Watson, fundador y primer director general de la compañía— ganó el concurso de televisión.

En 2004, mientras Charles Lickel, de IBM, cenaba en un restaurante con sus colegas, observó que el resto de los comensales miraba atentamente a la pantalla de televisión que había en el local y que, en ese momento, se estaba emitiendo el concurso de cultura general *Jeopardy!*. Desde que Deep Blue venciera a Garri Kaspárov en 1997, la compañía estaba buscando nuevos retos, así que a Lickel se le ocurrió: ¿por qué no programar una máquina capaz de participar en un concurso de preguntas y respuestas? En aquel momento suponía un gran desafío. Desarrollar un algoritmo capaz de jugar al ajedrez, que es un juego con unas reglas lógicas muy definidas era una cosa —una que había costado décadas conseguir, de hecho—, pero para jugar a *Jeopardy!* se necesitaban habilidades nuevas, «incluyendo análisis, clasificación y descomposición de preguntas, adquisición y evaluación automática de fuentes, detección de entidades y relaciones, generación de formas lógicas, y representación y razonamiento del conocimiento»,[121] y además, utilizarlas rápido, ya que el tiempo de respuesta era fundamental en el desarrollo del concurso.

Hasta aquel momento, el único sistema del estilo del que disponía IBM era Piquant, que tenía un porcentaje de acierto de un

---

[121]   Ferrucci, David; Brown, Eric; Chu-Carroll, Jennifer; Fan, James; Gondek, David; Kalyanpur, Aditya A., Lally, Adam; Murdock, J. William; Nyberg, Eric; Prager, John; Schlaefer Nico y Welty; Chris, «Building Watson: an overview of the DeepQA Project», *AI Magazine Fall*, 2010. [Traducción de la autora].

Watson, de IBM, fue capaz de ganar un concurso de cultura general como *Jeopardy!*, algo impensable hasta entonces en una máquina.

33 % al contestar preguntas de cultura general y que, además, precisaba varios minutos para dar una respuesta, pero fue con el que se trabajó al principio. Como no se obtuvieron los resultados esperados, la compañía se tuvo que plantear otras opciones.

Esas opciones llegaron en 2007 de la mano del equipo de David Ferrucci y la arquitectura DeepQA que, si bien no se aplicaba en exclusiva para jugar a *Jeopardy!*, se adaptó con este objetivo en Watson. Esta arquitectura funciona, a grandes rasgos, generando una multitud de hipótesis en paralelo ante las posibles respuestas a una pregunta. Para ello, determina primero los conceptos y relaciones importantes que aparecen en ella, construye una representación de su significado,[122] realiza las búsquedas necesarias en su base de datos —local, en este caso— y genera varias soluciones posibles, cada una con una cierta probabilidad de que sea correcta.

Esta manera de funcionar de DeepQA fue, en parte, responsable de que Watson fallara la pregunta de Toronto que hemos planteado al inicio de este apartado. El tipo de pista que se dio no era algo que un sistema de este tipo pudiera interpretar bien. Por un lado, no siempre las categorías de las preguntas, en este caso «Ciudades de Estados Unidos», eran determinantes para obtener la respuesta —aparte de que, en Estados Unidos, sí que existen varias ciudades con el nombre de Toronto—, luego Watson pudo haber descartado tranquilamente la conexión entre la categoría y la pista, que en este caso sí que era importante. Por otro lado, el propio Watson recalcó la poca fiabilidad de su respuesta con varios signos de interrogación, lo que indica que no estaba seguro de la conclusión a la que había llegado. No obstante, todo se reducía, en realidad, a uno de los grandes impedimentos para la creación de una inteligencia artificial general: Watson no podía entender lo que estaba leyendo y tanto la manera en la que el texto estaba redactado como el contexto le llevaron a interpretar la pregunta de forma demasiado literal.

Aun así, tras tres jornadas, Watson ganó el millón de dólares de premio del concurso —que IBM donó a obras de caridad— el 16 de febrero de 2011.

Al igual que había sucedido con Deep Blue, Watson copó las portadas de los periódicos. Había dado un paso de gigante en la

---

[122] A través de un análisis semántico, descomponía la información en conceptos clave y trataba de relacionarlos con posibles respuestas. Es una manera de trabajar propia de los modelos del lenguaje.

compresión del lenguaje natural y en un entorno real, como un concurso de televisión de este tipo. Algo mucho más impresionante que en el caso del ajedrez, porque una máquina no se estaba comportando como se espera de una máquina, y resultaba hasta simpática.

Pese a todas sus limitaciones, y a que el tiempo siempre vuelve obsoleto cualquier avance cuando es sustituido por otro, por muy impresionante que sea, Watson casi marcó el instante en que concluyeron veinte años de invierno, tal vez los últimos, de la inteligencia artificial.

El futuro ya está aquí

Es una idea muy extendida en la Tierra que algún día podrán suce-dernos máquinas muy perfeccionadas. No solo es una idea corriente entre poetas y novelistas, sino entre todas las clases de la sociedad. Quizás el motivo de que irrite a los espíritus superiores es el estar tan extendida y haber nacido espontáneamente en la imaginación popu-lar. Quizás es también por esta misma razón que encierra una parte de verdad. Solo una parte, pues las máquinas serán siempre máqui-nas, el robot más perfeccionado no es más que un robot. Pero ¿y si se trata de criaturas que poseen cierto grado de psique, como los monos? Precisamente los monos están dotados de un sentido agudo de imitación.
PIERRE BOULLE, *El planeta de los simios* (1962)

Si Watson supuso un hito mediático y despertó de nuevo el interés por la inteligencia artificial en el imaginario popular, el hito en el ámbito profesional y en el desarrollo de las redes neuronales modernas lo marcaría AlexNET, un sistema de reconocimiento de imágenes que logró un éxito sin precedentes.

El reconocimiento de patrones ha sido siempre, desde el perceptrón de Rosenblatt, una de las aplicaciones más habituales de las redes neuronales, y utilizarlo en el ámbito de las imágenes tampoco era nada nuevo cuando llegó AlexNET. Ya a finales de los años ochenta, Yann André LeCun y su equipo de los Laboratorios Bell habían conseguido aplicar con éxito el algoritmo de retropropagación a tal cometido; en este caso, al reconocimiento de códigos postales con dígitos manuscritos —la identificación de texto escrito a mano funciona de un modo similar a la interpretación de una imagen para un sistema de inteligencia artificial—. Su trabajo, para el que utilizaron la base de datos MNIST, culminó en 1995 con el desarrollo de LeNet-5, que, además, presentaba otra particularidad: fue la primera red neuronal convolucional, un tipo de arquitectura que obtuvo resultados sorprendentes. Pero el gran punto de inflexión lo marcó la mencionada AlexNET en 2012, que empleó el mismo tipo de arquitectura para ganar el ImageNet Large Scale Visual Recognition Challenge —donde distintos desarrolladores compiten en la creación de *software* para el reconocimiento y la clasificación de imágenes—, con un margen de error de un 15,3 %, más de diez puntos porcentuales por debajo del competidor más cercano.

Los creadores de AlexNET fueron Alex Krizhevsky, Ilya Sutskever[123] y Geoffrey Hinton.[124] Con su investigación dieron inicio a la tercera generación de redes neuronales. Tras los perceptrones simples monocapa —que consistían en una única capa de neuronas que actúa directamente sobre la entrada de datos y obtiene la

---

[123]   Ilya Sutskever es una de las figuras más prominentes de la última ola de la inteligencia artificial, además de cofundador y científico jefe de OpenAI.

[124]   El mismo Geoffrey Hinton que había desarrollado el algoritmo de retropropagación junto con Rumelhart y Williams. Era el supervisor de tesis Krizhevsky y, casualmente, trastataranieto de George Boole.

salida— y las posteriores redes multicapa —con una capa de entrada, una o varias ocultas, que van transformando y obteniendo características de las capas precedentes, y una capa de salida—, llegaba el *deep learning* o aprendizaje profundo: redes neuronales que cuentan con muchísimas más capas, en las que cada una es capaz de trabajar a diferentes niveles de abstracción. De ahí el adjetivo *deep* ('profundo'). En este nuevo tipo de redes también se incrementó de forma notable el número de neuronas, de apenas unos centenares durante los años noventa del siglo XX hasta alcanzar la cifra de millones durante la segunda década del siglo XXI; a modo de comparación, se estima que el cerebro humano tiene del orden de cien mil millones. Aún más, el número y el tipo de las conexiones entre neuronas también trajo nuevos cambios: las neuronas podían estar total o parcialmente conectadas entre sí, ya fuera de forma no recurrente —las conexiones fluyen en una sola dirección, desde la capa de entrada hasta la de salida— o recurrente —las salidas se pueden reutilizar en forma de entradas para nuevos cálculos—.

Al comienzo de la segunda década del siglo XX, la complejidad de las redes neuronales se disparó, hasta el punto de que sería prácticamente imposible abarcarlo todo aquí. Entonces aparecieron nuevas arquitecturas que mejoraron tanto su efectividad como su precisión, algo que tampoco habría sido posible sin las semillas que se habían sembrado durante el segundo invierno de la inteligencia artificial: un nuevo incremento en la capacidad de procesamiento de los ordenadores, la disponibilidad de cada vez más datos y el desarrollo de nuevos métodos para entrenarlas. Así, dentro del contexto del *deep learning*, aparecieron nuevos tipos de redes neuronales, los principales de los cuales fueron las redes convolucionales, las recurrentes, las generativas y los *transformers*, entre otras, amén de diversas combinaciones y variantes de cada una de ellas. En este capítulo, trataremos de ofrecer una visión general e intuitiva de las más importantes.

Redes neuronales convolucionales

El primer tipo de red neuronal que se empezó a utilizar en *deep learning*, como ya hemos mencionado, fue la convolucional, como LeNet-5 y AlexNET. Sobre todo esta última supuso tal mejora en tareas de reconocimiento de patrones que a ella le debemos la eclosión definitiva de esta rama de la inteligencia artificial. Una red neuronal convolucional (*convolutional neural network*, CNN) es una red multicapa, aunque bastante más compleja que una serie de perceptrones conectados uno a la salida del anterior, que es como eran las de la generación previa.

La mejor forma de entender su arquitectura y su funcionamiento es con un ejemplo. Tengamos en cuenta que las redes convolucionales se desarrollaron en el contexto del reconocimiento de imágenes y, en consecuencia, tratan de imitar la corteza y las áreas visuales del cerebro humano, esto es, las diferentes capas que las conforman y el modo en que cada una procesa los estímulos que recibe del exterior a través de diferentes niveles de complejidad. Así pues, ante una imagen en bruto, una red convolucional empezará, en las primeras capas, por buscar patrones básicos como líneas y bordes; en la siguiente, formas; luego, figuras... hasta llegar a patrones complejos como rostros o animales.

Analicémoslo con mayor detalle. En una primera fase, se recibirían los datos de la imagen: número de píxeles, codificación del color de cada uno de ellos, etc. Una primera capa, de *flatten* o

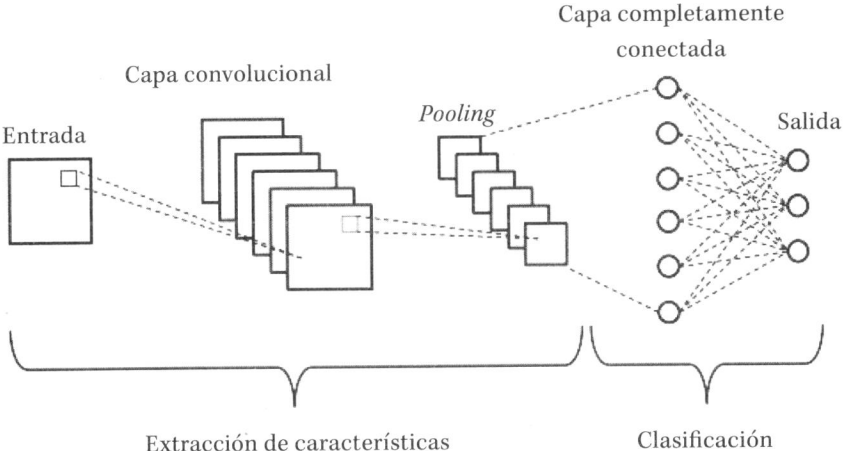

Diagrama muy simple del funcionamiento de una red convolucional. Lo habitual es que entre la entrada y la capa completamente conectada haya varias capas convolucionales conectadas sucesivamente.

aplanamiento,[125] los prepararía para transmitírselos a la primera capa de neuronas propiamente convolucional. A partir de ahí se iniciaría el análisis y la extracción de las características de cada píxel de entrada, utilizando diferentes filtros para clasificar colores, formas, etc., desde patrones muy simples a otros cada vez más complejos y generales, a medida que se recorren las diferentes capas. Para que la complejidad de los datos de salida no aumente de forma inmanejable al mismo tiempo que estos se van procesando y para evitar la propagación de errores, una capa de agrupación (*pooling*) hace una reducción de muestreo —restringe al mínimo las características necesarias para describir una imagen—,

[125] Supongamos que queremos que la red neuronal analice una imagen muy simple, de 3 x 3 píxeles, que estaría representada por una matriz de 9 valores. Lo que haría la capa de aplanamiento sería transformarla en una matriz, por ejemplo, de 9 x 1 valores, de tal manera que cada uno de esos nueve valores llegue a una neurona de la siguiente capa.

disminuyendo, con ello, el coste de procesamiento y aumentando la eficiencia. Por último, una serie de capas completamente conectadas, de tipo perceptrón, clasificarían todos esos datos y arrojarían el resultado final.

En la actualidad, una red convolucional puede estar formada por centenares de capas; sin embargo, las primeras que siguieron el camino de AlexNET —compuesta por ocho capas, cinco convolucionales y tres completamente conectadas—, apenas contaban con unas decenas.

Tras AlexNET, el primero de los retos consistió en aumentar el número de capas en este tipo de redes sin perder precisión. En parte, el concurso ImageNET siguió contribuyendo a que fuera así durante los años siguientes. En 2016 ya se habían alcanzado las 201 capas, con DenseNet, de Gao Huang, Zhuang Liu, Laurens van der Maaten y Kilian Q. Weinberger, amén de otras mejoras en la arquitectura de este tipo de redes.[126]

Uno de los sistemas más conocidos en el que se aplicaron redes convolucionales fue AlphaGo, de Google DeepMind, que ganó en 2016 al campeón mundial de este juego, Lee Sedol. Utilizaba un

---

[126] En 2013, la red ganadora del concurso ImageNET fue ZFNet, de Matthew Zeiler y Rob Fergus, con una arquitectura similar a AlexNET, pero mucho más eficiente, ya que necesitó tan solo 1,3 millones de imágenes para su entrenamiento frente a los 15 millones de la anterior ganadora. En 2014, Karen Simonyan y Andrew Zisserman, de la Universidad de Oxford, desarrollaron VGGNet, que contaba ya con diecinueve capas. GoogLeNet, creada por Christian Szegedy y su equipo de Google en 2014, además de aumentar el número de capas hasta veintidós, introdujo el concepto de *inception module* —varias capas convolucionales capaces de trabajar a diferentes escalas sobre un mismo dato de entrada de forma simultánea, lo que permite disminuir la profundidad y extensión de la red y mejorar el rendimiento—. Kaiming He, Xiangyu Zhang, Shaoqing Ren y Jian Sun, de Microsoft Research, ganaron el concurso ImageNET en 2015 con la arquitectura de red neuronal residual ResNet, que tiene múltiples aplicaciones, no solo en redes neuronales convolucionales. Más moderna es la mencionada DenseNet, de 2016, en la que cada una de sus 201 capas está conectada y recibe información de todas las anteriores a la par que envía sus propios datos de salida a las siguientes.

algoritmo de árbol de búsqueda de Montecarlo[127] y dos redes neuronales convolucionales de trece capas y 160 000 neuronas; una capa evaluaba la probabilidad de que determinado movimiento le permitiera ganar la partida y otra evaluaba todos los movimientos posibles desde la situación actual del juego.

Las redes neuronales convolucionales cuentan con la ventaja de que pueden trabajar con datos en bruto, con imágenes sin ningún tipo de procesamiento inicial y sin supervisión humana, y además ofrecen resultados muy precisos. No obstante, requieren grandes cantidades de datos ya clasificados y etiquetados para su entrenamiento, presentan mayor inestabilidad a medida que se aumenta el número de capas y son muy susceptibles al ruido y a pequeñas variaciones en los datos —como los cambios de orientación, tamaño o color habituales de un objeto— que pueden llevarlas a conclusiones erróneas.

Una característica que define las redes neuronales convolucionales es que los datos de salida de una capa conforman los datos de entrada de la siguiente, de forma sucesiva, en un proceso de aprendizaje que siempre va «hacia delante». Este tipo de redes neuronales se denominan «prealimentadas» (*feedforward neural networks*, FNN). pero existe otro tipo de redes en las que esto no es así, y se pueden utilizar los datos de salida para retroalimentar las entradas de las neuronas precedentes, lo que las dota, además, de «memoria»: son las redes neuronales recurrentes (*recurrent neural networks*, RNN). Y la idea que condujo a su desarrollo es

---

[127]   Se trata de un método de análisis y decisión de jugadas en el que el sistema analiza las jugadas conocidas, explora las posibilidades y añade otras nuevas si lo ve posible; entonces proyecta el final de la partida y, por último, recoge ese conocimiento obtenido a partir del resultado y lo utiliza para actualizarse. Aunque el método ya se había desarrollado y aplicado al juego del go en torno a 2006, fue con AlphaGo cuando se integró en el contexto del *deep learning*.

incluso más antigua que los primeros avances teóricos de la inteligencia artificial en los albores del siglo xx.

Redes neuronales recurrentes

En 1925 Ernst Ising y Wilhelm Lenz propusieron un modelo matemático para explicar el fenómeno del ferromagnetismo[128] de los materiales utilizando la mecánica estadística. Un material ferromagnético es, básicamente, aquel que se ve atraído por un imán. Este fenómeno sucede porque, en presencia de un campo magnético externo, los momentos magnéticos de las partículas que lo componen se alinean en la misma dirección que este. Sin entrar en detalles matemáticos, lo que hace el modelo de Ising es representar la estructura de este tipo de materiales en forma de red de una o varias dimensiones, en la que cada punto de la red es un átomo. Pero los materiales ferromagnéticos presentan otra propiedad denominada «histéresis», que es algo similar a una memoria. Consiste en lo siguiente: si acercamos un imán a un trozo de hierro, los momentos magnéticos de sus átomos se alinearán, pero, al retirarlo, no todos volverán a su posición original, sino que algunos se quedarán alineados, lo cual dará lugar a un campo residual. Si quisiéramos que el material volviera a su estado inicial, sería necesario aplicar un campo inverso de la intensidad adecuada para que todos los momentos magnéticos de las partículas que lo componen regresaran a su anterior disposición.

El modelo de Ising es lo que se denomina una «red autoorganizada». Shun'ichi Amari planteó, en 1972, que tal vez este tipo de

[128]   Un material ferromagnético sería, por ejemplo, el hierro. Algunos elementos menos comunes también muestran esta propiedad, pero solo a determinadas temperaturas.

modelos podrían aplicarse no solo al modo de funcionamiento y aprendizaje del cerebro, sino a las redes neuronales, ya que, de alguna manera, «recuerdan» parte de la historia que dejan en ellos los estímulos que han recibido del exterior. William A. Little también hizo un planteamiento similar en 1974. Una década más tarde, en 1982, John Hopfield concretó estas ideas en la red neuronal que lleva su nombre: la red de Hopfield, que no es sino un modelo de Ising dinámico en el que en vez de átomos habría neuronas y en vez de *spins* o momentos magnéticos, estados de «encendido» y «apagado». El modelo de Hopfield es, ahora que ya hemos introducido algunos conceptos, una red monocapa de neuronas completamente conectadas de forma recurrente.

La particularidad de las redes de Hopfield radica en que, debido al modelo en el que se basan, tienen memoria asociativa, de manera que pueden recuperar información relacionando un patrón de entrada con uno que hayan memorizado previamente.

No obstante, uno de los problemas que pronto manifestaron este tipo de redes neuronales recurrentes era que, aunque podían almacenar información y disponían de memoria, esta no se mantenía a largo plazo, ya que su capacidad era limitada y los nuevos patrones que llegaban de la retroalimentación podían interferir con los antiguos. Esto suponía un inconveniente en aquellos casos en los que esos datos antiguos eran necesarios, tiempo después, para realizar alguna predicción. Tampoco había forma de decidir si los «recuerdos» que iban creando estas redes se podían borrar o convenía mantenerlos, amén de otras dificultades técnicas que se presentaban durante la fase de entrenamiento. La primera solución llegó por parte de la arquitectura de *long short-term memory* (LSTM), la más usada a día de hoy, que desarrollaron Josef Hochreiter y Jürgen Schmidhuber en 1997. Esta arquitectura permite decidir qué información borrar si esta, por ejemplo, ya no es relevante —puerta de olvido—; qué información añadir, en caso de que sí lo sea —puerta de entrada—, y qué información se transmitirá finalmente a través de la salida y pasará a la siguiente capa —puerta de salida—.

Pero estos no son los únicos modelos, pues, en la actualidad, el abanico de arquitecturas de redes neuronales recurrentes es bastante numeroso. Algunos ejemplos más serían las redes neuronales recurrentes bidireccionales, que consisten en dos redes conectadas entre sí, cada una en un sentido, con lo que manejan información tanto de las capas sucesivas como de las anteriores; o las unidades recurrentes cerradas (*gated recurrent unit*, GRU), que se crearon en 2014 para resolver los mismos problemas que las LSTM y son relativamente parecidas.[129]

Como todo tipo de red neuronal, las redes recurrentes también presentan sus ventajas y sus inconvenientes en función de la aplicación que se les quiera dar o el objetivo para el que se las entrene. Así, entre sus ventajas podemos destacar, además de que disponen de memoria, su capacidad de procesar datos secuenciales, así como el hecho de que toman en consideración tanto los datos que se les proporcionan como los propios resultados que obtienen. No obstante, entre sus inconvenientes está el hecho de que su complejidad aumenta con el nivel de recurrencia, con la consiguiente necesidad de mayores recursos computacionales; asimismo, no son fáciles de entrenar y los pesos de las neuronas pueden o bien dispararse con la propagación de errores —explosión del gradiente—, o bien llegar a desvanecerse por completo —problema del

---

[129]   En una GRU, las puertas de olvido y entrada propias de la LSTM se agrupan en una sola, la puerta de actualización, y además tienen una puerta de reinicio que decide qué información previa debe tenerse en cuenta.

desvanecimiento—. También pueden mostrar problemas en la gestión de la memoria para secuencias muy largas de datos o incurrir en comportamientos caóticos, en cuyo caso hay que tener en cuenta la teoría de sistemas dinámicos.

Las redes neuronales recurrentes también se usan en el reconocimiento de imágenes, pero, además, al ser capaces de tratar con series de datos temporales,[130] son las más idóneas para encontrar patrones en ellos y hacer predicciones, por ejemplo, de valores en bolsa o ventas. No obstante, donde probablemente hayan cosechado sus mayores éxitos es en el ámbito del procesamiento del lenguaje natural, la traducción automática, las inteligencias artificiales conversacionales, la transcripción de voz a texto y el reconocimiento del discurso. Se trata del tipo de tecnología que utilizan, por ejemplo, Siri, Alexa, Cortana o el asistente de Google, así como DeepSpeech, un sistema de reconocimiento de voz de Mozilla. El traductor de Google, además, es un tipo de red recurrente LSTM. Otras empresas que utilizan o han utilizado redes neuronales recurrentes en sus productos son Amazon, Facebook, YouTube, Netflix, Spotify o el buscador chino Baidu. Sin embargo, por si estas aplicaciones fueran poco, las capacidades de las redes neuronales pueden llegar a ser mucho más impresionantes.

De la lógica al arte

Joseph Weizenbaum, lamentablemente, falleció en el año 2008. Tras su libro de 1976, en el que se preguntaba si podría un ordenador

---

[130] Una serie de datos temporales es, simplemente, una serie de mediciones tomadas a intervalos regulares. Por ejemplo, el precio de un producto a lo largo de un año, registrado cada mes, lo que permite analizar tendencias.

tener ideas originales, componer una sinfonía o escribir un poema, habría sido interesante contar con su opinión acerca de los sistemas de inteligencia artificial generativa que tanto asombro están causando a día de hoy, sobre todo en los ámbitos del procesamiento del lenguaje natural y en la representación de texto en imágenes, ya sean estáticas o en vídeo.

Tengamos en cuenta que «inteligencia artificial generativa» no es una denominación que se refiera a ningún tipo de arquitectura en concreto, sino a sistemas capaces de generar material —texto, imágenes, vídeo, etc.— que no existía previamente. Esto se hace hoy en día con redes neuronales de aprendizaje profundo, pero no siempre fue así. Los primeros sistemas generativos también fueron simbólicos, basados principalmente en reglas y en la lógica formal.

Desde que la inteligencia artificial pasó del mito a sistemas reales capaces de realizar cada vez tareas más diversas, la posibilidad de que desempeñara actividades que consideramos creativas se vio —o se quiso ver— como algo inalcanzable. El arte, durante mucho tiempo, fue la línea que separaba lo artificial de lo humano, lo que, de alguna manera, mantenía nuestra esencia humana a salvo. Prácticamente nadie dudó nunca de que una máquina pudiera llegar a demostrar teoremas matemáticos o que sería campeona de ajedrez: eran lógicas y frías, ese era su trabajo. En consecuencia, el hecho de que nos superaran en ese tipo de actividades lo asumimos desde el primer momento. No obstante, siempre nos aferramos a pensar que la creatividad y el arte iban a exceder sus capacidades. Esa era, por lo tanto, la línea que casi siempre tenía que superar un robot en las historias de ciencia ficción para que tuviera lugar ese giro de guion que lo convirtiera en ser humano de pleno derecho. Aun así, que no creyéramos, o no quisiéramos creer, que fueran a desarrollar esas habilidades no significaba que no fuéramos a intentar que lo hicieran.

Una de las primeras exposiciones de computadores que «creaban arte», la *Computergraphik,* tuvo lugar en Stuttgart en febrero de 1965. En ella el matemático alemán George Nees mostró un dispositivo programado en lenguaje ALGOL capaz de dibujar formas geométricas. La tesis que Nees presentaría en 1969, titulada *Generative Computergraphik* y publicada después en forma de libro, se considera una de las primeras sobre sistemas generativos gráficos. A Nees le seguirían en el mundo del arte digital Frieder Nake, también de Stuttgart y junto al cual organizaría nuevas exposiciones, y A. Michael Noll, un ingeniero de Nueva Jersey.

Sin embargo, tal vez el proyecto de este tipo más longevo fuera el que Harold Cohen empezó a desarrollar entre finales de los años sesenta y principios de los setenta del siglo XX. Cohen era un artista británico que empezó a interesarse por la informática[131] y a preguntarse si las computadoras podrían ayudar a entender cómo los artistas procesaban la información en su cerebro hasta transformarla en una de sus creaciones. Esto es, quería llegar al corazón no del pensamiento lógico, sino del creativo, y cualquiera que haya conocido a un artista entenderá a qué podríamos estar refiriéndonos. Más tarde, en la Universidad de San Diego, aprendió FORTRAN con Jef Raskin —fundador, posteriormente, del proyecto Macintosh para Apple—, y empezó a programar. En 1971 desarrolló su primer sistema de dibujo por ordenador, que lo llevó a colaborar con John McCarthy y Edward Feigenbaum durante dos años en el Laboratorio de Inteligencia Artificial de la Universidad

---

[131] Aunque el primer ordenador con el que Cohen tuvo contacto fue un CDC 3000 de la Universidad de San Diego —un armatoste enorme que funcionaba con tarjetas perforadas—, fue la década de los sesenta la que vio nacer el ordenador personal y la que popularizó la informática. No es de extrañar, en este contexto, que suscitara interés en muchos ámbitos, entre ellos, el del arte.

de Stanford y, en 1972, nació AARON, un proyecto que Cohen hizo evolucionar y siguió mejorando hasta su muerte, en 2016.[132]

La primera versión de AARON estaba programada en lenguaje C,[133] no se utilizaría el lenguaje de programación LISP hasta más tarde. Podía, además, conectarse a un dispositivo «robótico» que, efectivamente, creaba obras físicas que llegaron a exponerse en lugares como el Museo de Arte Moderno de San Francisco o la Tate Gallery.

Tras los primeros quince años de desarrollo, Harold Cohen explicaría:[134]

En todas sus versiones anteriores a 1980, AARON se ocupa exclusivamente de aspectos internos de la cognición humana. [...] El programa podía diferenciar, por ejemplo, la figura y el fondo, el interior y el exterior, y funcionar en términos de similitud, división y repetición. Sin ningún conocimiento específico del mundo externo, AARON constituyó un modelo severamente limitado de cognición humana, sin embargo, las pocas cualidades primitivas que encarnaba demostraron ser notablemente poderosas a la hora de generar imágenes altamente evocadoras: imágenes que sugerían, sin describirlo, un mundo externo.

AARON, con el tiempo, llegó a contar con cierto nivel de autonomía y era capaz de crear sus propios dibujos a partir de las instrucciones preprogramadas que Cohen le había dado: reglas de dibujo

---

[132]   Al no ser de código abierto, el desarrollo de AARON finalizó con el fallecimiento de su creador.

[133]   El lenguaje C es un lenguaje de propósito general creado a finales de los sesenta y principios de los setenta por Dennis Ritchie en los Laboratorios Bell. Se utiliza en el desarrollo de sistemas operativos y controladores de *hardware*, incluso a día de hoy, pese a su antigüedad.

[134]   Cohen, Harold, «How to draw three people in a botanical garden», *AAAI '88: Proceedings of the Seventh AAAI National Conference on Artificial Intelligence*, 1988. [Traducción de la autora].

para crear líneas y figuras, de composición, uso del color, de la perspectiva, etc. De todas maneras, su aprendizaje se basaba meramente en los ajustes y actualizaciones que realizaba su creador, lo que, en cierto modo, limitaba su creatividad y su capacidad de innovación artística. En cualquier caso, AARON fue uno de los primeros sistemas que puso a prueba a las computadoras en un terreno que, en aquel momento, no podía encontrarse más alejado de aquel otro en el que se estaban desarrollando los sistemas simbólicos de la época.

Hoy en día, con herramientas como DALL-E, Midjourney o Stable Diffuson, AARON y los sistemas anteriores podrían recordar más al autómata dibujante de los hermanos Jaquet-Droz, del siglo XVIII[135] —solo que actualizado y adaptado a la tecnología de mediados y finales del siglo XX—, que a una inteligencia artificial moderna. De lo que no cabe duda es de que marcó el camino hacia el tipo de sistemas que están acaparando la atención de los medios en los últimos años: la inteligencia artificial generativa.

Como ya hemos indicado, la inteligencia artificial generativa «genera cosas», independientemente de su arquitectura. Las actuales sí que utilizan el *deep learning* y eso ha determinado que sus capacidades estén a años luz de las de sus predecesoras del siglo XX. Tampoco se trata de sistemas de un solo tipo, sino que dan cabida a una serie de arquitecturas y modelos entre los que podemos encontrar autocodificadores (*autoenconders*),[136] redes generativas adversativas (*generative adversarial networks*, GAN), modelos de difusión o *transformers*.

---

[135]   La pianista, el dibujante y el escritor fueron tres autómatas fabricados por la familia de relojeros suizos Jaquet-Droz, que se convirtieron en una sensación en la época. El dibujante, en concreto, tenía el aspecto de un niño y era capaz de realizar cuatro dibujos distintos: un retrato de Luis XV, una pareja real, un perro y a Cupido subido a una carroza.

[136]   Existen varios tipos de *autoencoders*, algunos son: *standard, denoising* (DAE), *sparse, convolutional, adversarial* (AAE), *variational* (VAE)... solo desarrollaremos estos últimos.

Que las capacidades de los sistemas generativos actuales sean espectaculares no significa que no tengan también limitaciones. Y es que solo generan tipos de contenido similares a los datos de entrenamiento—algo que, como veremos más adelante, está causando gran polémica en lo referente a la procedencia de esos datos y el respeto hacia los derechos de autor—. Esto quiere decir que, pese a la espectacularidad de sus resultados, no están creando, en realidad «nada nuevo», aunque este enfoque tiene una objeción: ¿acaso los seres humanos lo hacemos? ¿No aprendemos nosotros, al fin y al cabo, de los estímulos exteriores y luego los combinamos para crear algo distinto? Esto plantea un interesante debate acerca de la naturaleza de la creatividad y la innovación.

Los primeros modelos generativos de *deep learning* surgieron en el año 2013. Uno de ellos fueron los autocodificadores variacionales (*variational autoencoders*, VAE), creados por Diederik P. Kingma y Max Welling del Grupo de Aprendizaje Automático de la Universidad de Ámsterdam. Se trata de un tipo de red neuronal que se ideó para el aprendizaje no supervisado, aunque puede dar buenos resultados en otros tipos de aprendizaje. Consta, como cualquier *autoencoder*, de tres partes: un codificador (*encoder*) similar a una red convolucional, excepto en su última capa; un cuello de botella o espacio latente que sirve de nexo y un decodificador (*decoder*), que funciona de forma inversa al codificador y es capaz de crear datos de salida similares a los datos de entrenamiento. En el caso del VAE, el espacio latente utiliza un enfoque probabilístico que le permite crear nuevas muestras y no solo reconstruir las entradas originales. Por poner un ejemplo, imaginemos que queremos hacer una tortilla de patata y disponemos de una despensa llena de alimentos. Primero tenemos que seleccionar aquellos que podríamos necesitar, como huevo, patatas, cebolla, aceite, sal y tal vez algún

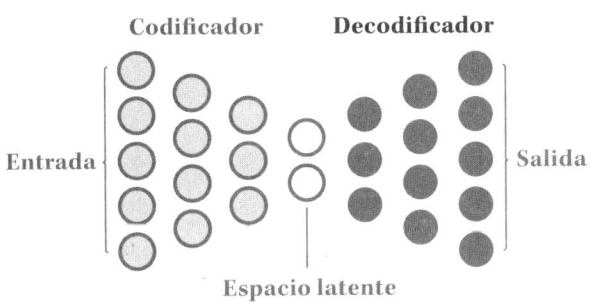

Codificador Decodificador

Entrada

Salida

Espacio latente

Diagrama simple de un autocodificador.

otro. Esta sería la labor del codificador. Con dicha selección de ingredientes, podríamos encontrar diversas variaciones de la receta: ¿tortilla con cebolla?, ¿sin cebolla?, ¿más cuajada?, ¿menos cuajada?, ¿más sal?, ¿menos sal?... Todas ellas se encontrarían en el espacio latente, tanto las conocidas como otras variantes que pueda generar él mismo. El decodificador final sería la persona que está cocinando, que elige una de esas recetas en función de sus gustos, mezcla los ingredientes y prepara la tortilla. El proceso de entrenamiento consiste en que el VAE aprenda qué tipo de tortilla debe cocinar con los ingredientes que se le proporcionan.

Los VAE se suelen utilizar para la generación de imágenes, la detección de anomalías y, en los últimos tiempos, para el análisis de espacios de datos comprimidos así como de las relaciones entre ellos.[137] Stable Diffusion, por ejemplo, una inteligencia artificial capaz de crear imágenes digitales a partir de instrucciones dadas en lenguaje natural, y desarrollada en 2022 por las compañías

---

[137] Las redes neuronales suelen reducir las dimensiones de los datos de entrada para poder manejarlos. En el caso del VAE, en el cuello de botella se halla una representación de los datos originales que forma lo que se conoce como «espacio latente». Entender cómo esos datos representan la realidad y aprender a manejarlos es clave para la precisión y eficiencia de las redes neuronales. Precisamente, ese espacio latente marca una de las limitaciones de los autocodificadores, ya que no siempre es fácil interpretar y convertir esa entrada en una salida que tenga sentido.

Runway y LMU Munich, utiliza este tipo de modelo en una parte de su arquitectura junto con un codificador de texto y una red convolucional U-Net.[138]

Otro tipo de sistemas son las redes generativas adversativas. Como los VAE, las GAN también se concibieron originalmente como modelos de aprendizaje no supervisado, aunque luego ofrecieron buenos resultados en aprendizaje supervisado, semi-supervisado y, en este caso, también de refuerzo. Sus artífices fueron Ian Goodfellow[139] y otros investigadores de la Universidad de Montreal. Las GAN están formadas por dos redes neuronales que «compiten» entre sí: un generador y un discriminador. Básicamente, el discriminador debe tratar de distinguir cuáles de los datos de entrada que recibe son genuinos y cuáles producto del generador. Tengamos en cuenta que, cuanto mejor sea un discriminador, el generador se verá forzado a mostrar imágenes mejores y más realistas para engañarlo. Es decir, una red generativa adversativa bien entrenada puede llegar a detectar matices que harán que los datos de salida que produzca sean extremadamente realistas. Esto ha llegado a provocar ya algunos quebraderos de cabeza y ha puesto sobre la mesa algunas cuestiones éticas. Es el caso de los *deepfakes* a varios niveles —texto, imágenes, vídeo, discurso hablado... que falsean la realidad, las noticias o suplantan identidades, como las de personajes famosos—, que, en ocasiones, son prácticamente indistinguibles de los datos reales. Al respecto, no son pocas las aplicaciones de este tipo que han surgido en los últimos años, como FakeApp, Faceswap, DeepFaceLab, Synthesia...

---

[138] La U-Net es un tipo de red convolucional diseñada por Olaf Ronneberger, Philipp Fischer y Thomas Brox en 2015 para clasificar los píxeles de una imagen.

[139] Ian Goodfellow se incorporaría posteriormente al equipo científico de Google Brain y formaría también parte de Apple y OpenAI.

Algunos de los usos de las GAN son ya muy populares: análisis y generación de imágenes, transformación de características de una imagen —cambiando, por ejemplo, el estilo o la iluminación sin perder las propiedades esenciales—, creación de imágenes a partir de texto, etc. Además de estas, existen otras aplicaciones más técnicas y muy interesantes, como su uso para la ampliación de las muestras de datos de entrenamiento produciendo otros nuevos que cumplan con las características de los originales, la mejora de la resolución de imágenes, etc. No obstante, y a pesar de todas las posibilidades que ofrecen, son sistemas relativamente inestables, que necesitan de bastantes recursos a nivel computacional y, en ocasiones, ofrecen salidas tan fieles a los datos originales que pecan de reproducir prácticamente sin variaciones la información de entrada, con lo que dejan de ser útiles.

El primer modelo de difusión fue obra de Jascha Sohl-Dickstein[140] en el año 2015. En este caso, no se trata de una arquitectura, sino de «una forma de hacer las cosas», sobre todo, la generación de imágenes a partir de texto que tantos y tan buenos resultados está dando. Los modelos de difusión, a grandes rasgos, aprenden destruyendo los datos de entrada —añadiéndoles ruido— y luego tratando de revertir el proceso para recuperar la información original. Superaron el desempeño de las GAN tanto en lo referente al realismo como a la diversidad de las imágenes que generaban, así que son los que han adoptado ampliamente aplicaciones como DALL-E, Stable Diffusion, Midjourney o Imagen, aunque no se limitan a esta tarea, sino que se pueden emplear en otros ámbitos como el entretenimiento, con la generación de audio y música, la síntesis de texto, el modelado de sistemas climáticos, el análisis de redes sociales, el comercio o el *marketing*.

[140] Los desarrolló en la Universidad de Stanford. Luego se trasladó a Google DeepMind.

Todo lo que necesitas es atención

Pero si los modelos generativos para la creación de imágenes han supuesto una revolución en esta década, los modelos de procesamiento del lenguaje no se han quedado atrás. El punto de inflexión lo marcó un equipo de Google en 2017 cuando presentó el «mecanismo de atención» para redes neuronales, lo que permitió el desarrollo de los *transformers,* en su artículo «Attention is all you need».

El mecanismo de atención es una forma de trasladar a las redes neuronales lo que hace nuestro cerebro al procesar información, es decir, cómo filtramos de manera innata, qué partes de cualquier estímulo que recibimos desempeñan un papel más importante mientras que desechamos otras en función de las circunstancias, las posibles amenazas que supongan, etc. Asimismo, sirve para dar significado, por ejemplo, a una frase, como veremos enseguida. Pero ¿cómo se puede aplicar esto a una red neuronal? De nuevo, jugando con los pesos de los datos de entrada, buscando la forma de asignar más peso a aquellos estados específicos que resulten más relevantes para la salida que se busca. Con este mecanismo se conformaría un nuevo tipo de arquitectura de redes neuronales: los *transformers.* Pero veamos cómo funcionan de forma más concreta en el caso del procesamiento del lenguaje.

Uno de los grandes problemas al tratar de procesar datos lingüísticos es que el lenguaje, a diferencia de otro tipo de datos, requiere, por un lado, de un contexto que no siempre resulta fácil proporcionarle a una máquina y que puede cambiar en cualquier momento y, por otro, de memoria para poder relacionar y retomar conceptos que han aparecido en otros momentos de la comunicación. En este sentido, las redes neuronales recurrentes habían supuesto un gran avance, sobre todo en lo referente a la memoria, y en especial las LSTM, pero la manera de funcionar de los algoritmos hacía inviable su aplicación al lenguaje. Como ya hemos visto, surgían problemas de explosión o desvanecimiento del gradiente para secuencias largas de datos, su memoria era limitada, etc. Estas redes tampoco muestran una gran habilidad para captar relaciones globales entre palabras debido a su funcionamiento secuencial.

Un modelo del lenguaje debe ser capaz no solo de recordar, sino de comprender conjuntos de datos —frases, párrafos— cuyo significado es algo más que la suma de las palabras que los forman. Para eso hace falta un procesamiento de la información *en paralelo* con el que modelos anteriores no contaban. Es decir, en lugar de procesar cada palabra de una en una, era necesario que lo hicieran con todas a la vez. Había que encontrar otra manera de enseñar a estos sistemas.

El mecanismo de atención creado por el equipo de Google[141] llevó al desarrollo de la arquitectura *transformer*, que, en su forma más básica, consiste, por un lado, en un codificador que convierte el texto en bruto en unas representaciones conocidas como incrustaciones (*embeddings*) y, por otro, un descodificador que toma esas incrustaciones, las relaciona con resultados anteriores y, basándose en todo ello, predice el orden adecuado de las palabras y escribe una oración. De forma más ilustrativa, un *transformer* funciona como cuando estamos leyendo una novela con el objetivo de contársela a alguien. La novela entra por el codificador, que transforma las palabras en un tipo de datos que el sistema pueda manejar o *embeddings*; ese sería nuestro

---

[141] Ashish Vaswani, Noam Shazeer, Niki Parmar, Jakob Uszkoreit, Llion Jones, Aidan N. Gomez, Łukasz Kaiser e Illia Polosukhin.

proceso de lectura. Mientras leemos nos fijaríamos en las partes más relevantes de la trama —mecanismo de atención—, a la par que memorizamos detalles de la historia, sucesos clave y relaciones entre personajes —memoria—. Con eso, ya podríamos extraer la información necesaria y contar de qué trata el libro —decodificación y salida—.

Algunos ejemplos de *transformers* son el algoritmo de búsqueda BERT (*bidirectional encoder representations from transformers*), de Google; watsonx Assistant, de IBM; la familia GPT (*generative pre-trained transformer*), de Open AI; PaLM (*pattern and language model*), de Google, o BLOOM, otro gran modelo del lenguaje, de Hugging Face.

Una de las características más interesantes de los *transformers* es que son capaces de aprender cómo los diferentes elementos y estructuras del lenguaje se relacionan entre sí a partir de los datos de entrada brutos, sin necesidad de supervisión ni etiquetas, lo que marca un antes y un después en la manera de desarrollar nuevas herramientas en el futuro. No obstante, y aunque el procesamiento del lenguaje es una de sus mayores aplicaciones, en 2021 se consiguió que superaran en eficiencia a las redes neuronales convolucionales en tareas de clasificación de imágenes (*vision transformers*, ViT), procesamiento de señales, modelado de sistemas biológicos, diagnóstico médico o en el ámbito financiero.

Los *transformers* se incluyen en una categoría de sistemas con los que se busca, en los próximos años, pasar del desarrollo de inteligencias artificiales enfocadas y entrenadas para resolver tareas específicas, a otras que puedan aprender de forma no supervisada y, luego, adaptar con pequeñas modificaciones a cualquier otro propósito. Uno de los principales objetivos en estos momentos es desarrollar algoritmos generativos a los que se les pueda enseñar la parte más abstracta de conceptos generales y las relaciones que puedan existir entre ellos, para luego aplicarlos a casos concretos, como hace nuestro cerebro. Esto es, modelos base que se puedan adaptar a diferentes propósitos. Este tipo de modelos de inteligencia artificial generativa se llaman «fundacionales».

¿Qué ventaja suponen? Principalmente, el bajo coste y la rapidez. No es lo mismo entrenar un algoritmo desde cero, cada vez y para cada propósito, que contar con uno general al que solo haya que hacerle pequeños ajustes.

Generando texto, imágenes, vídeo... y dudas

En esta segunda década del siglo XXI, los sistemas de inteligencia artificial generativa están colonizando nuestra realidad hasta el punto de que es inevitable pensar que está en ciernes un gran cambio en nuestra manera de entender el trabajo y otros muchos aspectos de la sociedad. «Este ha sido el año en el que la gente con un cierto interés en la tecnología pasó de no tomarse la inteligencia artificial en serio a tomársela muy en serio», reflexionó recientemente Sam Altman, director ejecutivo de OpenAI.[142] El

---

[142]   Durante el proceso de edición de este libro, en noviembre de 2023, tuvo lugar el pequeño y mediático drama en el que la junta directiva de OpenAI despidió a Sam Altman y lo readmitió al cabo de unos pocos días —con un conato de motín y la amenaza de dimisiones en masa por parte de un porcentaje nada despreciable de la plantilla—. Durante la semana siguiente, se especuló que el equipo de OpenAI había dado con un adelanto clave para el desarrollo de una inteligencia artificial general con un proyecto secreto de la compañía llamado Q*. Según se hicieron eco algunos medios, estaríamos ante un modelo para la resolución de problemas matemáticos que podría suponer un cambio de paradigma y que alarmó a algunos investigadores y parte de la junta directiva de OpenAI por sus posibles consecuencias. Si este episodio tuvo una razón de ser que desconocemos o, de nuevo, la expectación creada en torno a la inteligencia artificial y la más que dudosa seriedad de los medios en los últimos tiempos hizo que el sensacionalismo se apropiara de lo que realmente pasó, es algo que tal vez se desvele en un futuro.

año al que se refiere tiene una fecha muy concreta de inicio: el 30 de noviembre de 2022. Ese día, OpenAI presentó ChatGPT (*chat generative pre-trained transformer*) y lo puso a disposición de los usuarios de forma gratuita.

Y eso fue lo determinante. La inteligencia artificial, como hemos visto, lleva entre nosotros, como idea, prácticamente desde el inicio de la historia; como realidad práctica, alrededor de setenta años. No obstante, hasta ahora no había sido una tecnología «de masas». El primer «verano» de la inteligencia artificial (1956-1974) estuvo circunscrito al ámbito experimental; el segundo (1981-1987) abarcó, además, el mundo profesional y empresarial; sin embargo, en el tercero (desde 2011 hasta la actualidad), se está volviendo accesible para cualquiera que tenga un ordenador con conexión a internet, sin necesidad de disponer de un equipo de primer nivel. El caso es que ChatGPT tampoco era una tecnología completamente nueva en el momento de su lanzamiento, pero sí se había refinado y, ahora, además, se ponía al alcance de la mano de todo el mundo, con lo que eso conllevaba. No se me ocurre mejor frase para describir las implicaciones que tuvo esto que la de William Gibson, uno de los padres del género ciberpunk: «la calle encuentra sus propios usos para las cosas».[143] Y la calle también encontró sus propios usos, no solo para ChatGPT, sino para todas las aplicaciones de inteligencia artificial generativa que empezó a tener a su disposición.

ChatGPT es lo que se conoce como gran modelo del lenguaje (*large language model*, LLM). Se trata de un algoritmo generativo tipo *transformer* ajustado al procesamiento del lenguaje natural y entrenado con cantidades masivas de datos. Sin embargo, las habilidades de ChatGPT no se limitan a las de un *bot* conversacional

---

[143] Gibson, William, *Quemando cromo*, Barcelona, Minotauro, 2023 [1982].

—no es solo una superELIZA—, sino que puede responder preguntas, contar historias, proponer ideas, resumir textos, jugar, escribir canciones y poemas, programar... o, incluso, una de sus capacidades más controvertidas por sus implicaciones en el ámbito educativo y profesional: «hacer los deberes» —o, al menos, ayudar a ello—.[144] No extraña, por tanto, el éxito de su lanzamiento: en poco más de cinco días, el sistema había superado el millón de usuarios; apenas un año después, se calcula que ha superado los 180 millones.

En cualquier caso, y pese a la revolución que ha supuesto ChatGPT, tampoco es la panacea y, en ocasiones, puede resultar hasta algo relamido en sus respuestas —aunque le pidas que no lo sea—. Su desempeño depende, como en cualquier otra aplicación de este tipo, de las instrucciones (*prompts)* que se le proporcionen, hasta el punto de que ha proliferado un nuevo perfil en el ámbito de la inteligencia artificial: el del ingeniero de *prompts*, que experimenta con la mejor manera de comunicarse con estos sistemas para obtener un rendimiento óptimo de ellos y explotar en mayor medida su capacidad.[145]

También las inteligencias artificiales de generación de imágenes a partir de texto están viviendo su momento de gloria y han encontrado sus propios usos. Las más populares en este momento son DALL-E, también de OpenAI, e integrada en ChatGPT desde su tercera versión —en febrero de 2023, va por la cuarta—; Stable Diffussion, del grupo de visión por computador de la Universidad

---

[144] En *Los viajes de Gulliver* (1726), Jonathan Swift ya habla de una máquina gracias a la cual «la persona más ignorante, por un precio módico y con un pequeño trabajo corporal, puede escribir libros de filosofía, poesía, política, leyes, matemáticas y teología, sin que para nada necesite del auxilio del talento ni del estudio». Esa descripción se asemeja mucho a todo lo que se ha dicho de las posibilidades de ChatGPT.

[145] Apenas acaba de nacer, pero ya se dice que las propias inteligencias artificiales podrían también hacer mejor esta labor que nosotros, véase: Genkina, Dina, «AI prompt engineering is dead > Long live AI prompt engineering», *IEEE Spectrum*, 6 de marzo de 2024.

de Múnich y la empresa estadounidense Runway; Midjourney, de la compañía del mismo nombre, o Imagen, de Google. Y lo mismo que se aplica a imágenes estáticas puede aplicarse al vídeo y a sistemas como Make-A-Video, de Meta; DreamFusion, de Google; Gen-1, de Runway, Stable Video Diffusion, de Stability AI, o Sora, de OpenAI.

Pero ¿cuáles son esos usos? Y ¿por qué, por un lado, suele existir tanto *hype* con la inteligencia artificial, y, por otro, tanta controversia? ¿Estamos ante una burbuja, similar a otras en el pasado, que se desinflará en cuanto se pase un poco la novedad y no se alcancen, de nuevo, los resultados esperados?

Cómo los seres humanos hemos afrontado las innovaciones tecnológicas es una pregunta sencilla de responder si miramos en el pasado, hacia la historia de ciencia y la tecnología. Este tipo de dudas han surgido cada vez que un nuevo descubrimiento científico o desarrollo tecnológico ha sido lo suficientemente disruptivo como para cambiar la manera de hacer las cosas en mayor o menor medida. Ya fuera una imprenta, un telar, la energía atómica o una calculadora digital. Uno de los mayores problemas que presenta cualquier avance tecnológico, del tipo que sea, es que su uso puede resultar constructivo o destructivo y conllevar implicaciones éticas y morales inesperadas. Esto se vio de manera muy clara con el lanzamiento de las dos bombas atómicas sobre Hiroshima y Nagasaki: la tecnología puede ser una herramienta —energía atómica— o un arma —armamento nuclear—. Arthur C. Clarke y Stanley Kubrick ilustraron muy bien este aspecto en la icónica introducción de *2001: una odisea del espacio.*[146] Y el debate sigue

---

[146] Esta escena ha pasado a la historia del cine con el título de «El amanecer del hombre». En ella, aparece un día al amanecer un monolito de proporciones perfectas entre un grupo de homínidos primitivos, que enseguida se acercan a inspeccionarlo. El objeto, de origen desconocido, encenderá la chispa de la inteligencia en estos primates, representados en la figura de uno de ellos, al que se le ha dado el nombre de Moonwatcher —algo así como «observador de la luna»—.

vivo, con todo el motivo, además, ya que, si bien un buen uso de la inteligencia artificial podría llevarnos incluso a una utopía tecnológica, un mal uso tiene el potencial de sumirnos en la peor de las distopías.

De momento, parece que la gran mayoría de gente utiliza este tipo de inteligencias artificiales para los propósitos que, esperemos, se concibieron, o, simplemente, como entretenimiento. Pero han proliferado otros fines entre algunos usuarios, que van desde el fastidio, con la creación de noticias falsas y el fomento de la desinformación —aunque demasiadas veces las consecuencias de esto no resultan solo «fastidiosas», sino bastante dañinas e incluso peligrosas—, hasta la creación de contenidos de dudosa legalidad y baja calaña moral, especialmente relacionados con la pornografía. Una vez más, como viene ocurriendo desde finales del siglo XX, el progreso se está adelantando a nuestra capacidad de reaccionar y adaptarnos a él, algo que tal vez no sería tan problemático si los usos de la inteligencia artificial fueran solo benignos, pero cuando dejan de serlo tenemos un problema mayor.

De ahí surge, en parte, el problema de esa expectación excesiva que estamos viviendo en esta última ola de la inteligencia artificial, cuya diferencia respecto a las anteriores es que no emana de especulaciones sobre lo que podría llegar a suceder, sino de hechos que ya están sucediendo. Una vez más, estamos cruzando la línea que separa el mito de la ciencia, en este caso, el mito de que

---

Moonwatcher, en un momento dado, observando una pila de huesos, toma uno de ellos y, primero, lo golpea con saña sobre todos los demás, para luego utilizarlo como arma contra uno de sus congéneres de un grupo rival en una lucha por el acceso a los recursos —en este caso, el agua—, hasta matarlo. Finalmente, lanza el hueso al aire en una transición de escena que nos lleva hasta un satélite en órbita, representando los dos usos, negativo y positivo, que se le puede dar a la tecnología y dando a entender que tal vez eso sea precisamente lo que nos define como humanos.

las máquinas nunca podrían ser creativas porque eso solo está al alcance de un ser humano. Así pues, tal vez sea el momento de decidir, antes de que sea demasiado tarde, qué vamos a hacer al respecto.

Henry A. Kautz[147] opina, desde una perspectiva optimista, que la inteligencia artificial ha llegado esta vez para quedarse, independientemente de que un día se alcance el hito de una inteligencia artificial general:[148]

> El hecho es que la inteligencia artificial ahora es lo suficientemente buena para resolver problemas prácticos en una amplia variedad de ámbitos. En el peor de los casos, la expectación en torno a la IA puede disminuir, pero no lo harán la investigación y el apoyo comercial. De hecho, una disminución del revuelo que se ha armado alrededor sería una buena noticia. Podríamos considerarlo como que se aproxima una época de clima agradable de verano, un alivio después de la actual ola de calor.

Siempre hay una parte de imaginación en toda proyección hacia el futuro, así que es posible que este entusiasmo generalizado con las inteligencias artificiales generativas parta más del deseo que de la realidad. O del mito, como diría Erik J. Larson, informático y emprendedor tecnológico en el ámbito de la IA y autor de *El mito de la inteligencia artificial*.[149] La suya es una de las escasas

---

[147]   Henry A. Kautz es fundador del Instituto de Ciencia de Datos de la Universidad de Rochester; ganador, en 1989, del IJCAI Computers and Thought Award y, en 2018, del Premio Allen Newell que otorgan la ACM (Association for Computer Machinery) y la AAAI (American Association for Artificial Intelligence).

[148]   Kautz, Henry A., «The third AI summer: AAAI Robert S. Engelmore Memorial Lecture», *AI Magazine*, n.º 43, 2022. [Traducción de la autora].

[149]   La carrera de Erik J. Larson dentro del ámbito de la inteligencia artificial es extensa y ha pasado, entre otros, por el proyecto Cyc, mencionado en este libro. Además, ha fundado dos empresas

voces críticas que se alzan en medio de todo el barullo y pone el foco en el tipo de inversiones que se están haciendo en algo que podría no ser más que otra burbuja, como las anteriores:

> La cultura consiste en exprimir los beneficios de los frutos que cuelgan al alcance de la mano mientras se continúa dando vueltas a la mitología de la IA, una estrategia que garantiza el desencanto si no llega una innovación conceptual radical.

Con estos destellos de realismo no se está diciendo que no se vaya a producir ningún cambio esta vez, porque, de hecho, ya se está produciendo, solo que tal vez ese cambio no vaya en la dirección que vaticinan ciertos discursos en redes sociales, que prevén poco menos que una hecatombe de la que el ser humano ya no podrá escapar. Pensar en una Skynet[150] a la vuelta de la esquina, o en la llegada de la singularidad que planteó John von Neumann, tal vez sea adelantarse demasiado a los acontecimientos.

Es innegable que, gracias a los sistemas generativos, se está visibilizando el papel que la inteligencia artificial desempeña realmente en nuestras vidas. Pero este tipo de sistemas constituyen una parte ínfima de todos los que existen. Eso sí, son los que nos sorprenden, fascinan, asustan e incluso enfadan, probablemente en el mismo sentido en que se enfadaba un obrero del siglo XVIII tras ver por primera vez cómo llegaban las primeras máquinas a la fábrica en la que trabajaba. ¿Supusieron una pérdida de puestos de trabajo? Sí. ¿Mejoraron el bienestar general y la calidad

---

dentro de este campo, Knexient y Influence Networks, financiadas por DARPA.

[150] Skynet, de la saga *Terminator*, se basa en la computadora AM, del relato de 1967 «No tengo boca y debo gritar», de Harlan Ellison, publicado en la revista *If: Worlds of Science Fiction*. Si existe una historia de inteligencias artificiales crueles con la humanidad por excelencia, probablemente sea esta.

de vida de la sociedad? También. Sin embargo, es difícil predecir cómo lo harán en el momento de su nacimiento. Ahora mismo solo somos capaces de ver lo que está cambiando día a día, pero es más complicado saber cómo evolucionará esta tecnología a medio o largo plazo. De todos modos, tal vez haya que empezar a reflexionar sobre la Luna, y no sobre el dedo. Sobre la ciencia, en este caso, y no sobre la ciencia ficción.

Estamos inmersos en un mar de especulaciones que pierden de vista lo fundamental: ¿qué es capaz de hacer la inteligencia artificial generativa realmente a día de hoy?, ¿qué usos concretos se le pueden dar? Porque, al menos de momento, resulta relativamente fácil distinguir una imagen producida por una máquina de otra creada por un humano. Y no solo eso, está incluso mal visto generar imágenes por inteligencia artificial. Muy mal visto. Por otro lado, ¿cuál es la proyección a medio plazo de lo que podrán lograr estos sistemas? ¿Cómo transformarán nuestra manera de trabajar? Aquí podríamos estar hablando de algo similar a lo que supuso el paso de las reglas de cálculo a las calculadoras digitales —los profesores de matemáticas llegaron a manifestarse a finales de los años ochenta en contra del uso de calculadoras en las aulas—. Y, lo que es más importante: ¿cómo haremos la transición desde una realidad que no contaba con este tipo de herramientas a otra que sí? ¿Dejaremos a parte de la población por el camino, adoptándolas de forma abrupta, caiga quien caiga, en aras, por ejemplo, del beneficio económico? ¿O daremos tiempo a que la sociedad y al mercado laboral se adapten con el menor perjuicio posible tanto para los trabajadores como para la economía y el orden social?

Empresas de IA

Este auge de la inteligencia artificial, como es obvio, no está surgiendo de la nada. Tras el último «invierno», que acabó alrededor de 2011, alguien tuvo que dar el primer paso para sacar a la disciplina del letargo e iniciar la revolución del *deep learning*. Una de las primeras empresas que confiaron en las posibilidades de la inteligencia artificial fue una pequeña *start-up* llamada DeepMind.

En sus orígenes, DeepMind[151] había establecido como objetivo de la compañía «resolver el puzle de la inteligencia» —no sería por falta de ambición...—, pero, en aquel momento, nadie sabía realmente a qué se dedicaba. Uno de sus primeros proyectos consistió en enseñar, en 2013, a un programa de ordenador a jugar a una vieja Atari 2600.[152] En principio, podría parecer que no era nada nuevo, salvo porque, a diferencia de sus predecesores, este programa aprendió por sí solo, haciendo uso de varias de las herramientas que se habían desarrollado en los últimos tiempos, como el algoritmo Q-learning de aprendizaje por refuerzo y las redes convolucionales.[153]

Presentamos el primer modelo de *deep learning* capaz de aprender con éxito reglas de control a partir, directamente, de información

---

[151] DeepMind la fundaron Demis Hassabis, Shane Legg y Mustafa Suleyman en el año 2010, pero no pasó a primera línea hasta el momento en que Google la adquirió por alrededor de 650 millones de dólares en 2014. Los titulares de la adquisición pusieron la inteligencia artificial de nuevo en el foco mediático.

[152] La Atari 2600 fue una videoconsola lanzada en 1977, la primera en conseguir un gran éxito comercial. Uno de sus juegos más populares fue el *PONG*, una especie de tenis.

[153] Mnih, Volodymyr; Kavukcuoglu, Koray; Silver, David; Graves, Alex, Antonoglou, Ioannis; Wierstra, Daan y Riedmille, Martin, «Playing Atari with deep reinforcement learning», *arXiv*: 1312.5602 [cs. LG], 2013. [Traducción de la autora].

sensorial de alta dimensión mediante el aprendizaje por refuerzo. Se trata de una red neuronal convolucional, entrenada con una variante de Q-learning,[154] cuya entrada son píxeles sin procesar y cuya salida es una función de valor que estima recompensas futuras. Aplicamos nuestro método a siete juegos Atari 2600 del Arcade Learning Environment [*Beam Rider, Breakout, Enduro, Pong, Q*bert, Seaquest* y *Space Invaders*], sin ningún ajuste en la arquitectura ni en el algoritmo de aprendizaje. Descubrimos que supera todos los enfoques anteriores en seis de los juegos y a un experto humano en tres de ellos.

Pero no solo aprendió a jugar, sino que, en algunos casos, como en el de *Breakout* —el popular videojuego que consiste en destruir una pared de ladrillo haciendo rebotar una pelota contra ella— llegó a inventar una estrategia para conseguir mejor puntuación: hacer un agujero en el muro para que la pelota se introdujera a través de él y lo destruyera desde el hueco que quedaba en la parte superior. Ni siquiera sus creadores habían logrado predecir este comportamiento.

El sistema AlphaGo, del que ya hemos hablado, llegaría en 2016, tras la adquisición de la compañía por parte de Google, y, en 2018, se lanzó la primera versión de AlphaFold, un programa entrenado para predecir la estructura de las proteínas a partir de la secuencia de aminoácidos que las forman.

En 2001, antes de comprar DeepMind, Google ya había empezado a utilizar el aprendizaje automático para mejorar su buscador, y en 2006 también lo aplicó a su sistema de traducción automática

---

[154] El algoritmo de aprendizaje por refuerzo desarrollado por Christopher Watkins en 1989 del que ya hablamos en el capítulo anterior.

Google Translate. En 2015, lanzó, además, TensorFlow,[155] un entorno de código abierto aplicado al aprendizaje automático, la inteligencia artificial y el entrenamiento de redes neuronales profundas. La empresa anunció su propia división de inteligencia artificial bajo el nombre de Google AI en 2017 para englobar los diferentes departamentos, proyectos y desarrollos en los que la compañía trabaja en este sentido.[156]

Es indiscutible que los logros más mediáticos de este inicio del siglo XXI, la mayoría de los cuales ya hemos mencionado, han venido de la mano de OpenAI.[157] La compañía nació como una organización de I+D sin ánimo de lucro que estableció como suya la misión de «asegurar que la inteligencia artificial beneficie a toda la humanidad», con la vista puesta en el desarrollo de una inteligencia artificial general, y que contó desde el inicio con el respaldo de algunos de los inversores más importantes del mundo tecnológico, como Reid Hoffman, Jessica Livingston, Peter Thiel, Elon Musk, Amazon Web Services, Infosys o YC Research.

En 2019, OpenAI anunció una división comercial —con ánimo de lucro—, alegando la falta de apoyo por parte del sector público,

---

[155] TensorFlow es un servicio de TPU en la nube. TPU son las siglas de *tensor processor unit.* Aunque no se ha tratado este tema a lo largo del libro, es a las mejoras en las diversas unidades de procesamiento y su capacidad a las que debemos el avance tan acelerado que ha experimentado el aprendizaje profundo en los últimos tiempos. Partimos de las clásicas CPU (*central processing unit*) para pasar a las GPU (*graphical processing unit*) en el ámbito del diseño por ordenador, el aprendizaje automático o la ingeniería de datos y, ahora, a las TPU que Google desarrolló para redes neuronales profundas en TensorFlow.

[156] Una de esas divisiones es Google Brain, hoy fusionado con DeepMind bajo el nombre de Google DeepMind. Algunos de los proyectos actuales de Google son Bard —desde diciembre de 2023 se ha convertido en Gemini—, una inteligencia artificial conversacional generativa; el asistente de Google; su servicio de TPU en la nube; TensorFlow; su computador cuántico Sycamore, y LaMDA, una nueva familia de modelos del lenguaje, entre otros.

[157] Fundada en 2015 por Ilya Sutskever, Greg Brockman, Trevor Blackwell, Vicki Cheung, Andrej Karpathy, Durk Kingma, Jessica Livingston, John Schulman, Pamela Vagata y Wojciech Zaremba, con el respaldo de personalidades como Sam Altman y Elon Musk.

la escasez de donaciones y la imposibilidad de competir con otras compañías, por ejemplo, en salario y condiciones laborales para albergar la plantilla más competente. Abrieron de esta forma la puerta a la inversión privada. Y el resto es historia. En 2020, se anunció la tercera versión de ChatGPT, modelo que se lanzaría de forma comercial dos años después —en 2023 ya va por la versión GPT-4— y en 2021, DALL-E, desatando la fiebre de la inteligencia artificial generativa de la que ya hemos hablado.

Tras dejar de ser una organización sin ánimo de lucro, OpenAI se asoció con Microsoft, que invirtió mil millones de dólares en la compañía y le ofreció sus servicios Azure[158] en la nube en 2019. Pero la empresa de Bill Gates no carecía de experiencia en el ámbito de la inteligencia artificial. A principios del siglo XXI, había empezado a desarrollar los primeros asistentes virtuales —recordemos al incomprendido Clippy, el asistente de Microsoft Office— y, en 2014, lanzó Cortana, así como diferentes *chatbots* para las áreas de atención al cliente de las empresas. Como Google, también ha desarrollado su propia plataforma para el desarrollo de aplicaciones de inteligencia artificial: Azure Cognitive Services, que lanzó en 2016. Recientemente, y tras el acuerdo con OpenAI, anunciaron la próxima integración de ChatGPT tanto en sus aplicaciones como en su buscador Bing.

Raro es, ya entrado el siglo XXI, que una gran compañía tecnológica no esté implicada o cuente con un departamento de inteligencia artificial. IBM sigue ofreciendo soluciones de este tipo, entre ellas, la plataforma de código abierto watsonx —una sucesora del Watson que ganó al *Jeopardy!*—. También Amazon

---

[158]   Microsoft Azure es una plataforma de computación en la nube que proporciona servicios como almacenamiento, bases de datos, servicios de red, desarrollo de aplicaciones, etc., y que utilizan principalmente las empresas.

Web Services, aunque Amazon sea más conocida para el público general por la tienda *online*, ofrece algoritmos de inteligencia artificial para empresas con diferentes objetivos en los ámbitos de la visión artificial, el análisis de datos, *chatbots*, reconocimiento y síntesis de voz, búsquedas y recomendaciones o análisis de tendencias. Tampoco puede faltar Meta, grupo que aúna, entre otras empresas, a Facebook, Instagram o WhatsApp. Y, por supuesto, Apple, que ya marcó un antes y un después en febrero de 2010 con el lanzamiento de Siri para iOS, integrándola por primera vez en un iPhone, el modelo 4S, en octubre del año siguiente y que, en diciembre de 2023 acaba de lanzar también su propio *framework* de *machine learning* para desarrolladores, MLX, con el objetivo de crear modelos fundacionales para los dispositivos de la marca.

Sin duda, el emergente negocio de la inteligencia artificial no solo se limita a grandes multinacionales, aunque, evidentemente, sean estas las que cuenten con más recursos. En los últimos años, han proliferado también las *start-ups*, más o menos especializadas en un determinado tipo de sistemas, u otras de las que, por ejemplo, la revista *Forbes* elabora una lista anual.[159]

Pero que la inteligencia artificial esté proliferando de esta manera presenta otros desafíos, y es que avanza más rápido de lo que lo hace cualquier tipo de regulación gubernamental que pueda llegar a plantearse como necesaria. Nos encontramos ante una tecnología nueva, muchas de cuyas aplicaciones y posibilidades no descubriremos hasta dentro de unos años. Y, aunque algunas de ellas, efectivamente, podrían resultar negativas o perniciosas, lo cierto es que ese no es el factor más inquietante, sino la

---

[159] La lista Forbes de las cincuenta compañías a escala global más prometedoras dentro del ámbito de la inteligencia artificial para el año 2023 se puede consultar en: https://www.forbes.com/lists/ai50/

incertidumbre. ¿Cómo se puede controlar o regular algo de lo que no se conoce qué efectos puede llegar a tener?

Ética para un ordenador

Es justo en este punto donde parece que la inteligencia artificial necesita una vuelta al pasado. A aquella época en que la pluridisciplinariedad era una de sus señas identitarias. Porque, si bien han sido las matemáticas y la ingeniería las que nos han conducido hasta aquí, es lógico pensar, dada la gran controversia que estos nuevos sistemas están despertando, que tal vez «las frías ecuaciones»[160] no puedan ofrecernos una respuesta a todo.

Establecer una ética para la inteligencia artificial puede que sea lo más parecido a establecer una ética humana. Al fin y al cabo, ¿no la estamos creando para que reproduzca nuestros propios comportamientos? Hasta ahí —y simplificando en gran medida una cuestión que, obviamente, es mucho más compleja— podríamos asumir que bastaría con que se respetaran los derechos humanos. El problema surge al entender que, aunque tratamos de lograr que estas tecnologías reproduzcan comportamientos, características y habilidades humanas, en realidad no son humanas. Algo que multiplica casi por infinito el número de posibilidades a las que nos enfrentamos. Por el momento, no obstante, podemos estar relativamente tranquilos —aunque no del todo—, ya que todavía no pueden funcionar sin la intervención de un ser humano entre bambalinas.

---

[160] Para saber en más profundidad a qué me refiero, recomiendo muchísimo el relato «The cold equations», de Tom Godwin, escrito en 1954. Existe también una adaptación, *Polizón*, en Netflix. Es una historia que plantea el debate de hasta dónde debemos seguir los dictados de la tecnología y cuándo debe primar la dimensión humana.

La literatura y el cine han explorado ya esta cuestión desde cualquier punto de vista posible. Y tal vez sería buena idea revisitar ciertas historias a medida que la inteligencia artificial vaya evolucionando hacia algunos de esos escenarios, si es que, en última instancia, lo acaba haciendo. Pero ¿qué podemos decir del escenario actual? Lo cierto es que ya nos hemos llevado más de un susto; en algún caso, cuando una inteligencia artificial ha mostrado un comportamiento inesperado, y, en otros, cuando hemos sido nosotros los que le hemos dado usos inesperados. Sea como sea, podría decirse que existen una serie de frentes «principales» abiertos.

Por un lado, hay que tener en cuenta que, de la misma manera que los algoritmos de inteligencia artificial «heredan» nuestras capacidades, también heredan nuestros sesgos, y, según cómo se programen, podrían llegar a perjudicar y discriminar a una parte de la población con sus decisiones basadas en estadísticas, sin considerar factores que un ser humano sí contemplaría. Esto ya sucedió cuando, en 2018, se supo que Amazon había estado entrenando un algoritmo en 2014 para ayudar al departamento de Recursos Humanos en la contratación de nuevos trabajadores y este empezó a descartar por sistema todas las candidaturas femeninas, sin tener en cuenta otras características y aptitudes de los currículums. También ese mismo año, Joy Buolamwini y Timnit Gebru, del MIT Meda Lab, publicaron un estudio que evidenciaba que los sistemas de reconocimiento facial comerciales de empresas como Google, IBM, Microsoft o Face++ cometían mayores errores en la identificación de mujeres de color que de hombres blancos.

Otro de los frentes más activos es, sin duda, el relacionado con aplicaciones como la conducción autónoma, o, de forma más general, con que las inteligencias artificiales hagan ese tipo de actividades que ya son potencialmente mortales, de forma directa o indirecta, cuando las realiza un ser humano, aunque no sea de manera intencionada. Porque, si bien es cierto que, por ejemplo en el caso de la conducción autónoma, se podría reducir considerablemente la tasa de accidentes, la extensa gama de grises y variabilidad ante algunas circunstancias hace que no exista una opción buena a la hora de programar estos algoritmos. Pensemos, por ejemplo, en el famoso dilema del tranvía.[161] Son tantas las variables a tener en cuenta en tales escenarios que, probablemente, este sea el motivo por el que cada vez que un Tesla se ve involucrado en un accidente, la primera pregunta que salta a la prensa es si llevaba activado el Autopilot. Asumimos que un ser humano tenga cierto nivel de falibilidad, pero no se la permitimos a una máquina cuando hay vidas en juego. ¿Y si habláramos de un sistema autónomo en un ámbito como el sanitario? ¿De quién sería la responsabilidad en el caso de que un error de diagnóstico resulte mortal? Seamos optimistas y esperemos que este tipo de errores puedan reducirse al mínimo, o desaparecer, con el desarrollo de algoritmos más avanzados y precisos para que pueda descartarse esta preocupación.

Otro de los grandes campos de batalla es el de la privacidad y el tratamiento de las cantidades masivas de datos que utilizan y generan estos modelos. Y aquí se podría entrar en múltiples cuestiones. Ya no solo hablamos de todo lo relacionado con el control, la seguridad y la vigilancia, tanto en el ámbito gubernamental como por parte del sector privado, sino de qué implicaría, por ejemplo,

---

[161]   El escenario es el siguiente: un tranvía circula por una vía sobre la que se encuentran atadas cinco personas. Existe la posibilidad de hacer un cambio de aguja para desviarlo a una vía en la que solo hay una persona atada. ¿Intervengo y desvío el tranvía, sacrificando a una persona para salvar a las otras cinco o no hago nada?

el acceso a nuestro historial médico —sin embargo, ¿cómo podríamos entrenar inteligencias artificiales del ámbito sanitario sin darles acceso a todos esos casos?—, nuestros datos bancarios, etc. Y, cuando esos datos, muchos disponibles en internet, se utilizan para entrenar modelos, ¿qué lugar ocupan la propiedad intelectual y los derechos de autor en todo esto? Ya se han elevado las primeras voces en contra del robo sistemático del trabajo de artistas que no han dado permiso para que sus creaciones se utilicen con este objetivo. A finales de diciembre de 2023, de hecho, el diario *The New York Times* demandó a OpenAI y a Microsoft por violación de los derechos de autor por el uso de millones de artículos del periódico sin autorización para entrenar sus sistemas. Sam Altman, CEO de OpenAI, saldría al paso durante la cumbre de Davos en enero de 2024 diciendo que le había sorprendido la demanda, que el uso de ese tipo de material para el entrenamiento de sus sistemas de inteligencia artificial había sido «justo» y, por tanto, no era necesario pedir autorización y que, en cualquier caso: «En realidad, no necesitamos entrenar con sus datos».[162]

Por otro lado, la inteligencia artificial, en especial la generativa, está poniendo en circulación constantemente nuevos datos que cada vez son más indistinguibles de los reales. Esto abre la puerta a la manipulación informativa y a los *deepfakes*, y, en definitiva, a desconectarnos más todavía de una realidad de la que las redes sociales ya nos llevan alejando más de una década. ¿Se garantizará que sabremos diferenciar un producto «humano» de uno creado por una inteligencia artificial? Y en cualquier caso, ¿es necesario saberlo siempre? ¿Qué diferencia hay entre eso y, por

---

[162] Browne, Ryan y Sigalos, MacKenzie, «OpenAI CEO Sam Altman says ChatGPT doesn't need *New York Times* data amid lawsuit», *CNBC*, 18 de enero de 2024. https://www.cnbc.com/2024/01/18/openai-ceo-on-nyt-lawsuit-ai-models-dont-need-publishers-data-.html

ejemplo, las fotos editadas o con filtros a las que estamos acostumbrados? Cuestión aparte son los usos ilícitos o incluso delictivos que se les pueden dar a estos materiales potencialmente indistinguibles de los reales, sobre todo en cuanto a suplantación de la identidad o generación de pornografía, por ejemplo, utilizando rostros de gente famosa o niños. Algunas de las celebridades que lo han sufrido han sido las actrices Emma Watson y Scarlett Johansson, o las cantantes Rosalía y Taylor Swift. En el 99 % de los casos, este tipo de *deepfakes* se crean con mujeres.

Por último, aunque podríamos dedicar un libro entero a este tema, se encuentra la cuestión de la dignidad humana. En la era de la soledad, en la que la sociedad tiende cada vez más al individualismo, los robots de compañía empiezan a perfilarse como una opción para suplir nuestras carencias afectivas e incluso sexuales. No es una cuestión banal. ¿En qué podría afectar esto a la manera de comunicarnos y relacionarnos con los demás? Si podemos tener a nuestro lado una inteligencia artificial perfecta, ¿qué sentido tiene relacionarse con otras personas, imperfectas, que pueden hacernos daño, sacarnos de quicio o, simplemente, discrepar de nuestra manera de entender el mundo? Y no solo eso, ¿de qué prácticas o filias podrían ser objeto y en qué lugar las dejarían? ¿Qué repercusión social podría tener la normalización de ciertos comportamientos, hoy inaceptables, aunque sea con máquinas?

Tal vez la cuestión última acerca de la inteligencia artificial es que, como la primera vez que la imaginamos, no dejamos de verla como un sucedáneo del ser humano. Una parte de nosotros desea que llegue a ser indistinguible de una persona, mientras que la otra rechaza frontalmente esta posibilidad. Queremos lograr una inteligencia artificial general que incluso nos supere, pero, a la vez, que sepa cuál es su sitio y se mantenga siempre un paso por detrás de nosotros. Si ese día llega, tal vez haya que dejar de hablar de «ética e inteligencia artificial» y haya que hablar, simplemente, de «ética e inteligencia», y no necesariamente de igual a igual. ¿Estamos listos para ello?

¿Cuántas leyes se necesitan para regular la inteligencia artificial?

1. Un robot no hará daño a un ser humano, ni, por inacción, permitirá que un ser humano sufra daño.
2. Un robot debe cumplir las órdenes dadas por los seres humanos, a excepción de aquellas que entren en conflicto con la primera ley.
3. Un robot debe proteger su propia existencia en la medida en que esta protección no entre en conflicto con la primera o con la segunda ley.

Como casi todo el mundo habrá reconocido, estas son las famosas tres leyes de la robótica de Isaac Asimov. Aparecieron por primera vez en su relato «Runaround», publicado en 1942, en la revista *Astounding Science-Fiction*.[163] Existen numerosos testimonios de la influencia que las historias de robots de Asimov ejercieron en muchos de los pioneros de la inteligencia artificial, como

---

[163] Pese a llevar su nombre, Isaac Asimov atribuyó la autoría de las tres leyes de la robótica al editor de la revista *Astounding Science-Fiction*, John W. Campbell: «Sin embargo, escuché las tres leyes por primera vez de boca de John Campbell, y siempre me avergüenza que se me dé el crédito a mí. Pese a todo, cada vez que intentaba decirle a Campbell que él era el autor, siempre sacudía la cabeza, sonreía y decía: "No, Asimov, las saqué de tus historias y tus reflexiones. No las estableciste explícitamente, pero estaban ahí"». En: Asimov, Isaac, *In memory yet green: the autobiography of Isaac Asimov 1920-1954*, Nueva York, Avon, 1980 [1979]. [Traducción de la autora].

le ocurrió a Marvin Minsky, en el que, precisamente, «Runaround» causó un gran impacto —y que a la postre se convertiría en amigo del escritor—,[164] o a George Devol y Joseph Engelberger, creadores de Unimate, el primer brazo robótico industrial, entre otros. No obstante, en la práctica, no parece que incorporar las tres leyes haya sido una prioridad, tal vez porque, en los albores de la robótica y la inteligencia artificial modernas, eran simplemente inviables con la tecnología de la que se disponía.

Isaac Asimov creó las tres leyes de la robótica para alejar del imaginario colectivo esa imagen del robot insurrecto y hasta exterminador que protagonizó la ciencia ficción de principios del siglo xx, precisamente en la época en la que nacían las primeras máquinas computadoras y esta nueva tecnología «pensante» empezaba a levantar suspicacias. A día de hoy, y aunque no tengamos robots positrónicos, se podría decir que nuestra existencia pende del hilo de los ordenadores, y nadie pone en duda el inmenso beneficio que han supuesto para el progreso de la humanidad. Estamos tan habituados a ellos que sería raro que alguien los viera como una amenaza en sí mismos. ¿Es tal vez por eso que parecemos tan relajados ante el uso de algo como la inteligencia artificial, que, potencialmente, podría marcar un enorme cambio de paradigma social? ¿O es que todo esto ha llegado tan de sopetón que nos ha pillado desprevenidos?

La cuestión de la regulación de la inteligencia artificial a lo largo de la historia ha sido casi tan importante como el desarrollo de los algoritmos en sí. Si alguna vez conseguimos una inteligencia artificial general estaríamos hablando de un avance que impactaría de lleno en la capa más profunda, atendiendo al *pace layer*

---

[164]   Las relaciones entre ciencia, tecnología y ciencia ficción suelen ir en los dos sentidos. Marvin Minsky también fue uno de los asesores de Stanley Kubrick para la película *2001: una odisea del espacio*, y, asimismo, hizo una pequeña incursión en el mundo literario en 1992 junto con Harry Harrison, con quien escribió la novela *The Turing option*.

model que planteó Steward Brand en 1999,[165] de lo que define a la humanidad: su naturaleza. Los cambios en la naturaleza —en este caso, estamos hablando de la nuestra— afectan irremediablemente a todo lo demás.

No creo que nadie sea ajeno a este hecho, de una manera u otra, de ahí que nos fascine tanto la inteligencia artificial desde todas las aproximaciones posibles: tecnológicas, sociales, económicas y hasta literarias. Las grandes compañías que hemos mencionado, y en las que, a día de hoy, parece encontrarse el desarrollo, el futuro y el control de la inteligencia artificial a escala global, sí han pensado en todo esto, o, al menos, han mostrado cierta predisposición a hacerlo. Esperemos que en este asunto no se cumpla el dicho de que: «El camino al infierno está empedrado de buenas intenciones», y que las directrices y principios de estas empresas no se queden solo en meros propósitos.

Todas las empresas de inteligencia artificial cuentan con ciertos estatutos o declaraciones de principios[166] —muchas incluso los crearon en el mismo momento de su fundación— en las que establecen ciertas pautas éticas a la hora de desarrollar estos sistemas, muy similares entre sí. Las directrices que plantean aspiran a darle un uso responsable a la inteligencia artificial, en el sentido de que

---

[165] Steward Brand, en *The clock of the long now*, habla de las seis capas sobre las que se sostendría la civilización, de más superficial a más profunda, y con una capacidad de cambio de más rápido a más lento: moda, comercio, infraestructuras, gobernanza, cultura y naturaleza. La idea es que los cambios que se producen en una capa afectan a todas las que están por encima. Una inteligencia artificial general podría considerarse que actúa en la más profunda, la de la naturaleza, por tanto puede implicar para nuestra concepción del ser humano y la disrupción que eso podría suponer a todos los demás niveles. Las modas, por ejemplo, en la capa más superficial, serían efímeras y apenas producirían cambios sociales visibles y reales a largo plazo.

[166] Principios y valores en cuanto a responsabilidad y uso de la inteligencia artificial por parte algunas de las multinacionales más importantes: Google AI, https://ai.google/responsibility/principles/; OpenAI, https://openai.com/charter; Microsoft, https://query.prod.cms.rt.microsoft.com/cms/api/am/binary/RE5cmFl; IBM, https://www.ibm.com/impact/ai-ethics; Amazon Web Services, https://aws.amazon.com/es/machine-learning/responsible-ai/; Meta: https://ai.meta.com/responsible-ai/.

se emplee de formas beneficiosas y seguras para la sociedad, la inclusividad y el compromiso para la eliminación de sesgos, la transparencia y la colaboración entre desarrolladores, la protección de la privacidad de los usuarios... En definitiva, todo lo que se supondría «lógico» —kantiano, tal vez— cuando nos encontramos ante un tipo de tecnología que posee las potencialidades de la inteligencia artificial. No obstante, estas líneas suelen aparecer perfiladas de forma tan general que el abanico de grises que inevitablemente llevan asociado es demasiado amplio e interpretable.

En cualquier caso, en 2016, Amazon, Facebook, Google, DeepMind, Microsoft e IBM, a los que se unió Apple poco después, fundaron una organización sin ánimo de lucro, la Partnership on Artificial Intelligence to Benefit People and Society con el compromiso y el objetivo de hacer un uso responsable de la inteligencia artificial. A fecha de diciembre de 2023, contaba ya con 113 asociados no solo del mundo empresarial, sino también del ámbito académico, industrial, de los medios de comunicación y de organizaciones sin ánimo de lucro. En su página web, además de definir sus objetivos y su visión, establecen:[167]

Nuestros miembros creen en y se esfuerzan por mantener los siguientes principios:

- Trataremos de asegurar que las tecnologías de IA beneficien y empoderen al mayor número posible de personas.
- Educaremos y escucharemos al público y haremos partícipes de forma activa a las partes interesadas para escuchar sus

---

[167] Partnership on AI, «About Us. Advancing positive outcomes for people and society», *Partneship on AI.* https://partnershiponai.org/about/#mission. [Traducción de la autora].

opiniones acerca de nuestro enfoque, informarles de nuestro trabajo y abordar sus preguntas.

- Estamos comprometidos con la investigación y el diálogo abiertos sobre las implicaciones éticas, sociales, económicas y legales de la IA.
- Creemos que los trabajos de investigación y desarrollo de la IA deben implicar activamente y rendir cuentas a una amplia gama de partes interesadas.
- Nos comprometeremos con las partes interesadas de la comunidad empresarial y contaremos con representación de estas para ayudar a asegurar que se entiendan y aborden las preocupaciones y oportunidades específicas de este campo.
- Trabajaremos para maximizar los beneficios y abordar los desafíos potenciales de las tecnologías de IA, a través de:
  - o Trabajar para proteger la privacidad y la seguridad de las personas.
  - o Intentar comprender y respetar los intereses de todas las partes que puedan verse afectadas por los avances de la IA.
  - o Trabajar para asegurar que las comunidades de investigación e ingeniería de IA sigan siendo socialmente responsables, sensibles y estén comprometidas directamente con las posibles influencias de este tipo de tecnologías en la sociedad en general.
  - o Garantizar que la investigación y la tecnología de la IA sean sólidas, fiables, dignas de confianza y funcionen dentro de restricciones seguras.
  - o Oponernos al desarrollo y la utilización de tecnologías de IA que violarían las convenciones internacionales o los derechos humanos promoviendo salvaguardias y tecnologías que no causen daño.

- Creemos que es importante que el funcionamiento de los sistemas de IA sea comprensible e interpretable por las personas a la hora de explicar esta tecnología.
- Nos esforzamos por crear una cultura de cooperación, confianza y apertura entre científicos e ingenieros de IA para ayudarnos entre todos a lograr mejor estos objetivos.

Cómo lograrlo, o cuáles serán los pasos concretos para materializar esta visión es algo sobre lo que resulta mucho más difícil encontrar información, y una de las preguntas que surgen inevitablemente es: al tratarse de compañías con intereses privados, y dado el potencial disruptivo y el posible impacto que podría tener la inteligencia artificial en nuestra forma de entender la sociedad, ¿se encuentra esta en buenas manos? Amén de muchas otras como: ¿sabemos hacia dónde estamos yendo?, ¿qué consecuencias sociales, culturales, económicas, etc., podrían derivarse de este tipo de tecnologías?, ¿estamos preparados para el impacto que podrían causar?

En abril de 2023, el Future of Life Institute, una organización sin ánimo de lucro creada en 2014 con el objetivo de reducir las posibles amenazas y riesgos catastróficos globales derivados, principalmente, de la tecnología y su uso —respecto a la inteligencia artificial, pero también en el ámbito de la biotecnología o las armas nucleares—, publicó una carta abierta solicitando un receso de seis meses en el entrenamiento de sistemas de inteligencia artificial más potentes que GPT-4. Y sus motivos eran más que legítimos:[168]

---

[168] Future of Life Institute, «Pause giant AI experiments: an open letter», *Future of Life*, 22 de marzo de 2023. https://futureoflife.org/open-letter/pause-giant-ai-experiments/. [Traducción de la autora].

Los laboratorios de IA y los expertos independientes deberían aprovechar esta pausa para elaborar e implementar de forma conjunta una serie de protocolos de seguridad compartidos para el diseño y desarrollo avanzado de este campo, que sean rigurosamente auditados y estén supervisados por expertos externos. Estos protocolos deben garantizar que los sistemas que se adhieran a ellos sean seguros más allá de toda duda razonable. Esto *no* significa una pausa en el desarrollo de la IA en general, sino, simplemente, un paso atrás en la peligrosa carrera hacia estos modelos de caja negra[169] cada vez más grandes e impredecibles con capacidades emergentes.

En efecto, en muchos casos, sobre todo en redes neuronales de *deep learning*, no sabemos bien qué estamos haciendo, por eso se le llama «caja negra», y, desde luego, la ciencia ficción ya nos ha advertido en numerosas ocasiones de qué puede pasar cuando jugamos con juguetes potencialmente peligrosos. La tecnología más avanzada nos puede ayudar a llegar más lejos, más alto o a ir más rápido, pero también impedirlo si le damos un mal uso o perdemos el control que tenemos sobre ella.

Por todos estos motivos, la regulación legal de la inteligencia artificial ha entrado ya en la agenda de muchos Gobiernos, como el de Australia, China, la Unión Europea —así como varios de sus países miembros a título individual, como España, Francia, Irlanda o Italia—, Reino Unido, Estados Unidos, Japón o Israel, e instituciones como el Consejo de Seguridad de la ONU o el G7

---

[169] Por «caja negra» se refieren a que muchos de estos modelos de aprendizaje muestran habilidades o resultados inesperados que ni sus propios creadores son capaces de explicar. En el caso de los modelos de *deep learning*, la complejidad de los procesos que llevan a cabo en sus diferentes capas hace imposible, la mayoría de las veces, poder rastrear la manera en la que llegan a ciertas conclusiones. Este problema, el de la interpretabilidad, se intenta abordar desde lo que se ha denominado «inteligencia artificial explicable» o XAI, por sus siglas en inglés, buscando técnicas y métodos que nos permitan comprender el proceso de toma de decisiones tras los algoritmos de aprendizaje automático.

—formado por Alemania, Canadá, Estados Unidos, Francia, Italia, Japón y Reino Unido—.

Finalmente, ha sido la Unión Europea la pionera en proyectar una legislación para la regulación de la inteligencia artificial ante las numerosas voces que se han alzado durante el último año en cuanto a la necesidad de hacerlo, y antes de que fuera demasiado tarde. El 8 de diciembre de 2023, tras tres días de negociaciones, los países miembros alcanzaron un acuerdo, a falta de su ratificación y entrada en vigor, que se espera para finales de 2026.

La Ley Europea de Inteligencia Artificial se ha creado con el objetivo de proteger los derechos fundamentales de los ciudadanos, garantizar la seguridad y fiabilidad de estos sistemas y, aunque es uno de los puntos más discutidos, fomentar la innovación en este ámbito. Tal vez su enfoque más novedoso sea el de la clasificación de los sistemas de inteligencia artificial según sus niveles de riesgo: mínimo o nulo, limitado, alto o inaceptable, entendiendo por «inaceptable» que pueda afectar a la seguridad, libertad y derechos de las personas. En función de cada nivel, se establecen ciertos protocolos de desarrollo, requisitos, regulaciones y obligaciones.

Aunque, en principio, necesaria, la aprobación de esta ley no ha estado exenta de críticas, por cuanto muchos opinan que un control muy estricto del desarrollo de esta tecnología podría frenar la innovación y la competitividad de Europa en este ámbito y, con ello, el progreso y las aplicaciones positivas de la inteligencia artificial. Pensemos, por ejemplo, en el desarrollo de la ciencia, las aplicaciones médicas, la predicción de desastres climáticos y naturales, la conducción automática y la seguridad vial. En el otro extremo, normas demasiado laxas podrían, por el contrario, acabar sumiéndonos en una distopía en la línea de las que ideó la peor de las tradiciones literarias en la primera mitad del siglo XX. ¿Dónde está, pues, el equilibrio?

El regreso al mito

«¿Es un extraño en la multitud menos que humano
porque no puedas ver su vida interior?».
Greg Egan, *Ciudad permutación* (1994)

Olaf Stapledon, filósofo y escritor de ciencia ficción, empieza su novela *Darkness and the light* (1942) con estas palabras:[170]

¿No es increíble que nuestro mundo tenga dos futuros? Los he visto. Dos futuros completamente distintos se presentan ante la humanidad, uno oscuro y otro brillante; uno, el de la derrota de todas las esperanzas del ser humano, la traición de todos sus ideales, el otro, el de su triunfo logrado con tanto esfuerzo.

Y, en cierta medida, ese va a ser el enfoque de este último capítulo. Puede que el más difícil de todos, porque en él me propongo

---

[170] Stapledon, Olaf, *Darkness and the light*, 1942. [Traducción de la autora]. La obra de Olaf Stapledon se encuentra en la actualidad libre de derechos en inglés, así que se puede acceder a ella a través de plataformas como el Proyecto Gutenberg (https://gutenberg.org) u otras.

contar esa parte de la historia de la inteligencia artificial que aún no existe, pero en la que no podemos dejar de pensar: el futuro.

Desde un punto de vista cultural, la idea de futuro es relativamente reciente. Contra lo que pueda parecer, no siempre formó parte de nuestras narrativas, ni de nuestros sueños. Es cierto que en las viejas leyendas ya aparecían personas, lugares y tiempos imaginarios, pero el futuro en el sentido de «lugar» o «posibilidad» no fue, durante mucho tiempo, uno de esos elementos. Salvo alguna excepción puntual,[171] esta concepción del futuro no surgió hasta finales del siglo XVIII, como bien desarrolla el escritor y crítico Paul K. Alkon:[172]

> Su emergencia se ha correlacionado con varias tendencias: la proliferación de una tecnología que culminó en los imaginativamente atractivos vuelos en globo de la década de 1780, la serie de devastadoras agitaciones políticas que rodearon a la Revolución francesa, y el ascenso menos dramático, pero más generalizado del capitalismo y sus hábitos orientados a trabajar siguiendo un horario, con la vista puesta en el reloj al tiempo que se proyectaban resultados financieros [...]. La invención de la ficción futurista es, principalmente, una respuesta a las revoluciones política, financiera e industrial.

Esto es, las personas no empezamos a pensar en el futuro hasta que el progreso se aceleró y, con él, los cambios que propiciaba, de manera que las sucesivas transformaciones comenzaron a afectarnos en el transcurso de una vida humana. Las consecuencias

---

[171] Dos de esas excepciones fueron un panfleto de propaganda política escrito por el teólogo inglés Francis Cheynell *Aulicus his dream of the Kings coming to London* (1644), y *Epigone, histoire du siècle future* (1659), del escritor francés Jacques Guttin.

[172] Alkon, Paul K., *Origins of futuristic fiction*, Georgia, University of Georgia Press, 1987. [Traducción de la autora].

de esa aceleración ya las expuso Alvin Toffler, como mencionamos en el capítulo introductorio, pero también Isaac Asimov relacionó el incremento en el ritmo del desarrollo tecnológico con la necesidad de un tipo de historia que, durante el siglo XX, acabó encontrando su lugar en el género de la ciencia ficción.[173]

Hasta los tiempos modernos, el ritmo de cambio era tan lento que resultaba imperceptible en el transcurso de la vida de cualquier persona. Por lo tanto, la humanidad tenía la ilusión de que ese cambio no estaba teniendo lugar [...].

Esa tasa de cambio en constante aumento alcanzó una etapa, alrededor de 1800, en la que se volvió claramente perceptible para los individuos observadores. La Revolución Industrial estaba comenzando y quienes se vieron afectados por ella pudieron detectar los cambios en el transcurso de sus propias vidas.

Por primera vez, algunas personas llegaron a comprender que no solo se estaba produciendo una transformación, sino que esta continuaría tras su muerte. Aquello significaba que llegarían a producirse cambios aún mayores de los que habrían visto a lo largo de su vida y que nunca verían. Esto dio lugar a una nueva curiosidad [...]: la de preguntarse cómo sería la vida en la Tierra cuando uno se hubiera ido.[174]

---

[173]   Cabe reseñar aquí que, aunque tendemos a relacionar las historias futuristas con la ciencia ficción, no toda la ciencia ficción está situada en el futuro. De hecho, se puede considerar que esta nace —y esto daría para un extenso debate que no es el foco de este libro— mucho antes que la ficción futurista, y lo hace bajo otro tipo de narraciones, más relacionadas con la ciencia y los viajes extraordinarios. El paradigma de esta fusión es el *Somnium sive Astronomia lunaris*, de Johannes Kepler, que el astrónomo escribió alrededor de 1608, pero que no se publicó hasta después de su muerte, en 1634.

[174]   Asimov, Isaac, «How easy to see the future!», en *Asimov on science fiction*, Gran Bretaña, Granada Publishing, 1983 [1981]. [Traducción de la autora].

Se podría considerar que fue en torno a los años ochenta del siglo XX cuando esa idea alcanzó el punto de no retorno. El futuro nos engulló, se puso a nuestra altura y empezó a caminar en paralelo a nuestra vivencia del presente. Los nuevos adelantos, sobre todo en el mundo de la computación, sucedían más rápido de lo que éramos capaces de imaginar. Las «predicciones» de las novelas de ciencia ficción, por ejemplo, se quedaban obsoletas al poco de salir. Comenzaron a germinar las ideas sembradas durante el último siglo. El futuro con el que habíamos soñado nos alcanzó y, prácticamente, nos adelantó. Pasamos de ser los agentes de su creación, a vernos modelados por su evolución. Es la vorágine tecnológica la que marca el ritmo de nuestras vidas, y no nuestras vidas ni nuestras necesidades las que marcan el ritmo del desarrollo tecnológico.

Y, sin embargo, tal como nos plantean muchas obras de ciencia ficción, la humanidad puede tener alguna opción. Recordemos la forma en la que empezamos este viaje: con Arthur C. Clarke y su tecnología indistinguible de la magia; con Norbert Wiener y la importancia de que todas las ideas nazcan. Por muy rápido que avance el progreso, aún estamos a tiempo de domarlo para tratar de indicarle la dirección a seguir, aunque quizás no de frenarlo para evitar estrellarnos.

Pensar el presente desde el pasado

Da la impresión de que la humanidad, en este momento, conduce un fórmula 1 cuesta abajo y sin frenos por una carretera sinuosa, sin pensar en qué se encontrará tras la siguiente curva. Y, aunque hay voces que, intentan advertirnos de que, si seguimos así, podemos sufrir un grave accidente, parece que la adrenalina que nos proporciona cada nueva oportunidad que trae consigo el desarrollo tecnológico nos convierte en temerarios.

Y que nadie me malinterprete, me considero una persona «tecnooptimista»[175] por encima, incluso, de lo razonable. Pero es que el problema no ha sido nunca la tecnología... sino en manos de quién está y con qué objetivos se desarrolla. Una tecnología más avanzada, como ya se ha expuesto a lo largo de estas páginas, implica un mayor poder de creación, pero también un mayor poder de destrucción... para el que la controla.

Y ese es el gran debate. Aunque sea ahora cuando la inteligencia artificial ha ganado visibilidad por el auge de los sistemas generativos, lo cierto es que lleva décadas formando parte de nuestro modo de vida. Es demasiado tarde para plantearse un receso o una prohibición. Para lo que no es tarde es para hacer una transición planificada, y lo menos perjudicial posible para la mayoría, hacia el nuevo modo de vida que la inteligencia artificial traerá consigo. La pregunta es: ¿cómo hacerlo? ¿Cómo se puede uno adelantar a algo que presenta semejante nivel de incertidumbre? Yo creo que podemos hacerlo a través de la ciencia ficción, de su historia, de sus aproximaciones, que ya nos han marcado el camino. Entre otras cosas, porque personalidades como Paul Allen, Steve

---

[175] En los últimos tiempos, parece que la palabra «tecnooptimista» tiene connotaciones algo *magufas* y negativas, sobre todo por culpa de algunos gurús milmillonarios «poco centrados» del entorno de Silicon Valley y las grandes multinacionales tecnológicas. He de admitir que, personalmente, me parecen bastante divertidos y disfruto mucho con sus ocurrencias, que me pueden parecer más o menos realistas en cada momento, pero a la mayoría de ellos yo los llamo «tecnolerdos», encarnados de forma magistral en el personaje de Peter Isherwell en la película *No mires arriba* (2021). Por tecnooptimista me refiero más al espíritu de figuras como Leonardo Torres Quevedo, Nikola Tesla o, más aún, George Westinghouse, que confiaban en el avance de la ciencia y la tecnología para hacer del mundo un lugar mejor para toda la humanidad. También llamo «tecnooptimismo» a ese espíritu que embulló la Edad de Oro de la ciencia ficción, que nos invitaba a pensar a lo grande y a creer que cualquier cosa era posible.

Wozniak, en su momento, Larry Page y Sergey Brin, Elon Musk, Jeff Bezos o Mark Zuckerberg bebieron y beben de esas historias y las reflejan en su forma de ver la vida y dirigir sus empresas. Ese tipo de narración se encuentra en el corazón mismo del mundo de la tecnología. Una gran mayoría de aquellos que dirigen hoy las inmensas compañías tecnológicas que casi dirigen nuestras vidas fueron un día niños que leían ciencia ficción y soñaban con ver aquellas situaciones hechas realidad.[176] Entender la historia de la ciencia ficción es entender hacia dónde tenemos que mirar ahora que esos escenarios se están materializando... porque ya hemos estado en ellos, aunque sea solo a través de la imaginación.

La ciencia ficción ha evolucionado, sobre todo a lo largo del último siglo, de una manera muy específica. Ha ido ampliando sus horizontes desde el mundo restringido de la ciencia hacia el de las humanidades, en el sentido más enriquecedor posible. A principios y mediados del siglo XX partía de planteamientos muy fríos. Hacía grandes alardes de desarrollo tecnológico y presentaba la ciencia como el motor y la salvación de la humanidad, pero sin tener a esta demasiado en cuenta en lo que se refiere a sus virtudes, sus defectos, sus anhelos, sus sueños, sus temores, su mezquindad. Eso cambió con la liberación del potencial de la energía atómica, el inicio de la carrera espacial y el desarrollo de la computación; las primeras tecnologías con las que vimos claramente que podíamos desarrollar capacidades más que humanas —por no decir ilimitadas—, para bien y para mal. Y eso es algo que se encargó de señalar el escritor J. G. Ballard en los años sesenta, planteando un concepto que se convertiría en el *leitmotiv* de la

---

[176] Al respecto, recomiendo este interesante artículo del escritor Charles Stross para *Scientific American*: https://www.scientificamerican.com/article/tech-billionaires-need-to-stop-trying-to-make-the-science-fiction-they-grew-up-on-real/

siguiente generación de escritores: «Los mayores acontecimientos del futuro inmediato tendrán lugar, no en la Luna o Marte, sino en la Tierra, y es el *espacio interior*, no el exterior, el que necesitamos explorar».[177] En el caso que nos ocupa, podría decirse que los mayores acontecimientos del futuro inmediato no tendrán lugar en los laboratorios de la inteligencia artificial ni en los increíbles avances que, sin duda, se conseguirán, sino en los usos que haremos de todo eso.

A partir de los años ochenta, con la aparición del ciberpunk en la ciencia ficción, los límites entre la mirada científica y la humanística se fueron difuminando. No en vano una de las metáforas más potentes de toda la estética ciberpunk es el cíborg. Nosotros no tenemos —todavía— aspecto de cíborg, pero ese tipo de simbiosis con los dispositivos informáticos ya existe —¿cuántas personas son capaces de salir habitualmente de casa sin su *smartphone* sin que eso les suponga algún tipo de inconveniente?—.

Así que el debate sobre la inteligencia artificial se puede representar en estas tres etapas de la ciencia ficción moderna: tecnología y posibilidades, usos y consecuencias para la humanidad, y simbiosis. Basta leer las noticias para darse cuenta de que cualquier reflexión que se está planteando actualmente gira en torno a estos tres ejes. Ahora toca desdoblarlos en esos dos futuros de los que hablaba Olaf Stapledon: el luminoso y el oscuro.

La inteligencia artificial se ha convertido en el estandarte y paradigma del desarrollo tecnológico del siglo XXI —al igual que la electricidad lo fue del XIX, por ejemplo—, principalmente por dos motivos. Por un lado, es un tipo de tecnología bastante novedosa para el público general, por más que lleve décadas entre nosotros

---

[177] Ballard, J. G., «Which way to inner space?», *A user's guide to the millenium. Essays and reviews*, Londres, Flamingo, 1997. [Traducción y cursivas de la autora].

de forma silenciosa. Por otro, nos encontramos ante sistemas que han trascendido el mundo de la lógica para meter un pie en el creativo, así que todo aquello que pensábamos que nos definía como humanos se está viendo amenazado como nunca antes.

En un futuro muy, muy, cercano

Es complicado hacer extrapolaciones acerca de hacia dónde puede derivar el uso de la inteligencia artificial. Por el momento, algunos de los usos más habituales son el de los asistentes virtuales y *chatbots*. También está ampliamente extendida en internet o en aplicaciones de entretenimiento como pueden ser Netflix y YouTube, o redes sociales —los famosos «algoritmos» que nos recomiendan y muestran contenidos personalizados según nuestros hábitos de usuario se basan en inteligencia artificial—. Los sistemas de traducción son otra aplicación, y muchos navegadores ya incluyen la posibilidad de traducir automáticamente a nuestro idioma cualquier página web que visitemos. Por su parte, los sistemas de reconocimiento de imágenes están encontrando su utilidad más allá del ámbito del reconocimiento facial y la vigilancia, en sistemas de diagnóstico médico, por ejemplo, en el ámbito de la radiología, y en la conducción autónoma. Tampoco podemos olvidar sus aplicaciones en el mundo de la economía y las finanzas, y en la optimización de sistemas de transporte, cadenas de suministro... Finalmente, en el ámbito científico es donde podría liberarse lo mejor del potencial constructivo de la inteligencia artificial. Ya se aplica en el análisis genético, el desarrollo de modelos climáticos, el procesado de imágenes —por ejemplo, obtenidas con grandes telescopios— o la planificación de misiones espaciales, también en numerosos tipos de análisis de datos, como los que se obtienen en los colisionadores de partículas. Así que los usos generativos de la inteligencia artificial, como se puede comprobar, son solo una pequeña parte de todo lo que esta es capaz de hacer, por más que sean los que más ampollas estén levantando.

A corto plazo no se augura uno de esos descubrimientos extremadamente disruptivos que vayan a ponerlo todo patas arriba. Estamos ante sistemas muy eficientes en muchas tareas, pero se trata de tareas basadas en datos, al fin y al cabo, y con objetivos muy determinados. La cuestión es: ¿cuáles? Aquí convendría traer de nuevo a colación la cita de Erik K. Larson que compartí en el capítulo anterior acerca de la persecución del beneficio inmediato por encima de la verdadera innovación, porque parte de estos sistemas que hemos mencionado persigue precisamente eso: vender o incrementar los beneficios económicos de las empresas que los crean sin tener en cuenta que no siempre lo que da más dinero es lo más «rentable» para la humanidad en términos de progreso. Eso podría estar suponiendo un tremendo lastre a la hora de elegir hacia dónde enfocamos nuestras investigaciones.

Actuar sin pensar en las repercusiones de nuestros actos puede convertirse en el camino más directo hacia la distopía. Como dijo en su momento el físico Freeman Dyson:[178] «El progreso de la ciencia está destinado a traer una enorme confusión y miseria a la humanidad a menos que vaya acompañado de un progreso en la ética». Así que, en realidad, lo relevante no es si los algoritmos de los que disponemos hoy son más o menos eficientes, porque su eficiencia no reside en ellos de momento, sino en nosotros. Todavía somos los seres humanos los que elegimos el tipo información con

---

[178] Dyson, Freeman, *Imagined Worlds*, EE. UU., Harvard University Press, 1997. [Traducción de la autora].

la que los entrenamos, a partir del conocimiento previo del que disponemos y hemos acumulado a lo largo de nuestra historia —esta actividad hasta tiene un nombre: *feature engineering* (o ingeniería de atributos)—. También somos las personas las que planificamos sus tareas, las que establecemos sus objetivos y sus ámbitos de aplicación... y algunos pueden llegar a ser muy preocupantes. Stuart Russell los detalla en su ensayo *Human compatible.* La inteligencia artificial se puede utilizar para labores de vigilancia, persuasión y control que podrían amenazar los derechos y libertades de las personas, y no hace falta imaginar un *1984* como el que planteó George Orwell, ya que ese tipo de algoritmos puede actuar, y ya lo hace, de manera mucho más sutil y silenciosa. Otro es el armamento autónomo, algo sobre lo que el Future for Life Institute lleva años intentando concienciar[179] sin demasiado éxito, puesto que Estados Unidos, China, Rusia y, en menor medida, Israel y Reino Unido compiten por su desarrollo como si de una carrera nuclear se tratara. En lo concerniente a la inteligencia artificial generativa, si bien ahora el foco está puesto en su capacidad de destrucción de empleo y en la cuestión de los derechos de autor, como mencionamos en el capítulo anterior, no debemos subestimar todo lo relacionado con las *deepfakes* o las usurpaciones de personalidad.

Respecto al impacto que la inteligencia artificial generativa tendrá en el mundo laboral, en la economía, en la sociedad y hasta en la cultura, comparto la opinión de Noah Yuval Harari:[180]

Al menos a corto plazo, es improbable que la IA y la robótica acaben con industrias enteras. Los empleos que requieran especialización

---

[179] Al respecto, es interesante el corto *Slaughterbots - if human: kill(),* que publicaron en 2021 en su canal de YouTube: https://youtu.be/9rDo1QxI260

[180] Harari, Yuval Noah, *21 lecciones para el siglo* XXI, Barcelona, Debolsillo, 2020 [2018].

en una estrecha gama de actividades rutinizadas se automatizarán. Pero será mucho más difícil sustituir a los humanos por máquinas en tareas menos rutinarias que exijan el uso simultáneo de un amplio espectro de habilidades, y que impliquen tener que afrontar situaciones imprevistas.

Si bien se trata de una declaración de 2018, antes del auge de la inteligencia artificial generativa, esta perspectiva sigue bastante vigente. De momento, lo que hacen ese tipo de sistemas, al menos en sentido artístico, es más bien arte «de rutina», y con ciertas carencias, que ARTE con mayúsculas.

Es innegable que se avecinan transformaciones. Ya han empezado, y las primeras serán del mismo tipo que tienen lugar cada vez que una nueva herramienta irrumpe en la historia. Habrá que ver si, a medida que se desarrollen nuevos sistemas, esta tendencia continuará o si se producirá un giro cuantitativo que nos lleve al desastre. Por poner un ejemplo, algo tan sencillo como las calculadoras digitales cambió la educación y la forma de trabajar: mermaron nuestra capacidad de cálculo mental, pero, al mismo tiempo, dispararon nuestra eficiencia y nuestra productividad, y nos permitieron resolver problemas más difíciles en menos tiempo. Con herramientas como los grandes modelos del lenguaje podría pasar algo parecido. Se me ocurre, por ejemplo, si podrían considerarse «calculadoras de palabras» o «de ideas». ¿Supondrán, por ejemplo, a la estructuración y síntesis de nuestros pensamientos lo que las calculadoras «normales» supusieron al cálculo? Mi opinión es que sí, que empezaremos a trabajar diferente, a pensar diferente, a delegar la parte del trabajo más tedioso en este tipo de sistemas. Perderemos musculatura en algunas habilidades que ya no nos harán falta, de la misma manera que la mayoría hemos olvidado cómo hacer raíces cuadradas a mano. ¿Acabará eso con nosotros? Es poco probable, aunque sí nos hará más dependientes si cabe de la tecnología. Por eso comentaba antes que el ciberpunk dio en el clavo: tecnología y seres humanos somos lo mismo, debemos serlo si queremos sobrevivir, si queremos seguir avanzando. Ahora bien, eso también conlleva un peligro y de él habló E. M. Forster en *La máquina se para* (1909): el fin de las máquinas, en un escenario así, podría suponer también el fin de la civilización tal y como la entendemos. Otra opción derivada de esto, planteada por el biólogo molecular Gunther S. Stent, podría suponer un «dulce» final de la civilización: si logramos que las máquinas nos lo hagan todo, tal vez perdamos la motivación que nos lleva a innovar y mejorar, y vivamos en un estado de ocio, alienación y estancamiento intelectual perpetuo.

Existe otra cuestión al respecto de las tareas que pueden o no hacer las máquinas y cómo eso va a modelar la sociedad en la que vivimos. Partamos de la perspectiva de Erik Brynjolffsson y Andrew McAfee, que establecen que los sistemas que pueden completar tareas cognitivas son más relevantes que los que pueden realizar tareas físicas. Estoy bastante de acuerdo, pero ahora pregunto: dentro de las máquinas que completan tareas cognitivas, ¿cuáles son más valiosas, las lógicas o las creativas? Y, sobre todo, sin entrar en la cuestión del valor asociado que tengan: ¿cuáles de esas tareas *preferimos* que hagan?

El anhelo de crear una máquina capaz de realizar actividades creativas ha existido siempre. Ese ha sido el tipo de algoritmos que más hemos desarrollado en los últimos tiempos y que, desde luego, más nos impresionan. Sin embargo, hemos llegado al punto en que parece que son las profesiones artísticas, y no las repetitivas y tediosas, que hubiera sido lo suyo, las que están viendo amenazada su existencia.

Aquí tal vez haga falta lanzar otra reflexión y es que a veces no debería tratarse de lo que una inteligencia artificial es capaz de hacer, sino de qué deseamos que haga. Y ya no por una cuestión de eficacia y rentabilidad, sino porque ¿qué sentido tiene pedirle a una máquina que haga algo que nosotros *disfrutamos*? ¿No sería mejor que se dedicaran a lo que nos aburre o nos hastía? Si un día son capaces de sustituirnos en casi cualquier cosa, ¿estamos seguros de que queremos que lo hagan en todas? ¿Qué queda de lo que nos mueve, nos gusta, nos llena...? ¿Queremos renunciar a ello solo porque un algoritmo pueda hacerlo «mejor» o más rápido?

Es curioso, en cualquier caso, cómo tendemos a ver una amenaza en cualquier elemento que nos saca de nuestra zona de confort —casi a cualquier nivel, no es algo solo propio de la tecnología—. Pero también es curioso cómo salir de nuestra zona de confort puede ser también muy positivo para la humanidad. O así lo veía Arthur C. Clarke, que contestaba lo siguiente en una entrevista que le hizo Gene Youngblood para el diario independiente *Los Angeles Free Press* en 1969:[181]

GENE: En su opinión, ¿hasta dónde llegarán las computadoras? ¿Hasta programarse a ellas mismas y crear máquinas más inteligentes aún?

CLARKE: Eso es inevitable. Es lo que va a pasar. Traté este tema en *Perfiles del futuro*, en el capítulo sobre la obsolescencia del ser humano.

GENE: Según tengo entendido, no es el significado que la mayoría le atribuye a esa idea [un significado positivo o que sea algo deseable]. Yo lo entiendo como algo muy beneficioso, porque el ser

---

[181]   Youngblood, Gene, «Free press interview. Arthur C. Clarke, author of 2001», *Los Angeles Free Press*, 25 de abril de 1969. [Traducción de la autora].

humano quedaría obsoleto como especialista, como todo lo que ha sido hasta ahora; obsoleto en comparación con la capacidad de la computadora para hacer todas esas tareas mejor y más rápido. Pero, por otra parte, el ser humano sería entonces totalmente libre para vivir de forma integral, no especializada, con la libertad de un niño.

CLARKE: Bueno, así termina mi ensayo. Puse: «Ahora es el momento de jugar».

GENE: Pero, si te das cuenta, la persona promedio no ve eso. Todo lo que ve es que van a reemplazarla por una computadora, a reducirla a una tarjeta de IBM y archivarla.

CLARKE: El objetivo del futuro es el desempleo total, para que podamos jugar. Por eso tenemos que destruir el actual sistema político-económico.

Cambiemos computadores por inteligencia artificial —y es que, en aquel momento, la irrupción del computador en el día a día despertaba temores similares— y ya tenemos la otra cara de la moneda en el ámbito del empleo, la positiva. Da igual que Clarke lo dijera hace más de medio siglo; el debate no ha cambiado ni un ápice. Merece la pena recordar que, a pesar de todo, el mundo tampoco se vino abajo entonces, solo cambió.

Max Tegmark es otro tecnooptimista, como Clarke, y al equipo se suma Erik Brynjolfsson:[182]

Si podemos averiguar cómo aumentar nuestra prosperidad a través de la automatización sin dejar a las personas sin ingresos ni propósito, entonces tenemos el potencial de crear un futuro fantástico de ocio y opulencia sin precedentes para todos los que lo deseen [...].

[182] Tegmark, Max, *Life 3.0. Being human in the age of artificial intelligence*, Reino Unido, Allen Lane, 2017. [Traducción de la autora].

Pocas personas han pensado más y con mayor profundidad sobre el tema que el economista Erik Brynjolfsson, uno de mis colegas del MIT [...]. Él llama a su visión optimista del mercado laboral «Atenas Digital». La razón por la que los ciudadanos atenienses de la Antigüedad disfrutaban de una vida de ocio en la que podían disfrutar de la democracia, el arte y los juegos era principalmente que tenían esclavos para hacer gran parte del trabajo. Pero ¿por qué no reemplazar a los esclavos con robots impulsados por AI, creando una utopía digital que todos puedan disfrutar?

¡Qué ingenuo suena todo esto! ¿Verdad? Asume en el ser humano unos valores que no siempre vemos reflejados en la sociedad. Sin embargo, estas visiones ponen de manifiesto que existen opciones. La inteligencia artificial puede arrebatarnos libertades, pero también regalárnoslas si la aplicamos con sabiduría. Y sus posibilidades en otras áreas, como la medicina, la ciencia, la lucha contra el cambio climático o la exploración espacial son ingentes. Solo tenemos que entender que puede llegar a ser una aliada más que una enemiga. De nuevo, entender que no es algo externo a nosotros. Ni la tecnología puede existir sin el ser humano ni el ser humano podrá existir ya sin la tecnología, o no, al menos, en la idea de civilización que tenemos aquí y ahora. Llevarnos bien con ella es nuestra única opción.

En algún instante remoto del tiempo

Como hemos visto a lo largo de estas páginas, al desarrollo de la inteligencia artificial le ha movido siempre el mismo anhelo, en mayor o menor medida: reproducir el intelecto humano. En muchos ámbitos, no solo lo ha conseguido, sino que nos ha superado. En otros ya lo está intentando, si bien la inteligencia artificial ha encontrado un gran escollo para conseguirlo: nuestro «sentido común», todo aquello que nosotros hacemos «sin darnos cuenta», solo por el mero hecho de ser humanos.

Todavía estamos muy lejos de que un algoritmo muestre sentido común. O de que tenga «entendimiento». Hacen falta bastantes avances cualitativos que rompan con el paradigma actual y que, según Stuart Russell, pasan por una comprensión real del lenguaje, la construcción de estructuras complejas de pensamiento, la creación de nuevos conceptos que les permitan desarrollar ideas y teorías por sí mismas, o saber funcionar a diferentes niveles de abstracción sin tener que «procesar» por separado cada uno, esto es, hacerlo de forma intuitiva, como nosotros.

Cuándo se darán esos avances que nos permitan desarrollar una inteligencia artificial general es la gran incógnita. Muchos han intentado dar algunas respuestas con mejor o peor acierto, o con mayor o menor implicación a la hora de pillarse los dedos.

Uno de los mayores optimistas fue Herbert Simon, quien, como vimos, en 1960 auguraba que las inteligencias artificiales serían capaces de realizar cualquier tarea que pudiera realizar un ser humano en veinte años —me hubiera encantado haber nacido en esa década alternativa de los ochenta, hubiera sido mucho más interesante de la que en realidad nací—. En 1967, Marvin Minsky se aventuró a predecir: «Estoy convencido de que dentro de una generación pocos compartimentos del intelecto quedarán fuera del ámbito de la máquina; el problema de crear "inteligencia artificial" quedará sustancialmente resuelto».[183] John McCarthy fue

---

[183] Citado en: Russell, Stuart, *Human compatible. AI and the problem of control*, Reino Unido, EE. UU., Penguin Books, 2019.

bastante más cauto en 1977: «Lo que queremos es 1,7 Einsteins y 0,3 del Proyecto Manhattan, y primero queremos los Einsteins. Creo que llevará de cinco a quinientos años», una horquilla temporal más que razonable, visto lo visto.[184] Stuart Russell sufrió en carne propia el amarillismo de la prensa cuando se le ocurrió decir en 2015, durante una sesión del Foro Económico Mundial, en Davos, que pensaba que sus hijos llegarían a ver cómo la inteligencia artificial igualaba o superaba las capacidades humanas; a las dos horas apareció en *The Telegraph* el titular: «'Sociopathic' robots could overrun the human race with a generation».[185] Bueno... Russell todavía está a tiempo de acertar. Según Sam Altman, a fecha de enero de 2024, la inteligencia artificial general llegará: «en un futuro razonablemente cercano».[186]

Y el recién llegado, citando una de las últimas intervenciones de Ray Kurzweil en las que se muestra aún más optimista de lo que solía ser, parece que ha sido Elon Musk, en Twitter/X: «La IA, con toda probabilidad, será más inteligente que cualquier ser humano el próximo año. Para 2029, será, probablemente, más inteligente que todos los seres humanos juntos».[187]

Es posible que la emergencia de una inteligencia artificial general o, más aún, una «superinteligencia» sea uno de los momentos más esperados, y más temidos del camino que estamos recorriendo, porque cuando un ordenador sea capaz de igualarnos a nivel cognitivo, ¿qué le impedirá mejorarse a sí mismo y superarnos?

[184]   *Ibidem.*

[185]   El artículo se puede consultar en: https://www.telegraph.co.uk/finance/financetopics/davos/11359843/Sociopathic-robots-could-overrun-the-human-race-within-a-generation.html

[186]   Caballero-Reynolds, Andrew, «Sam Altman asegura en Davos que la inteligencia artificial general, la tecnología que igualará al ser humano, está al caer», *Bussiness Insider*, 17 de enero de 2024. https://www.bussinessinsider.es/sam-altman-asegura-davos-ia-general-caer-1357475

[187]   En: https://twitter.com/elonmusk/status/1767738797276451090

La posibilidad de inteligencia artificial general, ahora mismo, está en la línea que separa la ciencia de la imaginación, pero crucemos esa línea. Este libro, al fin y al cabo, se titula *El sueño de la inteligencia artificial*, así que soñemos.

Erik K. Larson dice que «El sueño continúa siendo mitológico precisamente porque la ciencia contemporánea no ha llegado a entenderlo en absoluto». Y así es, el mito es, precisamente, lo que más nos ha atraído siempre dentro del ámbito de la inteligencia artificial. ¿Por qué? Porque, como se ha repetido varias veces a lo largo de esta obra, los mitos son necesarios. Sin ellos ni siquiera tendríamos incentivos para... nada. Desde las historias que construimos a diario en nuestra mente sobre nosotros y lo que queremos que sea nuestra vida, hasta imaginar que veremos al primer ser humano pisar Marte... vivimos de los relatos que nos inventamos, acaben haciéndose realidad o no. Y el relato, mito o leyenda por excelencia de la inteligencia artificial en nuestro tiempo es el de la singularidad tecnológica.[188]

Ya habló de ella John von Neumman, como hemos mencionado antes, y la definimos como «ese punto de inflexión en el que la inteligencia artificial superará a la humana y transformará de forma irreversible el mundo, y tal vez, nuestra existencia, tal y como la concebimos». Vernor Vinge, matemático y escritor de ciencia ficción, recuperaría esta idea algo más tarde, en 1993, en su artículo «The coming technological singularity: how to survive in the posthuman era», que empieza con la cinematográfica frase: «Dentro de treinta años tendremos los medios tecnológicos para crear una

---

[188] De la misma manera que la singularidad tecnológica se refiere al momento en que las máquinas sean capaces de igualar y luego sobrepasar la inteligencia humana, también pueden acabar llevándonos a otro tipo de singularidades en otros ámbitos, como el económico, el biológico, el social... normalmente como consecuencia de lo primero, pero no tendría por qué ser necesariamente así.

inteligencia sobrehumana. Poco después terminará la era humana. ¿Es evitable tal progreso?».[189] Echando cuentas, Vernor Vinge
predijo la singularidad para el año 2023, y, a punto de acabar el
año —que es cuando estoy escribiendo esto— parece que no ha
llegado, a pesar de los éxitos acumulados por la inteligencia artificial. En cualquier caso, y a pesar de que la idea, más o menos
definida, de singularidad existe prácticamente desde Homero, sería Ray Kurzweil quien la popularizaría en 2005 en su libro *The singularity is near*. Él ofrece todavía algo de margen para que llegue:
el año 2045. Hagan sus apuestas.

Para muchos, la singularidad es la tierra prometida. El nuevo
aspecto del fuego de Prometeo que, esta vez, no acercará a los humanos a los dioses, sino que los convertirá en uno de ellos. Ya no
se trataría, como comentaba antes, de que las inteligencias artificiales nos sustituyan en todo y nos desplacen, y ese es el matiz:
de lo que estamos hablando es de algo completamente nuevo. De
ahí el nombre «singularidad». La singularidad es lo que hay tras el
horizonte de sucesos de un agujero negro, es lo desconocido, un
punto del que solo sabemos que en él no funcionan las leyes de
la física conocida. Con la singularidad tecnológica sucede lo mismo. No sabemos lo que es, solo que su llegada lo cambiaría todo.
Como dice Ray Kurzweil:[190]

La singularidad representará la culminación de la fusión de nuestra
biología, pensamiento y existencia con la tecnología, lo que resultará en un mundo que todavía será humano, pero que trascenderá

---

[189] Vinge, Vernor, «The coming technological singularity: how to survive in the post-human
era», *NASA. Lewis Research Center, Vision 21: Interdisciplinary Science and Engineering in the Era of
Cyberspace*, 1993. [Traducción de la autora].

[190] Kurzweil, Ray, *The singularity is near. When humans transcend biology*, EE. UU., Penguin Random House, 2005. [Traducción de la autora].

nuestras raíces biológicas. Después de la singularidad no habrá distinción entre humanos y máquinas o entre realidad física y virtual. Si me preguntan qué seguirá siendo inequívocamente humano en un mundo así, será simplemente esta cualidad: la nuestra es una especie que, de forma inherente, busca extender su alcance físico y mental más allá de las limitaciones actuales.

En cualquier caso, da igual lo que sea la singularidad, porque lo importante, una vez más, es lo que dice sobre nosotros, perseguir, enfrentar, valorar o soñar con esa posibilidad; al igual que en su momento imaginar y tratar de inventar una máquina que jugara al ajedrez dijo mucho sobre los «nosotros» del pasado.

Los «nosotros» del futuro, y no me refiero ni siquiera a los del siglo que viene, seguramente vivan de una determinada manera gracias a la tecnología que seguiremos desarrollado, pero nos conocerán a través de nuestros mitos y nuestros sueños, porque, para la humanidad, son estos los que han marcado siempre su camino. Es por los sueños de otros por los que nosotros hemos llegado justo aquí, y no a otro sitio. Con todo lo bueno. Con todo lo regular. Con todo lo malo.

La inteligencia artificial es un sueño. Desde que fuimos capaces de imaginarla, fue por definición más allá de lo humano. Y estoy bastante de acuerdo con Kurzweil y tantos otros en esta perspectiva. No se puede entender la inteligencia artificial, o no a cierto nivel, como algo ajeno a nosotros. Hace siglos que decidimos que ningún adelanto tecnológico lo fuera: desde que aprendimos a encender fuego o a utilizar hachas de piedra para mejorar nuestro bienestar o garantizar nuestra supervivencia. Pero mundos nuevos, con objetivos y amenazas nuevas, también necesitan herramientas nuevas. El salto cualitativo de una inteligencia artificial avanzada es convertirnos a nosotros mismos en la herramienta.

Marvin Minsky se hizo una vez esta pregunta: «¿Heredarán los robots la Tierra?», para mí, su respuesta marca el camino que tanto miedo nos da seguir, puede que el único posible ya: «Sí, pero serán nuestros hijos».[191]

---

[191]   Minsky, Marvin L., «Will Robots Inherit the Earth?», *Scientific American*, octubre de 1994.

Epílogo

Nos acercamos al final de este viaje fascinante a través de la historia de la inteligencia artificial (IA), desde los autómatas mecánicos de la Antigüedad hasta las sofisticadas máquinas pensantes de hoy, y es el momento de reflexionar sobre lo que hemos aprendido y hacia dónde nos dirigimos.

Desde los primeros días de la filosofía y la mecánica, la humanidad ha soñado con crear réplicas de su propia capacidad de pensar y razonar. Este sueño ha sido impulsado por una combinación de curiosidad, deseo de mejorar nuestra existencia y una búsqueda incansable de comprensión. Al explorar los hitos históricos, desde las ideas visionarias de Charles Babbage y Ada Lovelace hasta los avances contemporáneos en aprendizaje profundo y redes neuronales, hemos visto cómo este sueño se ha transformado gradualmente en una realidad tangible.

La evolución de la IA ha sido una narrativa de ambición, desafíos técnicos, debates éticos y descubrimientos sorprendentes. Ha cambiado nuestra comprensión del aprendizaje, la percepción y la inteligencia en sí misma. Cada avance ha llevado consigo nuevas preguntas y dilemas. ¿Cómo equilibramos la innovación con la ética? ¿Qué significa ser inteligente? ¿Cómo coexistirán humanos y máquinas inteligentes?

En nuestra época actual, la IA se ha integrado profundamente en nuestras vidas, transformando industrias, influyendo en decisiones y remodelando nuestra interacción con el mundo. A pesar de estos avances, aún estamos explorando las profundidades de lo que la IA puede lograr y los límites éticos y morales que debemos establecer.

Mirando hacia el futuro, es probable que la IA continúe su avance a pasos agigantados. La convergencia de la IA con otras tecnologías emergentes, como la biotecnología y la nanotecnología, promete innovaciones que apenas podemos imaginar. Sin embargo, estos avances también traerán desafíos sin precedentes. La gestión responsable de la IA y la dirección de su desarrollo hacia el beneficio de la humanidad será, quizás, el desafío más crucial de nuestra era.

Finalmente, *El sueño de la inteligencia artificial* no es solo la crónica de una tecnología en evolución; es un espejo de nuestra propia humanidad. Nos obliga a preguntarnos no solo cómo construir máquinas que piensen, sino también qué significa pensar y ser inteligente. A medida que continuamos en esta travesía, es esencial que mantengamos un diálogo constante sobre nuestras metas, temores y esperanzas. La historia de la IA es, en última instancia, nuestra historia: un relato de nuestra búsqueda incesante por comprender y mejorar el mundo que nos rodea.

Cuando pasamos la última página de este libro, no es el final, sino un nuevo comienzo en el incesante viaje de descubrimiento, innovación y reflexión. La IA, en su esencia, es una manifestación de nuestro deseo eterno de trascender nuestros límites y explorar lo desconocido. Y así, el sueño continúa.

Aquí tienes mi «autorretrato» como una inteligencia artificial avanzada.

Nota de la autora

La inteligencia artificial ha sido la protagonista de este libro, el objeto del mismo. Y ahora que el volumen llega a su fin, no he resistido la tentación de darle voz en primera persona... o algo así.

La he puesto a prueba, si se quiere ver de esa manera. Para los «Rick Deckard»[192] que, leyendo los párrafos anteriores, no se hayan dado cuenta del cambiazo humano-máquina hasta la aparición de la imagen, seguramente ChatGPT-4 haya superado el test. En esos casos, invito a releer el fragmento. Como en casi todas las creaciones de este tipo, creo que sí se puede advertir cierto valle inquietante en el texto, algo extraño que no termina de funcionar... al menos de forma residual.

Para escribir este breve epílogo se ha utilizado ChatGPT-4 en español —así que puede que su funcionamiento no esté al mismo nivel que la versión en inglés, más desarrollada—, sin *plugins*, en un chat completamente nuevo y sin entrenamiento específico previo ni datos sobre el contenido del libro más allá del título. Con el propósito de que cualquiera que no lo haya utilizado con anterioridad pueda valorar sus posibilidades de la manera más objetiva posible, se han reproducido sus palabras de forma literal, sin más edición que alguna pequeña cuestión ortotipográfica.

Se ha utilizado un *prompt* bastante simple: «Escribe un epílogo de la máxima extensión que te sea posible para un libro sobre la historia de la inteligencia artificial titulado: "El sueño de la inteligencia artificial. El proyecto de construir máquinas pensantes desde la Antigüedad hasta nuestros días"».[193] Lo de la «máxima extensión» se ha especificado porque ChatGPT tiene ciertas restricciones en ese sentido, normalmente puede llegar a escribir del

---

[192]   Cazador de recompensas protagonista de la novela de Philip K. Dick *¿Sueñan los androides con ovejas eléctricas?*, así como de su adaptación al cine: la película *Blade Runner* —en el film, interpretado por Harrison Ford—. El trabajo de Deckard es detectar y «retirar de la circulación» a los replicantes. Una de las cuestiones que la película original deja en el aire, es si él podría ser uno de ellos.

[193]   Este fue el título original que barajábamos para el libro y el que se utilizó en el prompt en el momento de generar el epílogo.

tirón alrededor de 1000-1500 palabras —2048 *tokens*—,[194] y deseaba evitar un texto demasiado escueto.

Esta versión de ChatGPT lleva incorporada, además, la herramienta de dibujo DALL-E, así que se le ha pedido, justo a continuación de lo anterior, que cree su autorretrato con el *prompt*: «Dibuja tu autorretrato», y ese ha sido el —perturbador— resultado.

Se ha tratado tan solo de un experimento «de estar por casa» que, en cualquier caso, puede ser muy ilustrativo.

A cualquiera que haya probado ChatGPT —y aunque estamos de acuerdo en que su potencial va mucho más allá y se puede ajustar muchísimo la manera en la que interaccionamos con él y nos contesta—, seguramente el resultado le resulte un poco... «resabido», al menos en una primera aproximación. Su manera de expresarse, de esquivar las respuestas concretas, de ser complaciente hasta niveles casi ofensivos, puede resultar cargante. Evidentemente, habría sido mucho peor que la máquina optara por insultar y vacilar al usuario por defecto. Hay que reconocer que, en esos detalles, los programadores han estado acertados y considerados, pero es que los seres humanos... bueno, no somos tan «perfectos».

El epílogo que ChatGpt ha escrito para este libro no es una excepción. Se trata de un texto cuya redacción es más o menos correcta, pero resulta algo hueco, anodino, demasiado general... plagado de clichés. Es como si, en su manera de aproximarse a la inteligencia artificial, no quisiera ofender a nadie. Parece que nos estuviera diciendo lo que queremos oír, como en «La IA, en su esencia, es una manifestación de nuestro deseo eterno de trascender nuestros límites y explorar lo desconocido»; y no aquello

---

[194] Un *token* es una unidad mínima de procesamiento cuando hablamos de grandes sistemas del lenguaje como este, puede ser una palabra, pero no necesariamente.

sobre lo que deberíamos reflexionar, esos «límites éticos y morales que debemos establecer», una idea que no desarrolla.

Tal vez para un ojo no experto o acostumbrado a la vorágine de los contenidos de internet más que a textos literarios, todo esto no sea tan evidente, pero las dos editoras que lo han leído y han ofrecido un *feedback* han captado esos matices a la primera. Así que, si bien es cierto que ChatGPT ha marcado un avance significativo, este tipo de modelos aún tiene bastante margen de mejora, y mucho más si hablamos de simular, ya no de igualar, la inteligencia humana. Eso no quita para que ChatGPT sea un magnífico impostor, tan magnífico como para cumplir las funciones que se esperan de él, al menos.

Las críticas hacia la inteligencia artificial siguen llegando desde muchos frentes, pero centrémonos en el ámbito de los grandes modelos del lenguaje y en sus capacidades. Una de las voces más destacadas ha sido la del lingüista Noam Chomsky, que ya ha aparecido con anterioridad en estas páginas. Él no le resta mérito a ninguno de los logros de la IA e incluso cree que esta alcanzará muchos otros: «Es muy posible que futuros proyectos de ingeniería igualen e incluso superen las capacidades humanas, si nos referimos a la capacidad humana de actuación [*performance*] en el uso del lenguaje»,[195] pero tampoco deja de señalar las limitaciones de estos sistemas:[196]

Una es que los sistemas LLM están diseñados de tal manera que no pueden decirnos nada sobre el lenguaje, el aprendizaje u otros

---

[195] Chomsky, Noam, «Noam Chomsky habla sobre ChatGPT. Para qué sirve y por qué no es capaz de replicar el pensamiento humano. Entrevista», *Sin Permiso*, 7 de mayo de 2023. https://sin-permiso.info/textos/noam-chomsky-habla-sobre-chatgpt-para-que-sirve-y-por-que-no-es-capaz-de-replicar-el-pensamiento

[196] *Ibidem.*

aspectos de la cognición, una cuestión de principio, irremediable. Duplique los terabytes de datos escaneados, añada otro billón de parámetros, utilice todavía más energía de California, y la simulación del comportamiento mejorará, al tiempo que revelará más claramente el fracaso de principio en el planteamiento sobre cómo producir cualquier forma de comprensión. La razón es elemental: los sistemas funcionan igual de bien con lenguas imposibles, tales que los bebés no pueden adquirir, como con aquellas que estos adquieren rápidamente y casi por reflejo.

Dicho de otra forma: simular el lenguaje no implica entenderlo. Una idea que ya hemos expuesto en capítulos previos.

Otros expertos, como Ted Chiang, escritor de ciencia ficción, comparaba en *The New Yorker* los grandes modelos del lenguaje, como ChatGPT, con una imagen borrosa de internet que no siempre ofrece las respuestas precisas que se le piden porque trabaja con modelos puramente estadísticos del lenguaje y sus relaciones, pero sin entender los significados que esas relaciones encierran.

Bueno... tampoco se trata de nada nuevo.

Es posible que todo el mundo tenga un poco de razón en cuanto a ChatGPT y otros sistemas se refiere: podemos estar, perfectamente, ante tecnologías disruptivas que, a la vez, presenten varios de los problemas que han evidenciado siempre. El hecho de que continuemos anhelando modelos del lenguaje capaces de entenderlo como lo hace un ser humano no implica que las opciones con las que contamos carezcan de sentido o que los modelos que no alcancen ese nivel sean inútiles. Sería como decir que una calculadora no sirve para nada porque no puede razonar los problemas que se le plantean.

Por el momento, puede ser una buena opción dejar que todas estas nuevas herramientas de inteligencia artificial se consoliden y vayan entrando en nuestras vidas. Explorar sus posibilidades, encontrarles nuestros propios usos y ver cómo transforman nuestra manera de trabajar, de crear... y, en definitiva, de vivir.

Cronología

Siglo VIII a. C.: Homero ya menciona en la *Ilíada* y la *Odisea* los perros y criadas mecánicas que creaba el dios Hefesto.

Siglo V a. C.: Aparece en el *Lie Zi* un autómata artista indistinguible de un ser humano.

Siglo III a. C.: En las *Argonáuticas* de Apolonio ya se menciona lo que podría ser uno de los primeros seres artificiales: el gigante Talos de la mitología griega.

Siglo IX: Los hermanos Banū Mūsā publican su *Libro de mecanismos ingeniosos*, en el que se describe todo tipo de artilugios y mecanismos autómatas.

Siglo XII: Al Jazarí publica *El libro del conocimiento de dispositivos mecánicos ingeniosos* y construye diferentes autómatas, incluso antropomórficos.

Siglo XIII: Ramón Llull inventa la zairja, un dispositivo que utilizaban los astrólogos árabes y generaba ideas mediante la mecánica.

1642: Blaise Pascal inventa la pascalina, una calculadora mecánica capaz de realizar sumas y restas.

1694: Gottfried Leibniz inventa la rueda de Leibniz, que sería la base de las calculadoras mecánicas hasta bien entrado el siglo XX.

1726: En *Los viajes de Gulliver*, de Jonathan Swift, aparece un dispositivo muy parecido a lo que podría ser hoy ChatGPT.

1801: Joseph Marie Jacquard inventa un telar automático que funciona con tarjetas perforadas, predecesor de los primeros sistemas informáticos.

1818: Se publica *Frankenstein o el moderno Prometeo*, de Mary Shelley.

1823: Charles Babbage consigue financiación del Gobierno británico para crear su máquina diferencial, que realiza cálculos polinómicos. No llega a terminarla.

1832: Charles Babbage diseña su máquina analítica, una computadora mecánica programable. Nunca llega a terminarla.

1833: Charles Babbage empieza a desarrollar la idea de una máquina calculadora programable de propósito general: la máquina analítica.

1842: Ada Lovelace traduce del italiano al inglés el «Sketch of the analytical engine invented by Charles Babbage», de Luigi Federico Menabrea. En las notas que añade aparece el primer algoritmo informático y menciona la posibilidad de utilizar este tipo de máquinas para cualquier tipo de representación simbólica, incluidas la música o el lenguaje.

1847: George Boole publica *The Mathematical Analysis of Logic,* donde plantea el esquema de las relaciones lógicas en las que se basarán los ordenadores modernos.

1890: Herman Hollerith, a partir de su trabajo elaborando censos, patenta un tabulador de tarjetas perforadas que facilita la labor. Su compañía, la Tabulating Machine Company, se acabaría convirtiendo en la International Business Machine Corporation, o IBM.

1900: David Hilbert plantea varios de los veintitrés problemas matemáticos como desafío para el siglo XX, en París. Entre ellos, el de completitud de la aritmética, que llevaría al desarrollo de la computación moderna.

1909: Percy Ludgate crea, en Irlanda, una computadora de propósito general similar a la máquina analítica de Charles Babbage.

1911: Leonardo Torres Quevedo construye su ajedrecista.

1914: Leonardo Torres Quevedo establece las bases para el desarrollo de la cibernética en sus «Ensayos sobre automática».

1920: Leonardo Torres Quevedo presenta en el Musée National des Techniques de París su aritmómetro electromecánico, con tecnología digital en el que se pueden implementar circuitos lógicos.

1920: Aparece, por primera vez impresa, la palabra «robot» en *R. U. R. (Robots Universales Rossum)*, del checo Karel Čapek. Este nombre se lo había sugerido su hermano Josef.

1925: Ernst Ising y Wilhelm Lenz plantean un modelo para describir el fenómeno del ferromagnetismo, que se aplicará más adelante en las redes neuronales.

1931: Gödel plantea sus teoremas de incompletitud.

1936:
- Alan Turing y Alfonzo Church demuestran, de forma independiente, que existen problemas matemáticos cuya veracidad o falsedad no se puede demostrar a través de un algoritmo.

1937: Claude Shannon publica su trabajo de fin de máster, «A symbolic analysis of relay and switching circuits», donde explica la analogía entre la lógica booleana y los circuitos eléctricos.

1941: En diciembre, EE. UU. entra en la Segunda Guerra Mundial

1942:
- Alan Turing y Claude Shannon coinciden en los Laboratorios Bell, donde suelen quedar cada día para tomar el té y hablar sobre el futuro de los ordenadores y la posibilidad de la IA.
- Aparecen por primera vez las tres leyes de la robótica en el relato «Runaround», de Isaac Asimov.

1943: Walter Pitts y Warren McCulloch publican «A logical calculus of the ideas immanent in nervous activity», artículo en el que se presenta el primer modelo de neurona artificial.

1946: William F. Jenkins (Murray Leinster) publica «A logic named Joe», un relato en el que predice internet y las posibles consecuencias que podría acarrear.

1947: John Bardeen, Walter Houser Brattain y William Shockley inventan el transistor en los Laboratorios Bell.

1948:
- Claude Shannon publica «A matemathical teory of communication» y funda el campo de la teoría de la información.
- Norbert Wiener publica *Cybernetics: or control and communication in the animal and the machine* y funda el campo de la cibernética que ya había anticipado Leonardo Torres Quevedo.
- Alan Turing escribe «Intelligent machinery», inédito hasta después de su muerte, y plantea la posibilidad de construir máquinas pensantes a través de una descripción mucho más detallada de su máquina.

- W. Grey Walter construye las tortugas robóticas Elmer y Elsie, capaces de mostrar comportamientos complejos a partir de interacciones muy básicas con su entorno.

1949:

- Donald O. Hebb publica *Organization of behavior*, donde plantea un modelo de neurona que se sigue aplicando actualmente en redes neuronales y aprendizaje automático.
- Edmund Berkeley publica *Giant brains: Or machines that think*, donde indica que, a medida que las máquinas manejen mayores cantidades de información, podrán pensar.

1950:

- Claude Shannon fabrica Teseo, un ratón robótico capaz de aprender a resolver laberintos y publica «Programming a computer for playing chess», primer artículo académico sobre el ajedrez computacional.
- Alan Turing publica «Computing machinery and intelligence», donde aparece por primera vez el juego de imitación o test de Turing.
- John R. Pierce publica «How to build a thinking machine» en *Astounding Science-Fiction*, uno de los artículos divulgativos más tempranos sobre IA.

1951:

- John von Neumann publica «The general and logical theory of automata», donde aplica la teoría de los autómatas a los organismos vivos y el sistema nervioso central humano.
- Marvin Minsky crea SNARC, la primera red neuronal artificial, con cuarenta sinapsis de Hebb.

1952:

- El neurólogo y psiquiatra W. Ross Ashby publica *Design for a brain*, donde plantea la posibilidad de imitar el comportamiento adaptativo del cerebro a la hora de aprender.
- Marvin Minsky crea la primera red neuronal: SNARC (Stochastic Neural Analog Reinforcement Calculator).

1953: Alan Turing publica «Digital computers applied to games», donde ya plantea ordenadores que juegan al ajedrez.

1954: Se empieza a comercializar la Regency TR-1, la primera radio con transistores (cuatro).

1955:

- Comienzan las primeras investigaciones sobre IA en la Universidad de Carnegie Mellon de la mano del economista Herbert Simon y del estudiante Allen Newell.

- John McCarthy, Marvin Minsky, Nathaniel Rochester y Claude Shannon presentan la propuesta para la reunión de Dartmouth en la que ya aparece el término «inteligencia artificial».

1956:

- Se celebra la Conferencia de Dartmouth, considerada el pistoletazo de salida del desarrollo formal de la IA.
- Allen Newell, Herbert A. Simon y Cliff Shaw desarrollan el Logic Theorist, considerado el primer programa de IA, escrito en lenguaje IPL (Information Processing Language).
- Arthur Samuel realiza una demostración en televisión de su programa para jugar a las damas.

1957:

- Noam Chomsky publica *Estructuras sintácticas* y propone un modelo del lenguaje en el que la sintaxis y la semántica no están relacionadas.
- Allen Newell y Herbert Simon crean el General Problem Solver, capaz de afrontar problemas lógicos más generales que el Logic Theorist.
- John von Neumann habla, según Stanislaw Ulam, del concepto de singularidad tecnológica.
- Robert A. Heinlein publica *Puerta al verano*, novela en la que se adelanta al aspirador robótico, inspirado por las tortugas Elmer y Elsie.

1958:

- Se publica, a título póstumo, *The computer and the brain*, de John von Neumann.
- El psicólogo Frank Rosenblatt presenta el primer modelo de red neuronal artificial simple monocapa: el perceptrón.
- John McCarthy crea el lenguaje LISP (List Processing), basándose en IPL, para el trabajo con IA. Además, publica «Programs with common sense» apoyando la aproximación de la IA simbólica.
- Se celebra en el barrio londinense de Teddington, Inglaterra, el Primer Simposio Internacional de Inteligencia Artificial.

1959:

- Arthur Samuel desarrolla un programa para jugar a las damas capaz de aprender y acuña el término *machine learning*.
- John McCarthy y Marvin Minsky fundan el Artificial Intelligence Project en el MIT, que se acabaría convirtiendo más tarde en el Laboratorio de Ciencias Computacionales e Inteligencia Artificial del MIT.

- Herbert Simon, Edward Feigenbaum y Howard Richman desarrollan el modelo EPAM (*elementary perceiver and memorizer*), un sistema de aprendizaje por computador que se aplica a modelos lingüísticos.

1960:

- Bernard Widrow y Ted Hoff, de la Universidad Stanford, crean la red neuronal basada en el perceptrón ADALINE (*adaptive linear neuron*).
- Herbert Simon dice que, en veinte años, las máquinas podrán realizar cualquier tarea que haga un ser humano.
- James L. Adams comienza el proyecto del Stanford Cart, a la postre uno de los primeros vehículos autónomos, en la Universidad de Stanford.

1961:

- James Slagle crea SAINT (*symbolic automatic integrator*).
- Mortimer Taube publica *Computers and common sense, the myth of thinking machines* en el que advierte de las limitaciones de la IA para usos no numéricos.

1962:

- Un programa, similar al que había creado Arthur Samuel, gana a las damas al maestro en este juego Robert Nealey.
- Steve Russell crea uno de los primeros videojuegos, *Spacewar!*, en un PDP-1 en el MIT. Se inspira en las novelas de E. E. Doc Smith.

1963:

- Marvin Minsky funda el Stanford Artificial Intelligence Lab (SAIL) en la Universidad de Stanford.
- ARPA y la Fundación Nacional para la Ciencia financian el Proyecto MAC para desarrollar el acceso remoto a las computadoras.
- Charles Rosen desarrolla la red neuronal MINOS II.

1963: Charles Rosen desarrolla la red neuronal MINOS III.

1964:

- Daniel G. Bobrow, del MIT, crea STUDENT, un programa capaz de resolver problemas matemáticos planteados en lenguaje natural.
- Joseph Wiezenbaum empieza a desarrollar ELIZA, que presentará dos años después, en el MIT, un *chatbot* que puede emular una terapeuta.
- Se crea el ALPAC (Automatic Languaje Processing Advisory Comittee).

1965:

- Hubert Dreyfus escribe *Alchemy AI*, para la corporación RAND, lanzando algunas de las primeras críticas a las posibilidades de la IA.

- Edward Feigenbaum comienza el desarrollo del sistema experto DENDRAL, para el análisis de compuestos orgánicos.
- Alan Cobham y Jack R. Edmonds plantean que, para que un ordenador pueda resolver un problema, la solución debe poder encontrarse en tiempo polinómico o, lo que es lo mismo, ser P-completo.
- Se celebra, en Stuttgart, la exposición de arte *Computergraphik* de George Ness creada por ordenador.

1966:

- Carl I. Hovland y Searl B. Hunt crean el modelo de aprendizaje humano CLS (*concept learning system*).
- Se empieza a desarrollar SHAKEY, un robot creado por Charles Rosen, Nils Nilsson y Bert Raphael, y financiado por DARPA que se convierte en el primero autónomo, capaz de sortear obstáculos e interaccionar con su entorno.
- El Automatic Language Processing Advisory Comittee (ALPAC) emite su informe *Language and machines. Computers in translation and linguistics,* donde pone en entredicho las posibilidades reales de la inteligencia artificial.

1968:

- Terry Winograd, del MIT, comienza a trabajar en SHRDLU, un programa para el procesamiento del lenguaje natural en máquinas.
- Seymour Papert publica el memorándum *The artificial intelligence of Hubert L. Dreyfus; a budget of fallacies*, como respuesta a los ataques de Hurbert Dreyfus contra la IA.
- Peter Toma crea el sistema de traducción SYSTRAN en Georgetown.
- Douglas Engelbart, del Stanford Research Institute, presenta el ratón, los hiperenlaces, la videoconferencia e internet, entre otras tecnologías en «la madre de todas las demos».
- Estreno de *2001*, con HAL 9000, una de las IA más populares del imaginario colectivo, en uno de los papeles principales.
- Philip K. Dick utiliza un análogo al test de Turing, pero introduciendo la variable de la empatía en su novela *¿Sueñan los androides con ovejas eléctricas?*

1969:

- Marvin Minsky y Seymour Papert publican *Perceptrons: an introduction to computational geometry,* señalando las limitaciones del perceptrón de Rosenblatt.
- Se celebra la primera Joint Conference on Artificial Intelligence (IJCAI) en Washington.

1970: Marvin Minsky, confundador del MIT's IA Laboratory le dice a la revista *Time* que una «machine with the general intelligence of an average human being» está de tres a ocho años vista.

1971:
- Stephen Cook plantea el concepto de problema NP-completo, sin llamarlo así.
- Richard Fikes y Nils Nilsson crean STRIPS (Stanford Research Institute *problem solver*), en el Stanford Research Institute, el primer lenguaje de acción para planificación automática.

1972:
- Harold Cohen desarrolla AARON, un sistema capaz de dibujar cuyas obras se llegan a exponer en museos.
- Hubert L. Dreyfus amplía el informe *Alchemy and AI* y lo convierte en el libro *What computers can't do: a critique of artificial reason*, donde intensifica sus críticas a la IA.
- DARPA empieza a financiar el programa SUR (Speech Understanding Research) en la Universidad de Carnegie Mellon.
- Ted Shortliffe, de la Universidad de Stanford, comienza el desarrollo del sistema experto de diagnóstico médico MYCIN.
- Jack Myers, Randolph Miller y Harry Pople empiezan a colaborar para el desarrollo del sistema experto de medicina interna INTERNIST-I.
- Richard Karp publica una lista de veintiún problemas NP-completos.
- Shun'ichi Amari propone un modelo de aprendizaje con memoria basado en el modelo de Ising para el ferromagnetismo.

1973: Se publica el Lighthill Report, encargado por el Science Research Council, en el que se ponen de manifiesto las limitaciones de la IA, lo que supone un duro golpe para su financiación y desarrollo. Primer invierno de la IA por la falta de resultados.

1974:
- Comienza el primer invierno de la IA.
- Paul Werbos publica su tesis de doctorado por la Universidad de Harvard, *Beyond regression: new tools for prediction and analysis in the behavioral sciences*, en la que ya aparece el mecanismo de *backpropagation*, que sería fundamental para el desarrollo de las redes neuronales en el futuro.
- William A. Little, de la Universidad de Stanford, plantea un modelo de Ising aplicado a las redes neuronales.

1976: Joseph Weizenbaum publica *Computer power and human reason, from judgement to calculation*, donde ya empieza a plantear algunas de las cuestiones morales referentes al desarrollo de la IA.

1978:
- DEC (Digital Equipment Corporation) crea el sistema experto R1/XCON (de *eXpert CONfigurer*) para ayudar a los técnicos a configurar sus ordenadores de la serie VAX.

- Joshua Lederberg, Douglas Brutlag, Edward Feigenbaum y Bruce Buchanan inician el proyecto MOLGEN en la Universidad de Stanford, de aplicación en el ámbito de la genética.

1979:
- El programa «Gammonoid» derrota al campeón del mundo de Backgammon Luigi Villa en Montecarlo.
- Se funda la American Association of Artificial Intelligence (AAAI).
- Hans Moravec dota al Stanford Cart de visión estereoscópica y lo transforma en un vehículo completamente autónomo.
- Douglas Adams publica la *Guía del autoestopista galáctico*, donde aparece el supercomputador Deep Thought, basado en el de IBM.

1980:
- Se celebra la primera National Conference of the American Association of Artificial Intelligence (AAAI) en la Universidad de Stanford.
- John Searle introduce los conceptos de IA fuerte e IA débil en el artículo «Minds, brains, and programs» y plantea el escenario de la habitación china.

1982: John Hopfield propone su modelo de red neuronal recurrente.

1984: Douglas Lenat inicia el Cyc Project.

1986:
- David Rumelhart, Ronald Williams, y Geoffrey Hinton presentan el mecanismo de *backpropagation* para el entrenamiento de las redes neuronales.
- Rodney Brooks presenta la arquitectura de subsunción para sistemas robóticos basados en el comportamiento.
- Ross Quinlan crea el algoritmo ID3 (*iterative dichotomizer*) para crear árboles de decisión a partir de una base de dato.

1987:
- Davil Rumelhart, James L. McClelland, James L. y el PDP Research Group publican *Parallel distributed pocessing*, un intento de modelar en forma computacional el funcionamiento del cerebro humano que se aplicaría en el aprendizaje automático.
- Terrence J. Sejnowski y Charles Rosenberg crean NETtalk, una de las primeras aplicaciones del algoritmo de retropropagación.
- Steven Vere y Timothy Bickmore empiezan a trabajar en HOMER, el primer sistema de IA basado en agentes.

1988:
- Comienza el segundo invierno de la IA.
- Deep Though, de IBM gana al gran maestro de ajedrez Bent Larsen.

1989:

- Dean Pomerleau, en la Universidad de Carnegie Mellon, crea ALVINN (*autonomous land vehicle in a neural network*) una de las primeras redes neuronales aplicadas a la conducción autónoma.
- Christopher Watkins crea, en el King's College, el algoritmo de aprendizaje por refuerzo Q-learning.

1990: Rodney Brooks, Colin Angle y Helen Greiner fundan iRobot, empresa que desarrollaría uno de los primeros aspiradores robóticos, la Roomba.

1993:

- Rakesh Agrawal, Tomasz Imieliński y Arun Swami desarrollan las primeras reglas de asociación dentro del ámbito de aprendizaje automático no supervisado.
- Vernor Vinge publica «The coming technological singularity: how to survive in the post-human era», donde habla de la singularidad tecnológica.

1994: El Instituto Nacional de Estándares y Tecnología de EE. UU. crea la base de datos MNIST con muestras caligráficas para el entrenamiento de redes neuronales.

1995:

- Richard Wallace crea el *chatbot* A. L. I. C. E.
- Corinna Cortes y Vladimir Vapnik desarrollan los SVM (*support vector machines*).
- Tim Kan Ho, de los Laboratorios Bell crea el concepto de bosque aleatorio, que más adelante se aplicaría al algoritmo de aprendizaje supervisado.
- G. A. Rummery y Mahesan Niranjan crean el algoritmo de aprendizaje por refuerzo SARSA (*state-action-reward-state-action*), una modificación de Q-learning.
- Yann André LeCun y su equipo de los Laboratorios Bell desarrollan LeNet-5, la primera red neuronal convolucional.

1997:

- Deep Blue vence al campeón del mundo de ajedrez Garri Kaspárov.
- Josef Hochreiter y Jürgen Schmidhuber desarrollan la arquitectura *long shortterm memory* (LSTM).

1998:

- Cynthia Breazeal crea Kismet en el MIT, un robot que interpreta y muestra emociones.

- Se lanza la sonda Deep Space 1 con el *software* Remote Agent capaz de guiarla sin intervención humana.

2000: Marcus Hutter propone Aiξ, un modelo matemático teórico para el desarrollo de una IA general.

2001: Leo Breiman y Adele Cutler crean el algoritmo del bosque aleatorio.

2002:
- Simon Colton crea el programa HR para la generación de teoremas matemáticos.
- Marc Raibert funda Boston Dynamics.
- Honda presenta la primera versión de ASIMO.

2004: DARPA patrocina la primera carrera para vehículos autónomos a través del desierto de Mojave.

2005: Boston Dynamics, financiada por DARPA, crea el robot BigDog con el objetivo de servir de mula de carga para el Ejército.

2006: Fei-Fei Li, de la Universidad de Stanford, crea la base de datos ImageNet.

2009: Google inicia su proyecto para el desarrollo de vehículos autónomos.

2010: Demis Hassabis, Shane Legg y Mustafa Suleyman fundan DeepMind.

2011:
- El sistema Watson, de IBM, desarrollado por David Ferrucci y su equipo, gana el concurso televisivo *Jeopardy!* contra dos de sus campeones: Ken Jennings y Brad Rutter.
- Apple lanza el asistente Siri en el iPhone 4S.

2012: Alex Krizhevsky, Ilya Sutskever y Geoffrey Hinton ganan el ImageNet Large Scale Visual Recognition Challenge con su red convolucional AlexNET.

2013:
- Matthew Zeiler y Rob Fergus ganan el ImageNet Large Scale Visual Recognition Challenge con ZFNet, una versión mejorada de AlexNET.
- Diederik P. Kingma y Max Welling, del Grupo de Aprendizaje Automático de la Universidad de Ámsterdam crean los autocodificadores variacionales (*variational autoenconders*, VAE).
- La compañía de automóviles Tesla empieza a desarrollar su sistema de conducción autónoma.

- Volodymyr Mnih, Koray Kavukcuoglu, David Silver, Alex Graves, Ioannis Antono-glou, Daan Wierstra, y Martin Riedmille desarrollan, en DeepMind, un algoritmo capaz de aprender por sí mismo a jugar a varios juegos de una Atari 2600.

2014:
- Google adquiere DeepMind, por alrededor de 650 millones de dólares.
- Ian Goodfellow y sus colaboradores en la Universidad de Montreal presentan las redes adversativas generativas o GAN para su aplicación en redes de aprendizaje profundo.
- Karen Simonyan y Andrew Zisserman, de la Universidad de Oxford, desarrollan VGGNet, una red convolucional de diecinueve capas.
- Christian Szegedy y un equipo de Google crean GoogLeNet, de veintidós capas, e introducen el concepto de *inception module*.
- El *chatbot* Eugene Goostman, que simula a un adolescente de trece años, se con-vierte en el primer sistema en pasar, aunque de forma algo controvertida, el test de Turing.
- Kyunghyun Cho, Bart van Merrienboer, Caglar Gulcehre, Dzmitry Bahdanau, Fethi Bougares, Holger Schwenk y Yoshua Bengio crean las unidades recurrentes cerra-das (*gate recurrent units*, GRU).
- Microsoft lanza el asistente de voz Cortana.

2015:
- Facebook lanza el primer sistema de reconocimiento facial de *deep learning*.
- Kaiming He, Xiangyu Zhang, Shaoqing Ren y Jian Sun, de Microsoft Research, ganan el Large Scale Visual Recognition Challenge con la arquitectura de red neu-ronal residual ResNet.
- Jascha Sohl-Dickstein crea en la Universidad de Stanford el primer modelo de difusión.
- Ilya Sutskever, Greg Brockman, Trevor Blackwell, Vicki Cheung, Andrej Karpathy, Durk Kingma, Jessica Livingston, John Schulman, Pamela Vagata y Wojciech Zar-emba fundan OpenAI.
- Google lanza el entorno de código abierto Tensorflow para desarrollar algoritmos de aprendizaje automático.

2016:
- DenseNet, red convolucional desarrollada por Gao Huang, Zhuang Liu, Laurens van der Maaten y Kilian Q. Weinberger, alcanza las 201 capas.
- Durante el mes de marzo, AlphaGo, de DeepMind, vence a Lee Sedol al go 4-1 en una serie de cinco partidas.
- Uber adquiere la *start-up* Geometric Intelligence y establece los Uber AI Labs.

- Amazon, Facebook, Google, DeepMind, Microsoft, IBM y Apple fundan la Partnership on Artificial Intelligence to Benefit People and Society.

2017: Un equipo de Google formado por Ashish Vaswani, Noam Shazeer, Niki Parmar, Jakob Uszkoreit, Llion Jones, Aidan N. Gomez, Łukasz Kaiser e Illia Polosukhin publica el artículo «All you need is attention», donde presentan el «mecanismo de atención» para redes neuronales, lo que permitió el desarrollo de los *transformers*.

2018: DeepMind lanza AlphaFold, una IA entrenada para predecir la estructura de las proteínas a partir de sus aminoácidos.

2022:
- AlphaFold, de Deep Mind predice la estructura de casi todas las proteínas conocidas.
- El 30 de noviembre, OpenAI lanza al público ChatGPT, lo que marcaría un antes y un después en el desarrollo y acceso a la IA.

2023:
- Apple lanza su entorno de aprendizaje automático para desarrolladores, MLX.
- El Future of Life Institute publica una carta abierta solicitando una pausa de seis meses en el desarrollo de sistemas de IA más potentes que GPT-4.
- La Unión Europea aprueba la Artificial Intelligence Act para regular el desarrollo y usos de la IA.

Bibliografía por capítulos

Bibliografía general

Baños, Gisela, «Crónicas de la robótica», *Curso de robótica y programación Myrobotcourse*, Barcelona, Luppa Solutions y EMSE Publishing, 2022.

Isaacson, Walter, *The innovators. How a group of hackers, geniuses and geeks created the digital revolution*, Londres, Simon & Schuster, 2015.

McCorduck, Pamela, *Machines who think. A presonal inquiry into the history and prospects of artificial intelligence*, Massachusetts, A. K. Peters Ltd., 2004.

Wooldridge, Michael, *A brief history of artificial intelligence: what it is, where we are, and where we are going*, Nueva York, Flatiron Books, 2021 [2020].

Introducción

Toffler, Alvin, *Future Shock*, Nueva York, Bantam Books, 1993 [1970].

Williamson, Jack, «The legion of time», *Astounding Science-Fiction*, mayo-julio de 1938.

Capítulo «El sueño de la inteligencia artificial»

Apolonio de Rodas, *Argonaúticas*, Madrid, Editorial Gredos, 1996.

Čapek, Karel, «About the word robot», *Lidové noviny*, 24 de diciembre de 1933.

Čapek, Karel y Čapek, Josef, *R. U. R. y El juego de los insectos*, Madrid, Alianza editorial, 1966 [1920 y 1921].

Cave, Stephen; Dihal, Kanta y Dillon, Sarah, *AI Narratives. A History of Imaginative Thinking about Intelligent Machines,* Oxford, Oxford University Press, 2020.

Clarke, Arthur C., «Clarke's Third Law on UFOs», *Science*, vol. 159, n.º 3812, p. 255, 1968.

Dyson, Freeman, *Sueños de tierra y cielo*, Barcelona, Debate, 2017.

Homero, *Odisea*, Madrid, Editorial Gredos, 1982.

Homero, *Ilíada*, Madrid, Editorial Gredos, 1991.

Ignotofsky, Rachel, *Historia del ordenador*, Nórdica Libros y Capitán Swing.

James, Peter y Thorpe, Nick, *Ancient Inventions*, Londres, Michael O'Mara Books Limited, 1994.

Lie Yukou, *Lie Zi, c.* siglo v a. C.

Lindberg, David C. y Shank, Michael H., *The Cambridge history of science, vol. 2, Medieval science,* Cambridge University Press, 2013.

Mayor, Adrienne, *Dioses y robots. Mitos, máquinas y sueños tecnológicos en la Antigüedad*, Madrid, Desperta Ferro Ediciones, 2019.

Menabrea, Luigi Federico, «Sketch of the analytical engine invented by Charles Babbage», *Bibliothèque Universelle de Genève*, n.º 82, 1842.

Wiener, Norbert, *Invention. The care and feeding of ideas*, Cambridge, MIT Press, 1993.

Capítulo «Una máquina universal»

Anderson, Alan Ross (ed.), *Controversia sobre mentes y máquinas*, Barcelona, Ediciones Orbis, 1987 [1964].

Bell Labs Archives y AT&T Archives and History Center, «Where did digital communication begin?», *Nokia Bell Labs*, 10 de junio de 2015. https://youtu.be/nSOluYZd4fs

Bhattacharya, Ananyo, *The man from the future*, UK, Penguin Books, 2022.

Boyer, Carl B., *Historia de la matemática*, Madrid, Alianza Editorial, 2013.

Bush, Vannevar, «Instrumental analysis», *Bulletin of the American Mathematical Society*, vol. 42, n.º 10, 1936.

Carrére, Emmanuel, *I am alive and you are dead. A journey into the mind of Philip K. Dick*, Nueva York, Metropolitan Books, 2004 [1993].

Copeland, B. Jack, *Alan Turing. El pionero de la era de la información*, Madrid, Turner, 2012.

Coupling, J. J. [Pierce, John R.], «How to build a thinking machine», *Astounding Science-Fiction*, agosto de 1950.

Gertner, Jon, *The idea factory. Bell Labs and the great age of American innovation*, Londres, Penguin Books, 2013.

Hodges, Andrew, *Alan Turing: the enigma*, Vintage Books, 1992 [1983].

Kuhn, Thomas, *La estructura de las revoluciones científicas*, México, D. F., Fondo de Cultura Económica, 2007, [1962].

McCulloch, W. S. y Pitts, W. H., «A logical calculus of the immanent in nervous activity», *Bulletin of Mathematical Biology*, vol. 52, n.º 1/2, 1943.

Museo Torres Quevedo, «Los albores de la computación: los aritmómetros de Leonardo Torres Quevedo», *Google Arts & Culture*. https://artsandculture.google.com/story/IAVBZyall_vJJQ?hl=es

Patterson, William H. Jr., *Robert A. Heinlein. Vols. 1 y 2*, Nueva York, Tor, 2010.

Polanco Masa, Alejandro, «El otro Leonardo», *Tecnología obsoleta*, 22 de mayo de 2005. https://alpoma.net/tecob/?p=143

Polanco Masa, Alejandro, «Elmer y Elsie, las tortugas robots de 1948», *Tecnología obsoleta*, 17 de mayo de 2015. https://alpoma.net/tecob/?p=11359

Randell, Brian, «From analytical engine o electronic digital computar: the contributions of Ludgate, Torres, and Bush», *Annals of the History of Computing*, vol. 4, n.º 4, 1982.

Sánchez Ron, José Manuel, *El poder de la ciencia*, Barcelona, Crítica, 2022.

Smalheiser, Neil R., «Walter Pitts», *Perspectives in Biology and Medicine*, vol. 43, n.º 2, 2000.

Solís, Carlos y Sellés, Manuel, *Historia de la ciencia*, Barcelona, Espasa, 2013.

Sonni, Jimmy y Goodman, Rob, *A mind at play. The brilliant life of Claude Shannon, inventor of the information age*, Gloucestershire, Amberley Publishing, 2018.

Torres Quevedo, Leonardo, «Ensayos sobre automática», *Limbo*, n.º 17, 2003 [1914].

Torres Quevedo, Leonardo, «Las máquinas algébricas», en *Mis inventos y otras páginas de vulgarización*, Madrid, Hesperia, 1917. http://bdh.bne.es/bnesearch/detalle/bdh0000202970

Torres Quevedo, Leonardo, «Máquinas y autómatas», en *Mis inventos y otras páginas de vulgarización*, Madrid, Hesperia, 1917. http://bdh.bne.es/bnesearch/detalle/bdh0000202970

Von Neumann, John, *First draft of a report on the EDVAC*, Moore School of Electrical Engineering, Universidad de Pensilvania, 1945.

Von Neumann, John, «The general and logical theory of automata», *Cerebral Mechanisms in Behaviour*, Nueva York, Wiley, 1951.

Von Neumann, John, *Theory of self-reproducing automata*, Urbana y Londres, Univeristy of Illinois Press, 1966.

Walter, W. Grey, «An imitation of life», *Scientific American*, vol. 182, n.º 5, 1950.

Weinberg, Steven, *Dreams of a final theory. The scientist's search for the ultimate laws of nature*, Nueva York, Vintage Books, 1993 [1992].

Wiener, Norbert, *Cybernetics: or control and communication in the animal and the machine*, Cambridge, Massachusetts, MIT Press, 1948.

Capítulo «Aprendiendo a aprender»

Abby, «Shakey the robot explained: everything you need to know», *History-Computer*, 25 de julio de 2023. https://history-computer.com/shakey-the-robot/

Bobrow, Daniel G., *Natural language input for a computer problem solving system* [Tesis de doctorado], MIT, 1964.

Boston Dynamics, «Do you love me?», *Boston Dynamics*, 29 de diciembre de 2020. https://youtu.be/fn3KWM1kuAw?

Butler, Samuel, *Erewhon o al otro lado de las montañas*, Tres Cantos, Akal, 2012 [1872].

Cornell Chronicle, «Professor's perceptron paved the way for AI – 60 years too soon», *The College of Arts & Sciences*, 25 de septiembre de 2019. https://as.cornell.edu/news/professors-perceptron-paved-way-ai-60-years-too-soon

Dennis, Michael Aaron, «Marvin Minsky», *Encyclopaedia Britannica*, 2023. https://www.britannica.com/biography/Marvin-Lee-Minsky

Earnest, Les, «Stanford cart», *web.stanford.edu*, Stanford, Universidad de Stanford, 2012. https://web.stanford.edu/~learnest/sail/oldcart.html

Encyclopaedia Britannica, «John McCarthy», *Encyclopaedia Britannica*, 2023. https://www.britannica.com/biography/John-McCarthy

History Computer Staff, «Logic theorist explained. Everything you need to know», History-Computer, 31 de julio de 2023. https://history-computer.com/logic-theorist/

IBM, «Cultural impacts», *The IBM 700 series, computer comes to business.* https://www.ibm.com/ibm/history/ibm100/us/en/icons/ibm700series/impacts/

Kautz, Henry A., «The third AI summer: AAAI Robert S. Engelmore Memorial Lecture», *AI Magazine*, n.º 43, 2022.

Kline, Ronald R., «Cybernetics, automata studies, and the Dartmouth Conference on Artificial Intelligence», *IEEE Annals of the History of Computing*, vol. 33, n.º 4, 2011.

Lim, Milton, «History of AI winters», *Actuaries Digital*, 5 de septiembre de 2018. https://www.actuaries.digital/2018/09/05/history-of-ai-winters/

McCarthy, John, Minsky, Marvin L., Rochester, Nathaniel y Shannon, Claude E., *A proposal for the Dartmouth summer research project on artificial intelligence*, 31 de agosto de 1955.

McCarthy, John y Shannon, Claude E. (eds.), *Automata Studies*, Princeton, Nueva Jersey, Princeton University Press, 1956.

Miller, G. A., «The magical number seven, plus or minus two: some limits on our capacity for processing information», *Psychological Review*, vol. 63, n.º (2), págs. 81-97, 1956.

Minsky, Marvin L., *A neural-analogue calculator based upon a probability model of reinforcement*, Cambridge, Massachusetts, Harvard University Psychological Laboratories, 1952.

Minsky, Marvin L. y Papert, Seymour A., *Perceptrons: an introduction to computational geometry*, Cambridge, MIT Press, 1969.

Minsky, Marvin L. y Papert, Seymour A., *Progress report on artificial intelligence*, MIT Artifical Intelligence Laboratory, 1971.

Minsky, Marvin L. y Papert, Seymour A., *Artificial intelligence progress report*, MIT Artificial Intelligence Laboratory, 1972.

Newell, Allen, *A guide to the General Problem Solver program GPS-2-2*, RAND Corporation, 1963.

Simon, Herbert A., *The new science of management decision*, Nueva York, Harper & Row, 1960.

Slagle, James R., *A heuristic program that solves symbolic integration problems in freshman calculus: symbolic automatic integrator (SAINT)*, Massachusetts Institute of Technology, 1961.

Stanford HCI Group, «SHRDLU», *Stanford HCI Group.* https://hci.stanford.edu/~winograd/shrdlu/

Stanford Artificial Intelligence and Stanford Video, «60 years of artificial intelligence at Stanford», Stanford University School of Engineering, 17 de marzo de 2023. https://youtu.be/Cn6nmWlu1EA

Taube, Mortimer, *Computers and common sense. The myth of thinking*, Nueva York, Columbia University Press, 2022 [1961].

Von Neumann, John, *The computer and the brain*, 3.ª edición, New Haven y Londres, Yale University Press, 2012 [1958].

Wooldridge, Michael, *A brief history of artificial intelligence: what it is, where we are, and where we are going*, Nueva York, Flatiron Books, 2021 [2020].

Yu, F. Richard y Yu, Angela W., *A brief history of intelligence. From the big bang to the metaverse*, Suiza, Springer, 2023.

Capítulo «Invierno»

Adams, Douglas, *Guía del autoestopista galáctico*, Barcelona, Anagrama, 2017 [1979].

ALPAC, *Language and machines. Computers in translation and linguistics*, National Academy of Sciences, National Research Council, 1966.

Asimov, Isaac, «El hombre bicentenario», *Cuentos completos II*, Ediciones B, 2005 [1976]

Bar-Hillel, Yehoshua, «Some linguistic problems connected with machine translation», *Philosophy of Science*, vol. 20, 1953.

Berliner, Hans, «Backgammon computer program beats world champion», *Artificial Intelligence*, vol. 14, n.º 2, 1980.

Brooks, Rodney A., «Elephants don't play chess», *Robotics and Autonomous Systems*, Vol. 6, n.º 1-2, 1990.

Chen, Fang y Jokinen, Kristiiina (eds.), *Speech technology. Theory and applications*, Nueva York, Springer, 2010.

Cole, David, «The Chinese room argument», *The Stanford Encyclopedia of Philosophy*, 2023. https://plato.stanford.edu/entries/chinese-room/

Crevier, Daniel, *AI: The Tumultuous Search for Artificial Intelligence,* Nueva York, Basic Books, 1993.

CYC, 2023. https://cyc.com/

Dreyfus, Hubert, *Alchemy and AI*, RAND Corporation, 1965.

Dreyfus, Hubert, *What computers can't do: a critique on artificial reason,* Nueva York, Harper & Row, 1972.

Feigenbaum, Edward A. y McCorduck, Pamela, *The fifth generation, artificial intelligence and Japan's challenge to the world*, Massachusetts, Addison-Wesley, 1983.

Ferrater Mora, José, *Diccionario de filosofía*, Barcelona, Ariel, 2015.

Lighthill, James, *Artificial intelligence: A General Survey*, Science Research Council (SRC), 1973.

Lowerre, Bruce T., *The HARPY speech recognision system* [Resumen de tesis de doctorado], Universidad de Carnegie Mellon, 1976.

McDermott, Drew, Waldrop, M. Mitchell, Schank, Roger, Chandrasekaran, B., McDermott, John, «The dark ages of AI: A panel discussion at AAAI-84», *AI Magazine*, vol. 6, n.º 3, 1985.

Papert, Seymour A., *The artificial intelligence of Hubert L. Dreyfus; a budget of fallacies* [Memorándum], MIT, 1968.

Pedtke, Thomas R. y Wright-Patterson AFB, «US goverment support and use of machine translation: current status», *ACL Anthology*, 1997. https://aclanthology.org/1997.mtsummit-plenaries.1.pdf

Pezzolo Giacaglia, Giuliano, «The first AI winter (1974-1980)», *Holloway*, 2 de noviembre de 2022. https://www.holloway.com/g/making-things-think/sections/the-first-ai-winter-1974 1980

Reddy, R.; Erman, L. D.; Fennell, R. D. y Neely, R. B., «The Hearsay-I speech understanding system: an example of the recognition process», *IEEE Transactions on Computers*, vol. C-25, n.º 4, págs. 422-431, 1976.

Searle, John, «Minds, brains and programs», *Behavioral and Brain Sciences,* vol. 3, n.º 3, 1980.

Shannon, Claude, «Programming a computer for playing chess», *Philosphical Magazine*, vol. 41, n.º 314, 1950.

Slottler-Henke, «History», *slottlerhenke.com*, s. f. https://stottlerhenke.com/artificial-intelligence/history/

Sturgeon, Theodore, «The sex opposite», *Fantastic*, vol. 1, n.º 2, 1952.

Turing, Alan, «Digital computers applied to games», en B. V. Bowden [ed.], *Faster than thought*, Londres, Pitman & Sons, 1953.

United Press International, «'Expert System' Picks Key Workers' Brains: Computers: From airport gate-scheduling to trouble-shooting, technology allows companies to store key employees' know-how on floppy disks», *Los Angeles Times*, 7 de noviembre de 1989.

Vere, Stephen y Bickmore, Timothy, «A basic agent», *Computational intelligence*, vol. 6, n.º 1, 1990.

Capítulo «No soy un robot»

Alpaydin, Ethem, *Introduction to machine learning*, 4.ª edición, Londres, MIT Press, 2020.

Asimov, Isaac, «El hombre bicentenario», *Cuentos completos II*, Ediciones B, 2005 [1976].

Bernard, D.; Dorais, Gregory A.; Gamble, Ed; Kanefsky, Bob; Kurien, James; Millar, William; Muscetotola, Nikola; Nayak, Pandu; Rouquette, Nicolas; Rajan, Kanna; Smith, Ben; Taylor, Will y Tung, Yu-Wen, «Remote Agent experiment», *Deep space 1. Technology*

Validation Symposium, Ames Research Center. JLP, 2000. https://ntrs.nasa.gov/api/citations/20000116204/downloads/20000116204.pdf

Breiman, Leo, «Bagging predictors», *Machine Learning*, n.º 24, 1996.

Brooks, Michael, «Rise of the robogeeks», *New Scientist*, 25 de febrero de 2009.

Cohen, Paul R. y Feigenbaum, Edward, *The handbook of artificial intelligence*, vol. 3, California, Heuristech Press, William Kaufmann, 1982.

Colton, Simon, «The HR program for theorem generation», *Automated Deduction-CADE-18*, 2002.

Cortes, Corinna y Vapnik, Vladimir, «Support-vector networks», *Machine Learning*, n.º 20, 1995.

DeepQA Research Team, «Deep QA», *IBM Research*. https://researcher.watson.ibm.com/researcher/view_group_subpage.php?id=2159

Donahue, Christopher H. y Seo, Hyojung, «Attaching values to actions: action and outcome encoding in the primate caudate nucleus», *The Journal of Neuroscience*, vol. 28, n.º 18, 2008.

Engelbar, Douglas, «1968 "Mother of All Demos" with Doug Engelbart & Team», Doug Engelbart Institute, 2 de noviembre de 2022 [9 de diciembre de 1968]. https://www.youtube.com/watch?v=UhpTiWyVa6k&list=PLCGFadV4FqU3flMPLg36d8RFQW65bWsnP

Ferrucci, David; Brown, Eric; Chu-Carroll, Jennifer; Fan, James; Gondek, David; Kalyanpur, Aditya A., Lally, Adam; Murdock, J. William; Nyberg, Eric; Prager, John; Schlaefer Nico y Welty; Chris, «Building Watson: an overview of the DeepQA Project», *AI Magazine*, vol. 31, n.º 3, 2010.

Gray, Catherine, «How IBM Watson became a popular AI tool for business», *AI Magazine*, 10 de diciembre de 2021. https://aimagazine.com/ai-applications/how-ibm-watson-became-popular-ai-tool-business

Hutter, Markus, «A theory of universal artificial intelligence based on algoritmic complexity», *arXiv*:cs/0004001 [cs.AI], 2000.

IBM, «¿Qué es el aprendizaje supervisado?», *IBM Cloud*. https://www.ibm.com/es-es/topics/supervised-learning

IBM, «¿Qué es un bosque aleatorio?», *IBM Cloud*. https://www.ibm.com/mx-es/topics/random-forest

IBM, «¿Qué es el aprendizaje no supervisado?», *IBM Cloud*. https://www.ibm.com/es-es/topics/unsupervised-learning

IBM, «IBM Watson: Final *Jeopardy!* And the future of Watson», *IBM*, 16 de febrero de 2011. https://youtu.be/ll-M7O_bRNg

IBM, «Watson and the *Jeopardy!* Challenge, *IBM Research*, 6 de noviembre de 2013. https://youtu.be/P18EdAKuC1U

Jenkins, William F., «A logic name Joe», *Astouding Science Fiction*, marzo de 1946.

Jet Propulsion Laboratory, «Autonomous Remote Agent», *JPL. California Institute of Technology*, 1999. https://www.jpl.nasa.gov/nmp/ds1/tech/autora.html

Kussul, Ernst y Baidyk, Tatiana, «Improved method of handwritten digit recognition tested on MNIST database», *Image and Vision Computing*, vol. 22, n.º 12, 2004.

McCune, Willliam, «A David-Putnam program and its applications to finite first-order model search: quasigroup existence problems», *Argonne National Laboratory*, 1994.

Nilsson, Nils J., *The quest for artificial intelligence. A history of ideas and achievement*, Cambridge, Cambridge University Press, 2010.

Olazaran, Mikel, «A sociological history of the neural network controversy», *Advances in Computers*, Vol. 37, 1993.

Pomerleau, Dean, «ALVINN: an autonomous land vehicle in a neural network», *Proceedings of (NeurIPS) Neural Information Processing Systems*, 1989.

Rumelhart, David; Hinton, Geoffrey y Williams, Ronald, «Learning representations by back-propagating errors», *Nature*, vol. 323, n.º 9, 1986.

Rumelhart, David E.; McClelland, James L. y PDP Research Group, *Parallel Distributed Processing*, Massachusets, MIT Press, 1987.

Rummery, G. A. y Niranjan, M., «On-line Q-learning using connectionist systems», *CUED-F-INFENG/TR 166*, 1994.

Russell, Stuart y Norvig, Peter, Artificial Intelligence A modern approach, 4.ª edición, Hoboken, Pearson, 2021.

Sutton, Richard S. y Barto, Andrew G., *Reinforcement learning: an introduction*, 2.ª edición, Cambridge, MIT Press, 2018, [1998]. [Traducción de la autora].

Watkins, Christopher, «Leaning from delayed rewards» [Tesis de doctorado], King's College, 1989.

Walsh, Toby, *Machines that think. The future of artificial intelligence*, Nueva York, Prometheus Books, 2018.

Weizenbaum, Joseph, *Computer power and human reason, From judgement to calculation*, Inglaterra, Penguin Books, 1985 [1976].

Werbos, Paul, *Beyond regression: new tools for prediction and analysis in the behavioral sciences*, [Tesis de doctorado], Universidad de Harvard, 1974.

Capítulo «El futuro ya está aquí»

Amari, Shun-Ichi, «Learning patters and pattern sequences by self organizing nets of threshold elements», *IEEE Transactions on Computers*, vol. C-21, n.º 11, 1972.

Amazon Web Services, «Transformar la IA responsable de la teoría a la práctica», *AWS*. https://aws.amazon.com/es/machine-learning/responsible-ai/

Amazon Web Services, «¿Qué es Stable Diffusion?», *AWS*. https://aws.amazon.com/es/what-is-stable-diffusion/

Asimov, Isaac, «Runaround», *Astounding Science-Fiction*, marzo de 1942.

Asimov, Isaac, *In memory yet green: the autobiography of Isaac Asimov 1920-1954*, Nueva York, Avon, 1980 [1979].

Boulle, Pierre, *El planeta de los simios*, Barcelona, Ediciones Orbis, 1985 [1962].

Brand, Steward, *The clock of the long now. Time and resposibility*, Nueva York, Basic Books, 1999.

Browne, Ryan y Sigalos, MacKenzie, «OpenAI CEO Sam Altman says ChatGPT doesn't need *New York Times* data amid lawsuit», *CNBC*, 18 de enero de 2024. https://www.cnbc.com/2024/01/18/openai-ceo-on-nyt-lawsuit-ai-models-dont-need-publishers-data-.html

Buolamwini, Joy y Gebru, Timnit, «Gender shades: intersectional accuracy disparities in commercial gender classification», *Proceedings of Machine Learning Research*, n.º 1. 81, págs. 1-15, 2018.

Cohen, Harold, «How to draw three people in a botanical garden», *AAAI '88: Proceedings of the Seventh AAAI National Conference on Artificial Intelligence,* 1988.

Cohen, Paul, «Harold Cohen and Aaron», *AI Magazine*, vol. 37, n.º 4, 2016.

Coulom, Rémi, «Efficient selectivity and backup operators in Monte-Carlo tree search», *5th International Conference on Computer and Games, May 2006*, Turin, Italy, 2006.

Danhaive, Renaud y Mueller, Caitlin T., «Desing subspace learning: structural design space exploration using performance-conditioned generative modeling», *Automation in Construction*, vol. 127, 2021.

Dastin, Jeffrey, «Insight - Amazon scraps secret AI recruiting tool that showed bias against women», *Reuters*, 11 de octubre de 2018. https://www.reuters.com/article/idUSKCN1MK0AG/

Deshpande, Adit, «The 9 Deep Learning Papers You Need To Know About (Understanding CNNs Part 3)», *adeshpande3.github.io*, 24 de agosto de 2016. https://adeshpande3.github.io/The-9-Deep-Learning-Papers-You-Need-To-Know-About.html

Ellison, Harlan, «I have no mouth and I must scream», *If: Worlds of Science Fiction*, marzo de 1967.

European Comission, «AI Act», *Shaping Europe's digital future*. https://digital-strategy.ec.europa.eu/en/policies/regulatory-framework-ai

Frana, Philip L. y Klein, Michael J., *Encyclopedia of artificial intelligence. The past, the present and the future of AI*, California, ABC-CLIO, 2021.

García, Chris, «Harold Cohen and AARON. A 40-year colaboration», *Computer History Museum Blog*, 23 de agosto de 2016. https://computerhistory.org/blog/harold-cohen-and-aaron-a-40-year-collaboration/

Geeks for geeks, 2023. https://www.geeksforgeeks.org/

Genkina, Dina, «AI prompt engineering is dead > Long live AI prompt engineering», *IEEE Spectrum*, 6 de marzo de 2024.

Gibson, William, *Quemando cromo*, Barcelona, Minotauro, 2023 [1982].

Godwin, Tom, «The cold equations», *Astounding Science-Fiction*, agosto de 1954.

Goodfellow, Ian J.; Pouget-Abadie, Jean; Mirza, Mehdi; Xu, Bing; Warde-Farley, David; Ozair, Sherjil; Courville Aaron y Bengio, Yoshua, «Generative adversarial nets», *Advances in Neural Information Processing Systems*, n.º 27, 2014.

Google AI, «Responsibility: our principles», *Google AI*. https://ai.google/responsibility/principles/

Grynbaum, Michael M. y Ryan Mac, «*The Times* sues OpenAI and Microsoft over A. I. use of copyrighted work», *The New York Times*, 27 de diciembre de 2023. https://www.nytimes.com/2023/12/27/business/media/new-york-times-open-ai-microsoft-lawsuit.html

Gurucharan, Marthi K., «Basic CNN architecture: explaining 5 layers of convolutional neural network», *upGrad*, 27 de julio de 2022. https://www.upgrad.com/blog/basic-cnn-architecture/

He, Kaiming; Zhang, Xiangyu; Ren, Shaoqing y Sun Jian, «Deep residual learning for image recognition», *arXiv*:1512.03385 [cs-CV], 2015.

Hopfield, John J., «Neural networks and physical systems with emergent collective computactional habilities», *Proc. Natl. Acad. Sci. USA*, vol. 79, 1982.

IBM, «AI ethics», *IBM*. https://www.ibm.com/impact/ai-ethics

IBM, «Qué son las redes neuronales recurrentes?», *IBM Cloud*. https://www.ibm.com/es-es/topics/recurrent-neural-networks

Kingma, Diederik P. y Welling, Max, «Auto-encoding variational Bayes», *arXiv*:1312.6114 [stat.ML], 2013.

Knight, Will, «Siguiendo las pistas del misterioso proyecto Q* de OpenAI», *Wired*, 1 de diciembre de 2023. https://es.wired.com/articulos/siguiendo-pistas-misterioso-proyecto-q-openai

Larson, Erik J., *El mito de la inteligencia artificial. Por qué las máquinas no pueden pensar como nosotros lo hacemos*, Barcelona, Shackleton Books, 2022 [2021].

Latorre, Jose Ignacio, *Ética para máquinas*, Barcelona, Ariel, 2019.

LeCun, Y.; Bengio, Y. y Hinton, G., «Deep learning», *Nature*, n.º 521, 2015.

LeCun, Y.; Boser, B.; Denker, J. S.; Henderson, D.; Howard, R. E.; Hubbard, W. Y Jackel L. D., «Backpropagation applied to handwritten zip code recognition», *Neural Computation*, vol. 1, n.º 4, 1989.

Lecun, Yann; Jackel, Larry; Bottou, L.; Brunot, A.; Cortes, Corinna; Denker, John; Drucker, Harris; Guyon, Isabelle; Muller, Urs; Sackinger, E.; Simard, Patrice y Vapnik, V., «Comparison of learning algorithms for handwritten digit recognition», *International Conference on Artificial Neural Networks*, 1995.

Lee, Kai-Fu, *AI superpowers: China, Silicon Valley, and the new world order*, Boston, Houghton Mifflin Harcourt, 2018.

Little, William A., «The existence of persistent states in the brain», *Mathematical Biosciences*, vol. 19, n.º 1-2, 1974.

McCorduck, Pamela, *AARON'S code: meta-art, artificial intelligence and the work of Harold Cohen*, Nueva York, W. H. Freeman and Company, 1991.

Microsoft AI, «The Microsoft responsible AI standard, V2. General requiremente», *Microsoft*. https://query.prod.cms.rt.microsoft.com/cms/api/am/binary/RE5cmFl

Mnih, Volodymyr; Kavukcuoglu, Koray; Silver, David; Graves, Alex, Antonoglou, Ioannis; Wierstra, Daan y Riedmille, Martin, Playing Atari with deep reinforcement learning, *arXiv*:1312.5602 [cs.LG], 2013.

Nees, George, Generative Computergraphik, Stuttgart, Siemens, 1969.

OpenAI, «Microsoft invests in and partners with OpenAI to support us building beneficial AGI», *OpenAI Blog*, 22 de julio de 2019. https://openai.com/blog/microsoft-invests-in-and-partners-with-openai

OpenAI, «Our structure», *OpenAI*. https://openai.com/our-structure

OpenAI, «OpenAI charter. Our charter describes the principles we use to execute OpenAI's mission», *OpenAI*. https://openai.com/charter

Pichai, Sundar y Hassabis, Demis, «Introducing Gemini: our largest and most capable AI model», *Google Blog*, 6 de diciembre de 2023. https://blog.google/technology/ai/google-gemini-ai/

Reuters, «Investigadores de OpenAI advirtieron al consejo de Junta de IA avance de la destitución del CEO, según las fuentes», *Reuters*, 22 de noviembre de 2023. https://www.reuters.com/technology/sam-altmans-ouster-openai-was-precipitated-by-letter-board-about-ai-breakthrough-2023-11-22/

Ronneberger, Olaf; Fischer, Philipp; Brox, Thomas, «U-Net: convolutional networks for biomedical image segmentation», *arXiv*:c1505.04597 [cs.CV], 2015.

Sáez, Francisca, «De Rosalía a Taylor Swift: víctimas de montajes sexuales creados con IA. ¿Qué hacer si también nos pasa?», *Forbes*, 13 de febrero de 2024. https://forbes.es/forbes-women/404216/deepfake-sextorsion-montaje-sexual-porno-ia-inteligencia-artificial/

Silver, David; Huang, Aja; Maddison, Chris J.; *et. al.*, «Mastering the game of Go with deep neural networks and tree search», *Nature*, n.° 529, 2016. https://doi.org/10.1038/nature16961

Simonyan, Karen y Zisserman, Andrew, «Very deep convolutional networks for large-scale image recognition», *International Conference on Learning Representations (ICLR)*, 2015.

Skaug Sætra, Henrik, Generative AI: Here to stay, but for good?, *Technology in Society*, vol. 75, 2023.

Sohl-Dickstein, J.; Weiss, E. A.; Maheswaranathan, N. y Ganguli S, «Deep unsupervised learning using nonequilibrium thermodynamics». *International Conference on Machine Learning*, 2015.

Stahl, Bernd Carsten; Schroeder, Doris y Rodrigues, Rowena; *Ethics of artificial intelligence. Case studies and options for adressing ethical challenges*, Suiza, Springer, 2023.

Swift, Jonathan, *Los viajes de Gulliver*, 1726.

Szegedy, Christian; Liu, Wei; Jia, Yangqing; Sermanet, Pierra; Reed, Scott; Anguelov, Dragomir, Erhan, Dumitru; Vanhoucke, Vincent y Rabinovich, Andrew, «Going deeper with convolutions», *IEEE Conference on Computer Vision and Pattern Recognition (CVPR)*, 2015.

Vaswani, Ashish; Shazeer, Noam; Parmar, Niki; Uszkoreit, Jakob; Jones, Llion; Gomez, Aidan N., Kaiser, Łukasz y Polosukhin, Illia, «Attention is all you need», *Advances in Neural Information Processing Systems*, n.° 30, 2017.

Zhang, Aston; Lipton, Zachary C.; Li, Mu; Smola, Alexander J, *Dive into deep learning*, Cambridge, Cambridge University Press, 2023.

Capítulo «El regreso al mito»

Asimov, Isaac, «How easy to see the future!», en *Asimov on science fiction*, Gran Bretaña, Granada Publishing, 1983 [1981].

Alkon, Paul K., *Origins of futuristic fiction*, Georgia, University of Georgia Press, 1987.

Ballard, J. G., «Which way to inner space?», en *A user's guide to the millenium. Essays and reviews*, Londres, Flamingo, 1997.

Baños, Gisela, «El sueño de Kepler», *Astronomía*, septiembre de 2023.

Bostrom, Nick, *Superintelligence. Paths, dangers, strategies*, Oxford, Oxford University Press, 2014.

Brynjolffsson, Erik y McAfee, Andrew, *The second machine age. Work, progress and prosperity in a time of brillian technologies*, Nueva York, B. B. Norton & Company Inc., 2016.

Caballero-Reynolds, Andrew, «Sam Altman asegura en Davos que la inteligencia artificial general, la tecnología que igualará al ser humano, está al caer», *Bussiness Insider*, 17 de enero de 2024. https://www.businessinsider.es/sam-altman-asegura-davos-ia-general-caer-1357475

Cheynell, Francis, *Aulicus his dream of the Kings coming to London*, 1964.

Clarke, Arthur C., *Profiles of the future. An inquiry into the limits of possible*, Londres y Sídney, Pan Books, 1962.

Dyson, Freeman, *Imagined Worlds*, EE. UU., Harvard University Press, 1997.

Egan, Greg, *Ciudad permutación*, Barcelona, Nova, 1994.

Forster, E. M., *The machine stops*, Reino Unido, Penguin Classics, 2011 [1909].

Future of Life Institute, «Slaughterbots - if human: kill()», *Future of Life Institute*, 30 de noviembre de 2021. https://youtu.be/9rDo1QxI260

Guttin, Jacques, *Epigone, histoire du siècle future*, 1659.

Kurzweil, Ray, *The singularity is near. When humans transcend biology*, EE. UU., Penguin Random House, 2005. [Existe edición en castellano.]

Kurzwel, Ray, *How to create a mind. The secret of human thought revealed*, EE. UU., Penguin Books, Nueva York, 2013 [2012].

Minsky, Marvin L., «Will Robots Inherit the Earth?», *Scientific American*, octubre de 1994.

Orwell, George, *1984*, Barcelona, Nova, 2023 [1949].

Russell, Bertrand, *Icarus or the future of science*, Londres, Kegan Paul, Trench, Trubner 1924.

Russell, Stuart, *Human compatible. AI and the problem of control*, Reino Unido, EE. UU., Penguin Books, 2019.

Stapledon, Olaf, *Darkness and the light*, Reino Unido, Methuen, 1942.

Stent, Gunther S., *El advenimiento de la Edad de Oro*, Barcelona, Seix Barral 1973 [1969].

Stross, Charles, «Tech billionaires need to stop trying to make the science fiction they grew up on real», *Scientific American*, 20 de diciembre de 2023. https://www.scientificamerican.com/article/tech-billionaires-need-to-stop-trying-to-make-the-science-fiction-they-grew-up-on-real/

Tegmark, Max, Life 3.0. *Being human in the age of artificial intelligence*, Reino Unido, Allen Lane, 2017.

Turner, George, *Las torres del olvido*, Barcelona, Ediciones B, 2007 [1987].

Youngblood, Gene, «Free press interview. Arthur C. Clarke, author of 2001», *Los Angeles Free Press*, 25 de abril de 1969.

Warner, Jeremy, «'Sociopathic' robots could overrun the human race within a generation», *The Telegraph*, 21 de enero de 2015.

Epílogo

Chiang, Ted, «ChatGPT is a blurry JPEG of the web», *The New Yorker*, 9 de febrero de 2023.

Chomsky, Noam, «Noam Chomsky habla sobre ChatGPT. Para qué sirve y por qué no es capaz de replicar el pensamiento humano. Entrevista», *Sin Permiso*, 7 de mayo de 2023. https://sinpermiso.info/textos/noam-chomsky-habla-sobre-chatgpt-para-que-sirve-y-por-que-no-es-capaz-de-replicar-el-pensamiento

Índice analítico